本书为国家社会科学基金一般项目（批准号：10BZX026）成果

技术与可供性

Technology and Affordance

罗玲玲 ———— 著

科 学 出 版 社

北 京

内 容 简 介

本书系统介绍了美国生态心理学家吉布森提出的可供性理论的理论基础，概括了可供性理论的逻辑框架，探讨了可供性概念的关系本体论、具身认识论意义，并运用可供性理论，考察技术的起源、技术人工制品的具身性等，提出了新的生态自我概念。本书还概括了基于可供性的设计方法论的三机制，即关系协调预设、动作尺度契合、界面互动。作者探讨了将可供性理论引入创造力研究领域，其深刻的生态观可揭示直觉产生时人与物质环境互动的过程机制与创造的具身性。

本书适合科学技术哲学专业的研究生和学者阅读，也可供对生态学、心理学、设计方法论和创造力研究感兴趣的读者参考。

图书在版编目（CIP）数据

技术与可供性 / 罗玲玲著. —北京：科学出版社，2020.7

ISBN 978-7-03-064546-3

Ⅰ. ①技… Ⅱ. ①罗… Ⅲ. ①科学哲学-研究 Ⅳ. ①N02

中国版本图书馆CIP数据核字（2020）第033789号

责任编辑：张　莉　张　楠 / 责任校对：贾伟娟

责任印制：李　彤 / 封面设计：有道文化

科学出版社 出版

北京东黄城根北街16号

邮政编码：100717

http://www.sciencep.com

北京虎彩文化传播有限公司 印刷

科学出版社发行　各地新华书店经销

*

2020年7月第 一 版　开本：720×1000　1/16

2023年1月第三次印刷　印张：24

字数：330 000

定价：148.00元

（如有印装质量问题，我社负责调换）

前　言

1997 年，笔者参加日本人-环境研究学会举办的国际学术会议，在会上宣读了笔者的论文《关于异用的实验研究》。什么是异用呢？即不按设计师原来设计的功能去使用环境的行为。“异用”是笔者自创的一个词，来自在沈阳日式住宅的田野调查中发现的一种环境行为现象。在日式住宅中，中国人将一些住宅设施巧妙地加以另外使用，如居住者自然地把日式住宅的窗台（高 0.6 米，宽 0.4 米）当椅子坐。后来笔者发现，日常生活中的“异用”也非常普遍。在论文宣读后的提问环节，日本东京工业大学的大野隆造教授问笔者是否看过《视知觉的生态学进路》（*The Ecological Approach to Visual Perception*）一书，让笔者一头雾水。幸运的是，后来大野隆造教授给笔者寄来了该书的复印件，从此笔者与这本书所创立的理论结缘。

《视知觉的生态学进路》是美国学者吉布森（J. J. Gibson，1904—1979）[①]撰写的最后一本专著。吉布森是康奈尔大学的心理学教授、美国科学院院士。吉布森的这本书很难懂，因为他创造了一套与传统心理学、神经生理学完全不同的概念体系。在了解了该书的基本内容，以及国内外对吉布森理论研究的基本情况后，笔者产生了极大的兴趣，特别是书中最核心的概念——可供性（affordance）可直接用于解读“异用”

① 本书中提到的“吉布森”只要前面不加名字，均指 J. J. Gibson。

产生的原因。

2007年美国《普通心理学评论》(第6卷第2期)刊登了一项调查研究结果，其内容是对20世纪的心理学家的知名度进行评价，生态心理学家吉布森仅排在第87位，他的妻子伊琳诺·吉布森（Eleanor J. Gibson）排在第74位。排名更靠前的伊琳诺·吉布森最主要的成就是于1960年设计了著名的“视觉悬崖”实验来测量婴儿深度知觉，而这一实验的理论依据则是吉布森的生态知觉理论，那么，人们就不禁要问，为什么更具原创性的吉布森却未更受心理学界的青睐呢？与可供性理论不受心理学界主流充分重视的现实形成鲜明对比的是，吉布森的理论不仅在认知科学、环境行为学领域，而且在工程技术界，如工业设计、人机交互(human-computer interaction，HCI)设计、人工智能设计、环境设计中得到了广泛的应用，那又是为什么呢？

一、吉布森的世纪之问：为什么事物就是它们看上去的样子

吉布森在《视知觉的生态学进路》一书的引言中就向读者提出了这样的一连串疑问：

> 我们如何看周边的环境？我们如何看物体的各个表面，以及这些表面的布局、颜色和质地？如何看出我们处于环境之中的什么地方？我们如何知道自己是不是在移动？如果是在移动，是去往何处？我们如何看出事物的用处？如何知道怎样处理事情？比如，如何穿针引线，如何驾驶车辆？为什么物体像它们看起来的那个样子？

这些疑问非常类似于爱因斯坦对时间和空间的常识产生的疑问。吉布森发现，传统的深度知觉理论都是基于物理光学的，是抛开人作为与环境缠绕的因素的一种考察，它们是科学主义的完美表达，尽管这些视觉理论有其价值，但用来解释真实的视觉过程则千疮百孔。于是，他抛弃了传统视知觉理论的前提，另起炉灶。

吉布森的视知觉描述如此奇异，因为自从文艺复兴以来，视觉理论家都认为视觉信息是视网膜上的图像。为了替代这些基于感觉的间接知觉理

论传统，吉布森提供了一个直接知觉的模型。知觉经验的顺序不是首先产生感觉，然后推理式地构成一个关于环境的心灵结构。相反，知觉产生于知觉者在环境中的运动。人类作为最具智慧的陆生动物，以思考之深为傲，进而对大脑崇拜，吉布森用心良苦，试图清除我们头脑中那些先入之见——大脑是产生视觉的关键。他的理论证明，人与环境的互动才是自然视觉产生的关键，大脑不过是一个复杂的视觉系统的中心器官而已。吉布森对视知觉的理解，可以说相当颠覆人们的传统观念。与弗洛伊德（S. Freud）的潜意识理论类似，吉布森挖掘了人类知觉产生的深层机制，视知觉以一种我们意识不到的方式在起作用，以至于很多人都意识不到这一点。吉布森的批判精神和理论创新意识，让笔者肃然起敬。

二、吉布森的回答：如何“看”决定了如何生存——知觉和利用可供性

吉布森的理论首先提出了一个关于我们这个地球上的人如何“看”和“活动”的生态解释，揭示了处于自然中的人如何生存。

人类如何“看”？人和水生动物不一样，人是在大地上边走边“看”的；人和蚊子也不一样，蚊子可以站在水面上看。生态环境不同于物理学描述的空间，是有机体在此生存的小生境。人类凭借知觉获得信息是为了行动，人正是在与自然环境相处的过程中，进化出了与环境契合的能力（ability）——用知觉直接提取可供性。简单地说，可供性就是为动物提供生态信息，以便动物采取与环境契合的行为。可供性理论是吉布森的大胆理论假设，在学术界引起了巨大争论，可能它带来的问题比它能解决的问题还要多。

可供性是一种生态信息。吉布森认为环境本身就是一种资源，有机体具有直接拾取（pick up）这些信息并适应环境的行为能力，甚至多是无意识地拾取。可供性是环境与有机体的协调，两者缺一不可。可供性不是单指环境的属性，而是指与动物的行为相关的属性；也不是单指人的知觉-动作，而是与环境属性相契合的知觉-动作。可供性知觉离不开动作，知觉

与动作能力相连。理解可供性的关键是环境信息知觉伴随着主体行动信息知觉。

在吉布森看来，人类被介质、实体（substance）、物体（object）、动物和人、场所、藏身之处包围着，每一种自然物都有表面形态，提供着与人的行动有关的可供性。吉布森区分了实体的可供性与物体的可供性。实体是自然物，物体在他看来就是人工制品（artifact）。笔者认为，物体的可供性存在着亚当夏娃隐喻，即第一个包围身体的人工制品的出现，伴随着社会伦理观念的诞生——技术使人携带各种物体上路，两手空空的人已不能走出家门。

吉布森不厌其烦地告知我们，大地是人类的生存之根，人类的智慧离不开大地，因为思维离不开知觉-动作，人的知觉-动作与陆生环境契合，这一点决定了我们看的方式和行动的方式。正像爱德华·霍尔（Edward T. Hall）发现了动物和人的社会交往距离一样，吉布森发现了人与环境小生境（niche）的相互关系：知觉-行为与环境尺度的匹配，知觉-行为目的与环境属性契合。这些发现如此艰难，一是因为不仅需要发现者有科学的好奇心和探索精神，还需要具有抛弃传统观念的勇气；二是因为生态机理的隐蔽性，所有相应于环境的知觉与动作越是被自动完成了，其实就越容易被人们忽视。

三、可供性理论的学术价值可向哪些研究领域拓展

可供性理论可能回答了技术是如何起源的，以及什么样的技术人工制品的设计是与人的行为适宜的。可供性理论在设计界的应用如火如荼，究其原因，与技术的发生有关。吴国盛认为当人与世界融为一体时，技术隐而不显。根据可供性理论解释这一现象，就是有机体与物的协调性能逐渐隐藏在显性行为之中。刚接触某一人工制品，使用者会有不适应，随着时间的推移，身体会有所调整，养成新的行为习惯来适应物的属性，身体的有机技术与人工制品的无机技术由不适应到适应，技术介入的非自组织性过渡到人的行为适应趋向自组织。技术隐而不显的另一原因是，好的技术

人工制品符合人-人工制品-环境之间的可供性，达到了人工制品与身体行为的契合，引发自然的使用行为，因此技术隐而不见。所以，好的技术人工制品与有机体在任何环境下都能融为一体，好的设计符合人与环境的协调性。

在智能技术受到关注的当下，可供性理论有助于智能机器人设计的突破和理论上的探索。建立在传统认知科学基础之上的智能机器人设计，基于计算主义隐喻的行为模式设计，始终无法解决其与环境的生态关联问题。因为计算主义隐喻把行动者（actor）在行动时的感知，简化为静态二维心理图像的一帧帧处理，而人类会恰如其分地运用与环境协调的行为智慧。

可供性理论对于建立一种生态的人工智能认识论也许更有价值。智能机器人是人工智能的一种，属于技术人工制品的一种新形态，从人类智能是具有生态自我的智能角度解读，人工智能虽然具有模仿、拓展和部分超越人类智能的功能，但没有达到人类智能的高度。智能人工制品的出现虽然从代替人的身体动作转为代替人类的智能，但其非生态的本质尚未改变，人工智能今后的发展瓶颈就是如何解决其生态性存在问题。

在提倡生态文明的当下，可供性理论对于人类生产和生活也具有特别的意义。生态心理学为我们描述了人与自然彼此协调的状态。因此从广阔的角度去看设计，不仅在人的尺度范围内设计要遵循动作尺度，从更宏观的角度，解决人工制品对自然的嵌入（embedded），需要在设计方法论中把握尺度效应、生态格局与过程之间的相关性。同时，吉布森的生态理论对于追求虚拟生存的人们也是一种启发。由于信息技术的发展，网络和移动终端日益进入日常生活，虚拟化生存已经成为人的主要生活状态之一，特别是对年轻一代来说，这种生活方式不仅影响青年人的社会交往能力，使其与真实环境的接触日益减少，还会带来其他的负面效应。吉布森曾论证图片形式的知觉与自然的知觉方式的不同。已有研究发现，虚拟技术的发展导致更多的“定向障碍”“模拟动晕症”，这让我们想到了吉布森对平面视觉发展的先见之明，自然视觉的研究对健康更有意义。

可供性理论与创造力研究的结缘为学术界提供了一个新的视角。可供性理论被一位欧洲学者引入了创造力研究领域，尽管这样的做法并未引起太多的关注，但是追溯技术人工制品设计背后的技术逻辑，可以发现具有可供性内涵的人与自然的关系必然涉及技术起源，技术起源与技术创造，是一件事情的不同说法，那么将可供性的技术发明原理引到一般的创造问题，是一种逻辑分析的必然。因此，拓展可供性理论的学术价值便是笔者的主要研究旨趣。在长期的创造方法论研究中，始终存在着一些“悬案”不能用现有的创造心理学理论完全解释，将可供性理论运用于解读创造过程中灵感、直觉的产生，以及知觉的解题功能等，却具有很强的解释力，从中可发现创造过程的新机制。

有人评价吉布森的理论哲学意味浓重，实证基础不足。的确如此，吉布森对哲学很感兴趣。在本体论的讨论中，吉布森在提出可供性理论的同时，就大胆声称可供性是对哲学二元论的挑战。

吉布森的生态心理学宣言试图抽干心理学理论混乱的“泥潭”，彻底把“泥潭”晒干，翻个个儿再注入“活水”。吉布森的努力是否达到了他的预期呢？吉布森的理论观点从1979年出版专著至今已经过了40多年了，他的观点并没有彻底改变心理学的研究现状，但在许多交叉领域开出了花朵。可以说，吉布森理论的独特视角是具有启发意义的，其创新性不断得到证实，其局限性不断被证伪，最后的结论可能还要继续等待实践的检验。

一般来说，人们对什么感兴趣就极致地推崇什么，也许，笔者对可供性理论的价值评价显得过分，有些结论有点穿凿附会，不过，努力挖掘可供性理论的价值是笔者当下的态度。

本书内容主要分为两大部分：第一部分是对可供性理论的介绍和分析，阐述可供性理论诞生的历史背景和理论基础，以及可供性理论的本体论内涵和认识论意蕴，为第二部分内容的展开奠定理论基础。第二部分运用可供性理论分析技术、设计和人的创造，提出技术发生、发展的生态论，以及设计的生态方法论和创造的生态机制。最终归结为人的创造力：生态创造机制和创造的生态方法论代表了笔者研究方向的一贯性。

再回到前言的开头。笔者对“异用”的研究并非没有价值，能发现一些现象，却满足于对现象的描述，缺少再追问一下的意识和能力，因此很难取得基本观念和理论的突破，这大概就是如笔者一样的研究者在学术研究上的局限性。

古希腊圣贤亚里士多德曾说科学产生的三个条件是好奇心、闲暇和自由。平心而论，纵然笔者自认为闲暇较少，自由方面稍显乐观，但最关键的是缺少好奇心。正是不囿于先入之见的好奇心让无数先驱者在理论上取得重大突破。当然，这不仅仅是好奇心的问题，笔者的知识、能力、视野，科学知识基础、科研方法素养，以及所处的科学文化土壤都与那些在理论上取得重大创新的学者存在巨大差距。正因为笔者学术方面的局限，本书的撰写只能是尽己所能，所以不足之处在所难免，只希望抛砖引玉，引起更多学者对吉布森理论的关注，同时寄希望于后辈学者。

罗玲玲
2019 年 8 月 30 日

目　录

第一章 绪论

天之道，其犹张弓与？高者抑下，下者举之，有余者损之，不足者补之。天之道，损有余而补不足。

——《道德经》

吉布森的思想所引起的巨大争议，主要聚焦于 affordance 理论。affordance 理论是其在专著《视知觉的生态学进路》中提出的大胆理论假设（Gibson，1979）。吉布森的 affordance 理论在心理学界开始并不被看好，却在工程设计的实践中得到广泛的应用，也引起了社会学家和哲学家的关注。为了将可供性理论最有价值的方面展示出来，本书认为需要分析可供性理论究竟为我们提供了什么新观点，并充分挖掘其蕴含的理论意义和应用价值。

第一节　有关 affordance 的译法

affordance 在国内文献中的译法多样，如提供量、可供性、功能承受性、动允性、动允直接知觉、承担性、可用性、可利用性、符担性、可获得性、给予性、行为可供性、预设用途、示能性、提示性等 20 多种译法（参见附录）。本书暂时使用“可供性”译法，基于以下两个理由。

第一，将 affordance 译为可供性，主要是根据这个词的词根 afford 的含义演绎而来。吉布森创造 affordance 一词时，说明这个词来自 afford，本身就有“供给”“提供”的含义。

第二，中文“可”具有可以、能够、准许、相称、适合、应当等多层含义。affordance 包含了有机体知觉到行为“可能性”和环境“提供性”两层含义，用“可”与“供”结合来概括有机体行为的“可能”与环境“提供”属性的兼容比其他译法更接近英文原意。当然，“可供性”译法的最大遗憾是，无法表达动作寓于其中的含义，这是“动允性”译法的可取之处，但“动允性”的译法又无法表达词根的含义。确实，中文词汇中难以找到完全对应的词汇，“可供性”的译法起码已经把有机体的行为与物质环境联系在一起，是一个较好的选择。[①]

第二节 国内相关的学术研究

一、心理学界对可供性概念的理解和研究

国内心理学界最早引入这个概念的禤宇明、傅小兰概括了 affordance 这一概念的含义：首先它存在于环境中，知觉系统能够提取它，多用于对情境的描述（禤宇明和傅小兰，2002）。易芳将 affordance 定义为环境的“可获得性”，它的一端系着结构-成分的生态学，另一端系着动物系统理论，affordance“既不是环境的现象学的（心理）特征，也不是物理学的特征，而是与动物关联着的环境功能”（易芳，2004）。

王晓燕、鲁忠义等根据 affordance 所描述的是一种“行为的可能性”，将其译为“动允性”，强调环境属性与动作的关系。他们解读了动允性具备的三个要点：①动允性是一种潜在的可能性；②动允性是机体-环境系统的特性；③动允性信息的提取受到意图的制约。一个机体-环境系统有无数的动允性，但机体只会提取与意图有关的动允性。动允性与物体的属性密切相关（王晓燕和鲁忠义，2010）。但是他们的讨论主要根据吉布森学派（Gibsonians）[②]的文献，并没有通过吉布森的原著来阐述可供性。鲁忠义等在另一篇文章中，围绕着朝向效应进行讨论，朝向效应的出现被研究者视为物体动允性的一种体现（鲁忠义等，2009）。同样采用“动允性”的译法，冯竹青等认为吉布森的直接知觉理论将个体-环境系统作为知觉与行为的基本分析单元，具有独特的分析视角。他们讨论了动允的知觉具有不受主

---

① 在下文中，许多引用的资料中并没有翻译成中文，所以保持原文的状态，仍用英文的 affordance。

② 有关吉布森学派的提法，最早见于康涅狄格大学特维等的文章：Turvey M T，Shaw R E，Reed E S，et al. 1981. Ecological laws of perceiving and acting：in reply to Fodor and Pylyshyn. Cognition，(9)：237-304. 这篇文章第 238-239 页的脚注中首次提到这个词。

观意图影响的优先性。“环境系统中，当可做出某种动作的动允信息恰好与我们相遇，身体的相关组织即与之共鸣，这种共鸣表现为运动神经元与肌肉组织的活动。在这些组织激活的同时，我们也知觉到动允”（冯竹青等，2016），而且进化与学习会促成共鸣的涌现。

二、科技哲学界对可供性概念的理解和研究

国内科技哲学界较早介绍吉布森理论的是张怡和秦晓利。张怡等在《虚拟认识论》中谈到，国外学术界为了寻找虚拟实在系统的心理学理论基础，把视线集中在美国当代著名的心理学家吉布森的心理学理论。该书中断定吉布森的存在的本体论就是认知者与环境的关系的本体论，尤其是一种关于投射关系的本体论。“吉布森认为，只有当人们的感性认识成功地支持着主体在环境中的活动，感知觉才是真实的。在这一点上，吉布森和海德格尔一样，把确定感性认识的真实性问题从感知者的精神状态转移到感知者在其中活动的环境上。”（张怡等，2003）心理学中的“投射”是一个人将内在生命中的价值观与情感好恶影射到外在世界的人、事、物上的心理现象。至于从何处找到资料断定吉布森的心理学是投射心理学，还不可得知。不过，讨论虚拟环境的视知觉，运用到吉布森的理论却是可能的。该书中将吉布森的观点与海德格尔的存在论做了比较，经典地引用海德格尔的“锤子”，只有当它经受得住“锤”时，才能被主体感知。秦晓利认为，可供性“是客体能供给有机体的性质，既包含客体的特性，也包含有机体的性质。可供性也随着进化过程而多样化”（秦晓利，2006）。

费多益从认知具身性角度讨论吉布森的观点向知觉现象学靠近。由于主体与客体的鸿沟要通过身体来填平，吉布森揭示了环境提供给我们的信息要比我们认为的多得多，目标的潜在用途，即 affordance 都是可以由身体直接知觉到的（费多益，2007）。她认为 affordance 是“前反思层面上的基于身体运动非计算的知觉活动”，吉布森对知觉的理解特别接近于莫里斯·梅洛-庞蒂（Maurice Merleau-Ponty，1908—1961）的观点（费多益，2010）。但上述研究都不是专题讨论可供性概念的，深度和视野都有待扩展。

技术哲学领域也有人关注到可供性概念对于技术哲学的价值。赵乐静认为技术人造物的意义有一定的“自然的”限制，“affordance 概念有助于我们超越社会建构论者狭义的‘技术文本’泛社会化缺陷”（赵乐静，2009）。李三虎认为现有的功能设计体现了很强的意向色彩，“技术人工制品的合用性因解释特定功能承担性的可感知信息设计而增强”（李三虎，2016）。因此，引入吉布森的理论可以避免荷兰学派的技术人工制品结构-功能解释的许多弊病。

任巧华在进化认识论从适应主义向非适应主义研究演化的讨论中，分析了可供性概念的提出所具有的价值：由于可供性被解释成环境为有机体提供必要的恒定的关系要素，其蕴含于主体与客体之间，外显或内隐于其中，从而改变了传统的被动适应主义。“可以说，适应模式演进离不开有机体的参与。预适应、延伸适应与可供性解决了有关适应的新生问题，其扩展了自适应的传统观念，表明了生物进化的灵活性和创造性，不过其均指向一个共同目标：生存的融通意义。”（任巧华，2013）

中国人民大学哲学院的薛少华连续发表了多篇文章，焦点集中于 affordance 理论在人工智能（AI）领域应用产生的问题。吉布森在世时，只给 affordance 下了一个非常模糊的定义，但在他之后，人工智能领域运用 affordance 取得巨大成功，导致许多人尝试对 affordance 做出一个更明确的定义。卡亚尼发展出一种他称为可供性知觉理论（theory of affordance perception，TAP）的理论，并将 affordance 定义为行动主体的一种感知运动模式（Caiani，2014）。薛少华从四个方面反驳卡亚尼的观点，指出 TAP 并没有说明感知运动模式的来源是先天还是后天；感知运动模式不过是关系理论中那种动物所具有的其中一种行动能力而已，TAP 没有解释这种层级观下的 affordance 概率知觉行动；affordance 描述的是一种动态行动的可能性，面对它具有概率性这个最为本质的特征，TAP 没有引起足够的重视；TAP 的感知运动模式没有足够的解释力去解释行动的“可预测性”（薛少华，2015a）。

薛少华在另一篇有关将 affordance 用于人工智能的文章中，分析了 affordance 的内涵与应用密切相关。基于特维（M. T. Turvey）affordance 倾向属性定义的理论前提就已存在着严重的隐患，发现威尔斯的"图灵机模型无法解释 affordance 所包含的随机性这个本质特征"（薛少华，2015b）。这些对 affordance 概念的深入化探索，对于 affordance 概念如何过渡到机器实现这一主题非常有意义。薛少华也将吉布森的理论与现象学做了比较，认为吉布森的理论有许多现象学的概念，其中包括 affordance 能够被某些特定动物的知觉系统觉察和接收，并引导动物进行合适的行动。"不难看出，affordance 实际上也是一个非常具有现象学色彩的概念，它指出了一个关于外在世界的非常重要的特征，即外在环境对于一个能动的感知者来说，外部世界本身就具有意义（meaningful）。"（薛少华，2015c）

三、设计界对可供性概念的应用研究

随着诺曼（D. A. Norman）的《设计心理学》被介绍到国内，设计界是国内最早接触到可供性概念的领域，掀起了运用可供性概念的热潮。吉布森的可供性概念弥补了认知科学较多关注主体认知模式的缺陷，说明了人类的行为除了受长期以来的经验、学习的影响外，还受到物质环境中那些常常被忽略的要素和器物本身的特性的影响。特别是互动界面的设计应用，从设计操作的角度来看，更具实际应用的价值，因此，了解可供性成了近年来提升产品使用性的重要设计原则之一。大陆景观设计和环境设计中也应用了可供性，但文献多数是应用性介绍。台湾地区较早地关注到可供性对设计理论的价值，工业设计界涌现出一些以可供性为理论基础的硕士学位论文，也有一些学者在基础理论方面做了较深入的研究，如游晓贞等对可供性的概念做出一些新的诠释（游晓贞等，2006）。台湾地区的学者翻译了日本学者的专著《不为设计而设计 = 最好的设计——生态学的设计论》，该书比较全面地介绍了可供性概念的理论背景和相关争论，对于大陆设计界应用可供性概念也起到了很大的推动作用。台湾地区媒介传播设计领域的学者对可供性也有一些研究（王静怡，2008；曹家荣，2008），但还没有出现专著类研究成果。

近年来涉及可供性在设计应用方面的文章日渐增多，如陈黎和周海海讨论了可供性与产品语意相结合的设计方法，认为在产品与用户的互动关系的设计中，应当充分地重视直觉性操作，建立产品与人之间合适的可供性以引发正确的操作行为，结合产品语意传达信息，使得产品功能完整实现，创造良好的用户体验（陈黎和周海海，2014）。李珂比较了“功能主义所强调的‘功能’是一种基于社会变迁的宏大叙事，而 affordance 则是一种无名的隐匿状态，‘日用而不知’是一种更低的姿态，而这正是我们今天所讲使设计物需具备的特征”（李珂，2015）。中国的造物的致用思想讲究器物之美在于用，affordance 是为理想的人造物或设计所预设的使用功能。

为了提高用户-物体交互行为中可供性物体的识别效率和准确度，宋红等构建了行动-手-物体（action-hand-object，AHO）可供性模型和手-物体（hand-object，HO）手势，实验结果证明了方法的实用性和稳定性，能够为产品形态设计提供快速有效的形态特征元素（宋红等，2015）。计算机设计领域也越来越多地出现应用研究（刘春阳等，2014；武春龙等，2015）。

曲琛和韩西丽有关城市邻里环境在促进儿童户外体力活动方面作用的研究发现，儿童对环境中天然的自然要素、改造的自然要素和纯粹的人工要素的认知有差异，通过可供性这个概念可说明人与自然的互动关系（曲琛和韩西丽，2015）。

另外，在语言学和语言教学中频频出现有关生态学的影响，因此吉布森的可供性概念也在一些文献中呈现。比较有代表性的是李永秋和郭时海的研究，他们将可供性译成动允性，研究指出英语中动宾结构的语义本质是对事物动允性的描述，这一本质特征衍生了其情态性（李永秋和郭时海，2015）。

总而言之，国内对于可供性的研究尚处于起步阶段，除了心理学界的介绍和科技哲学界的研究产生了一定影响之外，国内设计界更多的是引进这个概念，以个人理解加以应用，其存在的问题与诺曼对可供性概念的狭义理解和解释有关，多数研究并未通过一手资料去理解吉布森的这个概念的内涵，便匆匆地加以运用，有的甚至是望文生义的误读。有些作者在引用可供性概念时，翻译、理解含混不清，甚至是错误的。国内科技哲学界的学者最早发现了这个概念和理论的价值，如张怡、费多益、赵乐静、薛少华和李三虎。但是，截至2018年，还是缺少一本有关可供性的专著去系统地阐述可供性的本体论内涵、认识论意蕴，以及应用于其他领域的方法论价值。

因此，本书在笔者等翻译了吉布森的原著，并大量阅读了国外相关研究资料的基础上，系统梳理了吉布森原著的旨意和国外研究的不同观点，产生了一些新的理解，并将它应用于技术认识论和创造方法论的研究中。

第三节　问题的提出

在科学发展的历史上曾出现过这样类似的现象：越是有独创性的理论，越是引起较大的争论；越是有争论，这一理论越能得到完善，实践可以证明一个理论的价值和局限性。为什么更具原创性的吉布森却得不到心理学界更多的青睐呢？答案可能就在这里。本书所提出的问题主要包括以下几点。

第一，吉布森的可供性概念的内涵是什么？可供性理论又包含哪些内容？鉴于国内学术界还很少有人根据吉布森的原著系统地梳理可供性概念的来龙去脉，所以，本书在第二章较为全面地根据吉布森的专著原文，介绍可供性概念的形成过程、定义内涵，以及吉布森的主要观点。同时，挖掘可供性概念产生的理论背景：一是直接知觉理论，二是生态学的方法论和整体观。

第二，可供性概念与可供性理论是什么关系？吉布森在他的专著《视知觉的生态学进路》出版的当年即过世。许多人都认为吉布森过早去世，不仅没有给出可供性概念的清晰定义，也未能完整地阐述可供性理论，这也是引起争论的原因之一。那么是否如此呢？吉布森之后的学者对可供性理论有什么发展和完善？通过这些发展和完善，现在是否可以初步地提出可供性理论框架？与前两个问题相关的是，后人对可供性概念和理论争论的热点之一是有关可供性的本体论问题，如果将可供性定义为特示（specify）有机体与环境的协调关系，那么从科学实在论的角度分析，这种关系性是否具有本体论意义？特别值得一提的是，基于可供性所揭示的人与环境关系的本体论，是否可以扩展乌尔里克·奈瑟尔（Ulric Neisser）的深层生态学的生态自我概念，为技术人工制品提供本体论和认识论的基础，寻找人与自然的统一性？

第三，吉布森在提出可供性理论的同时，就大胆宣称可供性是对哲学二元论的挑战。可供性不仅特示有机体与环境互动的信息，这种协调关系也体现了人与自然演化关系的历史结果。知觉可供性的能力是先天具有的，可供性的知觉是直接获得的，因此，吉布森的可供性理论是否可以丰富进化认识论呢？同时，可供性的知觉又承载了行为，特别是探索性行为，吉布森强调动物的认知与人的认知的连续性观点，那么是否能为解读具身认识论提供新的认识？是否可以更好地克服计算隐喻认识论的局限？这对于回应哲学基础主义认识论问题又有什么贡献呢？

第四，可供性理论是否带来了探讨技术认识论的新视角？知觉可供性会唤起动物利用环境价值的可能行为，那么可供性与人类的生存行为是否相关，继而，可供性与技术的起源是否有什么渊源？其一，技术的原始目的就是获得能量、省力、更有效地生存。可供性指向了更有效地生存的可能性路径和手段，因此可供性可否作为技术认知的“人-环境”起点？其二，可供性内含一种关系范畴，是否提供了亨利·柏格森（Henri Bergson，1859—1941）所提到的由本能性技术向智慧性技术跨越的生态依据？其三，可供性身体知觉和动作有关，可供性是否为技术认知的具身性起源奠定了理论基础？是否有助于从自然角度解释最早的技术人工制品是如何诞生的，从而比现象学的还原还要彻底？其四，技术人工制品正在向人工智能的方向急速发展，人工智能何去何从，是否也需要运用可供性所建构的生态自我来加以解释？其五，工具形态内化的可供性与技术文化起源密切相关。现象学和解释学中对可供性的描述，都与技术文化起源有关，在这方面，可供性内涵是否可向技术的社会文化领域扩展呢？

第五，为什么设计界对可供性理论如此青睐？可供性所蕴含的有机体行为与环境的协调关系理论已经超出生态学本体论解释，进入技术认识论实践，为设计提供了解决人与人工制品的关系的理论，在设计中运用可供性理论，是否可以较好地处理人工制品对特定行为的自然诱导，增加环境使用行为的灵活性？这种交互作用的动态化处理是否增加了智慧人工制品的自组织性？可供性暗含了身体、能力与环境的契合，这种以生态学理论为基础的测量方法转换为实践背景的方法，是否为设计提供基于具身认知（embodied cognition）的方法论原理？表面（surfaces）是吉布森的生态视觉概念，吉布森有关表面的可供性机制是否可以扩展赫伯特·西蒙（Herbert A. Simon）的界面概念，形成人工制品界面设计的生态学基础，确立基于可供性机制的设计方法的出发点？另外，智能机器人设计领域也开始关注可供性理论，因此可供性理论对于智能机器人设计的方法论意义也值得展开讨论。

第六，在吉布森可供性理论提出之前，许多人没有意识到人的行为与环境生态关系互惠的生态机制，因此对很多在无意识状态下产生的感知结果和行为不能解释。由自然“生”出的人类为什么会具有向自然显示力量的智慧？人类的创造力来自哪里？可供性理论代表人与自然关系的生态学视角，对于解读人类创造力可以提供什么新的观点呢？吉布森的直接现实主义的知觉生态观，也许会对那些原来说不清的创意产生的机理有新的解释，可以在细节上说明非逻辑思维形式的运用和无意识心理能力所具有的直接性、无努力性的特点。另外，挖掘可供性理论在具身认知方面的观点，可能也对创造的具身性有所启发，而可供性知觉对环境和行为可能性的敏感，是否与创造过程的注意力有关系呢？生态心理学的理论与创造心理学的理论融合，是否会进一步促进对创造元问题的理解？

E. S. 里德（E. S. Reed）和 J. 詹姆斯（J. James）对吉布森思想的发展做了一个详尽的案例分析。他们认为很多人只看到最后一步的结果，其实吉布森的思想是长期发展的结果，也受到了各种思想的滋润。“标准的分类方法当然很少适合创造性的理论家，从某种程度上说，吉布森的工作从不适合按任何分类标准归类；在不同时期他被称为行为学家和现象学家、经验主义者和民族主义者、格式塔心理学家和心理物理学家。所有这些标签都是不正确的，吉布森的思想与这些思想并不完全吻合；相反，在某种意义上他是受这些思想的影响的，他欣赏这些理论受到诘问时提出的问题，并试图以自己的方式回答。”（Reed and James，1986）吉布森的思想受到生态学、格式塔心理学、经验自然主义、现象学等的影响。同样，对吉布森理论的分析，也有助于哲学界从其他领域汲取营养，加深对一些哲学认识论基本问题的认识。

参 考 文 献

曹家荣. 2008. MSN Messenger 的媒介讯息：从符担性看 MSN 人际关系展演. 资讯社会研究，14：133-166.

陈黎，周海海. 2014. 整合直接知觉与产品语意的造型设计方法探析. 艺术与设计理论，（6）：96-98.

费多益. 2007. 认知研究的现象学趋向. 哲学动态，（6）：55-62.

费多益. 2010. 寓身认知心理学. 上海：上海教育出版社：38.

冯竹青，葛岩，黄培森. 2016. 动允直接知觉的共鸣原理. 心理科学，39（2）：336-342.

李珂. 2015. “用”的伦理价值——Affordance 及中国传统造物中的“致用”思想. 上海艺术家，（1）：27-29.

李三虎. 2016. 在物性与意向之间看技术人工物. 哲学分析，7（4）：89-105，198.

李永秋，郭时海. 2015. 动允性对英语中动结构的诠释. 重庆理工大学学报（社会科学），29（7）：123-127.

刘春阳，张敬伟，郑雪峰，等. 2014. 基于承担特质模型的机器人动作序列生成方法. 计算机仿真，31（7）：334-341，411.

鲁忠义，陈笕桥，邵一杰. 2009. 语篇理解中动允性信息的提取. 心理学报，41（9）：793-801.

秦晓利. 2006. 生态心理学. 上海：上海教育出版社：99.

曲琛，韩西丽. 2015. 城市邻里环境在儿童户外体力活动方面的可供性研究——以北京市燕东园社区为例. 北京大学学报（自然科学版），51（3）：531-538.
任巧华. 2013. 进化认识论 EEM 纲领的研究转向——向非适应主义进路延伸. 科学技术哲学研究，（3）：58-62.
宋红，余隋怀，陈登凯. 2015. 基于深度图像技术的可供性物体获取方法. 机械设计与制造，（3）：28-31.
唐纳德·A. 诺曼. 2010. 设计心理学. 梅琼译. 北京：中信出版社：11.
王静怡. 2008. 女性 BBS 社群的冲突处理——从符担性概念谈 PTT“站岗的女人”集体合作沟通行为. 台北：台湾政治大学硕士学位论文：54.
王晓燕，鲁忠义. 2010. 基于动允性的朝向效应——具身认知的一个证据. 华东师范大学学报（教育科学版），28（2）：52-58.
武春龙，纪杨建，祁国宁，等. 2015. 以 Affordance 和功能为共同基础的功能结构图方法拓展. 计算机集成制造系统，21（4）：924-933.
禤宇明，傅小兰. 2002. 直接知觉理论及其发展//第二届虚拟现实与地理学学术研讨会论文集. Ⅱ：12-19.
薛少华. 2015a. Affordance 为何不能被定义为一种感觉运动模式. 自然辩证法研究，31（2）：8-13.
薛少华. 2015b. 作为一种概率知觉模式的 Affordance——对 Affordance 图灵机模型的反驳. 科学技术哲学研究，32（3）：33-39.
薛少华. 2015c. 生态心理学概念为何会具有现象学特征. 自然辩证法通讯，37（1）：128-133.
易芳. 2004. 生态心理学的理论审视. 南京：南京师范大学博士学位论文：30.
游晓贞，陈国祥，邱上嘉. 2006. 直接知觉论在产品设计应用之审视. 设计学报，11（3）：13-28.
张怡，郦全民，陈敬全. 2003. 虚拟认识论. 上海：学林出版社：82.
赵乐静. 2009. 技术解释学. 北京：科学出版社：198-205.
Caiani S Z. 2014. Extending the notion of affordance. Phenomenology and the Cognitive Sciences，13（2）：275-293.
Gibson J J. 1979. The Ecological Approach to Visual Perception. Boston：Houghton Mifflin：127.
Reed E S，James J. 1986. Gibson's revolution in perceptual psychology：a case study of the transformation of scientific ideas. Studies in History and Philosophy of Science，17（1）：65-98.

第二章 可供性概念的形成和理论基础

吾言甚易知，甚易行。天下莫能知，莫能行。言有宗，事有君，夫唯无知，是以不我知。知我者希，则我者贵。是以圣人被褐而怀玉。

——《道德经》

美国康奈尔大学心理学教授吉布森是一位具有独立见解的心理学家，敢于拒绝时尚的行为主义，直接挑战传统心理学用分析主义的认识论研究人的心理，也不赞成经典的亥姆霍兹的“生理功能可用机械方法测量与理解”的方法。他的生态心理学理论自创了一套术语和理论体系来重构物理学家、数学家和心理学家已经构建的世界。他如此大胆和狂妄，曾说：“科学心理学在我看来，毫无根据。”（Wikipedia，2007）难怪心理学界对他又爱又恨。然而，他的理论却在其他领域得到发扬。吉布森的生态心理学中最核心的概念是可供性，从提出那天起便争议不断。本章尽量客观地根据吉布森自己的文本反映吉布森是如何描述可供性的，同时探讨吉布森的可供性概念提出的理论背景。

第一节　可供性概念的诞生

一、可供性概念的形成过程

吉布森的学术生涯属于心理学界，却一直以反叛精神来对待心理学所谓的既成结论。在所有的心理学家几乎都把注意力集中于人本身时，他却在探索周围的物体具有怎样的内在意义，以及其意义如何影响到行为。回顾吉布森的学术思想发展历程，可以发现吉布森早期的作品中就已经酝酿了可供性的概念。

（一）可供性概念的早期酝酿

早在吉布森和克鲁克斯（L. E. Crooks）1938 年发表的一篇有关汽车驾驶的理论和分析的文章中，吉布森就窥见了有机体与所在环境物体的内在意义相关。他讨论了驾驶员在开车时始终知觉自己的车与环境中他物的关系，保持安全驾驶域（Gibson and Crooks，1938）。当时他借用格式塔心理学的效价（valence）[①]概念来代表这个内在意义。由于这种内在的意义无须心理机制考量便可被动物察觉和探寻，因此吉布森开始对刺激-反应的信息加工理论产生怀疑，“人和动物被视为能建构和理解其赖以生存的世界”（Greeno，1994）。

在这篇文章中，吉布森和克鲁克斯已经触及可供性概念的内涵，即驾车的潜在控制能力是如何通过调节环境与行为两个因素之间的比值得以实现的。他们定义了一个概念：最低停车区（the minimum stopping zone）。堪萨斯大学的琼斯（K. S. Jones）认为这个概念类似于吉布森后期的可供性比率（affordance ratio）（Jones，2003：109）。为了奠定理论的生态基础，得以解释物体本身内在的意义，以及知晓内在意义知觉是如何直接获得的，吉布森于 1947 年在他的另一篇文章中就提及了“视网膜运动模式”（retinal motion pattern），后来将其称为“光学流”（optic flow）（Gibson，1947）。吉布森的结论是，“意义与空间属性并非彼此分离；意义不完全从颜色、形状以及质地分离开来。然而，符号意义与物体相分离，这很有可能通过学习加以理解”（Gibson，1950）。可以说，在创立可供性概念之前，吉布森开始关注动物是如何瞬间即意识到环境客体为动物行为承载的可能性的，将具有生态信息的可供性与抽象的符号区别开来。在 1958 年发表的一篇文章中，吉布森仔细区分了基于光学流的视觉控制反应，如转向物体和基于物体感知的识别反应。辨别物体是撞上的障碍物还是可食用的食物，是由知觉到光学阵列中的高阶变量指定的这些物体的高阶属性决定的。它们的纹理、颜色和运动具有行为意义的辨别性，能够让有机体区分与行为相对应的物体类别。从运动功能角度来说，地面的特征被描述为路径、障碍物、起跳点和坠落点，所有这些都“取决于动物的运动能力”（Gibson，1958）。因此，美国布朗大学的沃伦（W. H. Warren）教授认为，尽管吉布森没有使用 affordance 这个名词，但他已经用动词 afford 来概括环境提供了对有机

① 效价概念来自格式塔心理学家库尔特·勒温（Kurt Lewin），指的是人类对于物体，或积极地虑及某些价值，或消极地排除其他价值的方式，暗指物体的意义。

体的可能性行为的生态价值（Warren，1998）。

（二）源于格式塔心理学又超越了它

可供性概念与格式塔心理学有着千丝万缕的关系。

吉布森在他的专著《被视为感知系统的感官》（*The Senses Considered as Perceptual Systems*）中，致力于知觉与行为关系的探讨，此时可供性的概念也随之诞生。“我用可供性这个词替代价值（value），价值这个概念带有沉重的哲学意味。我只是将可供性定义为无论好或坏，其可为事物提供些什么。毕竟，其能为观察者承载些什么，取决于其所具有的属性。”（Gibson，1966：285）这样的陈述，只是表明他与格式塔心理学分道扬镳，不再借用格式塔心理学的概念，赋予可供性概念更客观的属性。不过，很多人没有注意到他一再强调“为观察者承载些什么”，即环境的客观属性与观察者直接关联。其在后来出版的《视知觉的生态学进路》一书中再次阐述了可供性来自格式塔心理学，以及与之有哪些重要区别。

吉布森的可供性概念与库尔特·勒温创造的 aufforderungscharakter 这个德文词有一定关系。有人将这个词翻译为“邀请特性”，有人将其翻译为“效价”。吉布森评价道，由于格式塔心理学还是没有超越间接知觉来建立自己的理论，所以为了解决理论上的矛盾，格式塔心理学家采取了赋予物体价值性更为主观的方式，“他们对于果实说‘吃我吧’、女人说‘爱我吧’的解释是牵强的”（Gibson，1979：139）。

可供性的概念是从“效价”概念转化而来的，并且具有重要的差异性。某些事物的可供性并不会随着观测者需要的改变而改变。根据他们的需要，观测者可能意识到、注意到，也可能没有意识到、注意到可供性。但是可供性作为一种不变的状态，总是存在于那里，供人们感知（Gibson，1979：138）。也就是说，格式塔心理学的“效价”过于主观，可供性则不会随主观的改变而改变，它客观存在，又能被观测者直接知觉到。琼斯评价道，“即使吉布森在《视知觉的生态学进路》一书中介绍了可供性理论，但是吉布森对于可供性问题的思考尚未完结……有关这个新的概念还有某些特定问题值得去探寻”（Jones，2003：112）。

（三）可供性概念的定义

可供性正式的定义来自吉布森最后一本专著《视知觉的生态学进路》中的描述：“环境的可供性也就是环境为动物承担了什么、供应了什么、备置了什么，这些或许是有益的，或许是有害的。afford 这个词可以在字典中找到，但它的名词形式 affordance 却找不到——我造了这个词。通过这个词来形容环境与动物之间的某种关系——还没有哪个现有的术语能够表达这种含义。它意味着动物和环境之间的协调性（complementarity）。”（Gibson，1979：127）

《视知觉的生态学进路》出版之前，吉布森在 1977 年发表的一篇文章中这样写道：“可供性指的是什么？特别是这个定义无法在词典中查询。需要修订的话，我建议，任何事物的可供性是指，参照一个动物来说，物质属性与界面的特殊结合。从一般的意义讲，这种参照可能可以区别动物与植物的不同，或从特殊意义上讲，这种参照可能成为一种特殊动物与其他动物的区分。”（Gibson，1977）琼斯认为，这个界定比《视知觉的生态学进路》中的界定要更具体些。以笔者的理解，琼斯这样讲有三点含义：第一，谈及可供性时限于能运动的有机体；第二，可供性是参照物质属性在特定的界面被动物知觉到的；第三，可供性的一般性要由各种动物种系的特殊性来解释。

吉布森在《视知觉的生态学进路》一书中有一个生态环境—视觉—可供性的逻辑线索，但多数人被该书前半段中有关环境、光阵列的描述弄晕，很难发现他的阐述逻辑。

吉布森先从生态学的角度确定了人类视知觉从环境“表面”的光阵列直接获得信息，而自然视觉又是与动作联系在一起的，因此可供性就内含了环境与行为的可能性。吉布森论证了可供性的普遍存在。“对于特定的动物而言，媒介、实体、表面、物体、场所及其他的动物都具有可供性。它们或者提供有益的可供性，或者造成伤害，对生或死提供支持。这就是为什么可供性需要被认知。”（Gibson，1979：143）

他一再强调可供性或是有益，或是有害。因此，对可供性的正确知觉对动物生存来说意义重大。“对支撑表面的感知错误对于陆生动物来说后果是严重的。如果把流沙误以为是沙地，那么感知者将深陷困境。如果一个被掩盖的陷阱被误以为是坚实的地面，那么动物会被捕获。有时危险是隐蔽的——平静水面下的鲨鱼，收音机匣子里的电击。在自然环境中，毒葛经常被误以为是青藤。在人工环境中，酸可能被误认为是水。”（Gibson，1979：142）

二、可供性概念的内涵

自从吉布森提出可供性这个颇具争议的概念以来，有关可供性的含义究竟是什么，后来者看法颇多，是否需要这个概念，所引起的讨论至今方兴未艾。本部分仅根据吉布森本人的阐述来解读吉布森的可供性究竟包含什么内容。

（一）可供性含义的文本解读

第一，可供性是环境与有机体的协调性。不同的客体为不同的物种承担不同的可能性，可以给一只蜘蛛提供支撑的表面，却不能支撑一头大象，甚至一个物种之内也不一样，能供孩子坐的表面未必适合成人，反之亦然。例如，倾斜平坦的硬表面（坡道）会引导人走上去，而直上直下的面（壁），人则不会下意识地爬上去。但是，对蚂蚁来讲，这都会引导其向上爬。也就是说，对于不同的动物而言，某些物质要素对特定的动物行为具有诱导作用（Gibson，1979：128）。

第二，动物先天具有感知可供性的能力。吉布森认为，自然界的许多客体具有恒定的功能，这种意义存在于环境影响的模式当中，人的知觉的形成就是环境生态特征的直接产物。动物受自己所处的小生境的影响，适应环境，获得生存的能力。这种长期作用世代积累遗传给后代，所以动物先天具有对时间、空间、重力等物理环境的感知能力。这里是否有“预成论”的影子呢？有，只是这个预成不是神给予的，而是动物与环境长期相互作用“预成”的。吉布森认为，人的感知能力就这样预先地存在了，后天只是激发起这种能力，并不是后天的环境刺激才使人具有这样的能力。吉布森的夫人伊琳诺·吉布森和同事沃克（R. D. Walk）设计了一个著名的“视觉悬崖”实验，他们发现，所有种类的动物，如果它们要生存，就必须在能够独立行动时发展感知深度能力。对人类来说，这种能力到6个月左右才会被察觉到；但是对于鸡、羊来说，这种能力几乎是一出生（一天之内）就出现了；而对于老鼠、猫和狗来说，大约在4周时出现这种能力。因此，他们得出结论：深度知觉和避免从高处跌落的能力是自动生成的，是人与环境可供性的知觉，而不是后天经验的产物。如果通过试错而获得这种能力，可能会带来过多潜在的、致命的危险（Gibson and Walk，1960）。

第三，对可供性的知觉会直接引导行为，可供性是环境潜在的“行动的可能性”，行动可能性的知觉与有机体的能力契合。可供性是客观可衡量的，个人对可供性的识别能力是独立的。单一的知觉有可能产生虚假的契合性暗示。大多数情况下，可供性的知觉会正确引导行为，但有时也可能会误导行为。“视觉悬崖”实验和人撞玻璃门是两个典型的例子。吉布森说，这两个例子是具有建设性意义的，在第一个例子中，因为视觉识别了空间信息，支撑面则被误以为是一个悬崖，是非常危险的。在第二个例子中，出于同样的原因，一个透明的障碍物被误以为是可通行的空间，向前的空间则供应了安全通行的暗示，错误的感知导致了不妥当的行动。

第四，可供性是“身体知道，自己却不知道”（后藤武等，2016）。吉布森认为，生态实体是关联和互补关系的特示（Gibson，1960）。可供性可特异化（be specific to）为能量的运动构型、形态、结构等。能量的运动构型对于被能量所作用的动物来说，就是潜在的可使用、可获得的信息。可供性特示的生态信息是相对于特定环境中的动物而言的，而动物提取这些信息主要依赖于身体，而非有意识的思考。

第五，可供性关乎价值。可供性认知并不是对“价值无涉”（value-free）的物质客体的认知过程，并且不知何故，意义无法通过共识的方式附加给物质客体；对可供性的感知是一种感知物体价值丰富（value-rich）的生态过程（Gibson，1979：140）。任何一种物质、任何一个表面、任何一种布局都具有某些可供性，而这些可供性对于某些人来说可能是有益的，也可能会造成伤害。吉布森多次在《视知觉的生态学进路》中谈到物理学家眼中的世界与生态学家眼中的世界的不同，他重新定义环境、表面这些基本概念，一再强调物理学是“价值无涉”的，而生态学则不是。这里涉及的价值并非是主观的，而是要坚持世界的本原性，为了与某些哲学观点相区别，他解释道，“生命体依赖于它所处的环境来生活，但环境并不依赖于生命体而存在”（Gibson，1979：129）。

（二）可供性概念内涵的丰富性

王静怡总结了《视知觉的生态学进路》一书中吉布森在定义可供性时曾使用的相近、相关的概念，如适应（orient to）、利用（take advantage of）、探索（explore）周围的环境。同时，可供性并不仅仅提供可利用性，也提供了某些行为的限制性。她将这些含义总结成表 2-1，以帮助理解吉布森的可供性所包含的丰富内涵（王静怡，2008）。

表 2-1 吉布森所使用的文字概念分类[①]

可能性	限制性
促使（afford）	影响（have effect on）
提供（offer）	避免（prevent）
允许（allow，permit）	排除（obviate）
能够（can be）	限制（limit）
支撑（be buoyed，support）	
适应（orient to）	
可能性（possibilities）	
利用（take advantage of）	
探索（explore）	
帮助（facilitate）	

吉布森在《视知觉的生态学进路》第 8 章“可供性理论”中只给了读者一个模糊不清的定义，如果你期待在后面的阐述中找到规范性解释，那

① 引自台湾政治大学新闻研究所王静怡的硕士学位论文第 57 页，表格由王静怡根据吉布森的《视知觉的生态学进路》一书整理。

注定是要失望的。因此，王静怡的工作是非常有价值的。在界定和讨论这个概念时，从吉布森所使用过的相关概念入手，有助于人们寻找到这个复杂概念的内涵。可供性包含着“促进”动物利用环境的方面，预示着环境能“提供”给动物什么，表明环境“允许”动物可以做什么，暗示动物在这个环境中“能够”做什么；环境表面和构成“支撑”了动物行为的发生，蕴含着动物“适应”环境的行为，可供性是动物行为发生的“可能性”，是动物“利用”环境的机会，是动物“探索”环境的过程，是环境与动物的互惠，即相互“帮助”。

当然，可供性也蕴含了环境对动物行为产生的负面“影响”，“避免”了一些行为的发生，“排除”了一些行为的可能性，“限制”了动物想做的一些事情，主要是消极的可供性所带来的错误的知觉行为。

（三）人工环境中是否存在可供性

吉布森明确地论述了自然环境和人工环境具有不可分割性，肯定了人工环境的可供性。

1. 动物与自然环境协调产生的可供性

“小生境主要指的是动物怎样生活而不是它们在哪里生活。我认为，小生境就是一套可供性。”（Gibson，1979：128）环境的可能性和动物生活的方式不是相分离的。环境制约着动物的行为，生态学中的“小生境”这一概念反映了这一事实。在限制之内，人类能够改变环境的可供性，但仍然是其所处境遇的产物，因此讲到哪种动物就暗指了哪种环境。而且就环境与动物的关系而言，环境是具有先决性的。有机体-自然的可供性，本书称之为“自然可供性”，而非“自然的可供性”，因为后者容易被理解为仅为自然的属性。

2. 人-人工环境的可供性

从制造第一件工具开始，人类的文明史已有上万年的历程。人类创造的人工自然已经与天然自然浑然一体。人类生活的小生境已经不再是纯天然的。吉布森承认人类所处的环境已经被人类极大地改变了。“为什么人要改变其所处环境的形状和实体呢？是为了去改变那些环境给他的供给物，使对他有益的东西变得更加有用，并减少会伤害他的东西。在使得他自己的生活变得更加轻松的同时，他使绝大多数其他动物生活得更加困难。”（Gibson，1979：130）这说明，人工自然的产生是人有效地利用了自然可供性。

吉布森的观点是“将人工和自然割裂开是错误的，因为人造物都是由自然实体制造而来的。同样，把文化环境和自然环境割裂开——就好像存在着一个与物质材料构成的世界完全不同的精神产物的世界——也是错误的。尽管人类这种动物已经把它改变得更适合自己，尽管它变化多端，但只存在一个世界，所有的动物都生活于其中”（Gibson，1979：130）。根据这种不可分割性可以逻辑地推断，人与人工环境之间同样存在着某种协调关系，即可供性，本书称这种可供性为人工自然可供性，它是自然可供性的强化或弱化。的确，人类的行为除了受长期以来的自然经验的影响外，还受到器物本身的特性的影响。人-自然环境的可供性具有本原性。“小生境的概念反映着这一事实。人类在一定的限度内可以改变环境的可供性，但是人类仍旧只是在他或她的境况条件下创造的产物。”（Gibson，1979：143）

（四）一些问题的辨析

这里仅以吉布森本人关于可供性的阐述为准，就可澄清人们对一些问题的误解，这些并不是吉布森学派学者或后吉布森学者对可供性的阐释。

1. 是否有其他知觉可供性

除了视知觉，吉布森并未否认存在其他知觉可供性的通道。例如，盖弗（W. W. Gaver）认为，吉布森将着眼点只放在可视的可供性。“其实，触觉信息也是可供性信息的重要来源。听觉信息，如门的声音传递了物质以及物体的大小、内在结构、方位、性质、相互作用力，以及有关闭合过程的可供性信息。”（Gaver，1989）吉布森确实没有论述触觉这个综合性知觉，也没有讨论各种知觉的综合作用，以及相继的可供性。但是吉布森曾说过，知觉是“看、听、触摸、品味或嗅的活动”（Gibson，1979：244）。他并没有排斥除了视觉之外的其他可供性，他还说："光亮使动物可视，声音使动物可听，气味挥发性使动物可闻。因此，媒介多种多样，包括反映光亮、振动或挥发性的。"（Gibson，1979：17）只不过吉布森的论述不够完善和深入。他的精力聚焦于视觉，创立了生态视觉，倘若假以时日，他或许可以创立其他生态知觉模式来解读知觉的直接性。也许是因为，强调知觉的整体性，已经表明了他的感知融合一体的观点。

2. 可供性的价值两面性是否同时存在

吉布森认为，有机体与环境的这种相互依存性和价值的两面性客观存在。例如，悬崖既提供在边上行走的可能性，也提供坠落下去的可能性。"需要注意的是，所有这些益处和害处、安全和危险、积极的和消极的可供性都是观察者所面对的事物的属性，而不是观察者体验到的属性。它们并非主观价值，它们是不偏不倚的，不是附加于感知之上的愉悦或痛苦的感受。"（Gibson，1979：137）这一点对于可供性本体论的讨论至关重要。它既离不开有机体，又不是纯主观的价值体验，那么消极的可供性和积极的可供性转化，只能在行为中体现吗？我们从中可以看出吉布森的生态观，人类知觉可供性与其他动物没有本质区别，在这一点上，他更强调人与动物在认知上的连续性，而不是间断性。动物有情感，但动物没有价值判断的能力。对动物来说，积极和消极的可供性存在是客观的，没有主观的意义赋予，人类总是拟人化地理解动物世界，因此就不可能完全理解吉布森的原意。

3. 可供性是否可以扩展到社会文化领域

吉布森并不反对将生态学的可供性扩展到社会文化领域。首先，他关注到人与人的互动的可供性；其次，他也承认人的表述方式的概念化，产生了新的交互方式——文化，所以需要研究这个复杂层面的可供性。除了有关空间定位与运动的可供性外，在对话及其他人际互动过程中许多有关个体行动的可供性能够被直接知觉。换言之，不需要调整符号的表现方式。声音与视觉特征确定了这些可供性。在交谈中，停顿、面部表情及其他姿势提供了影响个体行为的信息。他也区分了生态信息的提取与语言交流的不同。但是他并未就这一问题详细地加以阐述。因此并不需要贬低吉布森对特殊类别的可供性——社会文化领域的可供性研究不够，坚持自然与人工自然统一性的吉布森已经表明了他的立场和态度。本书认为，扩展是可能的，不过扩展的前提是，必须首先把生态领域的原理弄清楚，才可能拓展“疆土”。

4. 可供性概念是生态学概念还是哲学概念

可供性是生态心理学的核心概念。“关于 affordance 的一个重要事实是，它们在某种意义上是客观的、实在的和物理的，价值和意义则与之不同——它们经常被认为是主观的、现象的和意识的。但实际上，可供性既不是一种客观属性，也不是一种主观属性；如果你愿意的话，也可以说它两者都是……可供性指向两个方向，既指向环境，又指向观察者。”（Gibson，1979：129）

吉布森甚至明确阐述了他的可供性理论是生态心理学的一部分。正如后人评价的，他的可供性理论在整体框架的建构方面并不完善，其《视知觉的生态学进路》留下了许多理论空白待后人填补。可供性概念引起的争论也从心理学界“引燃”到了哲学界，因为吉布森在讨论可供性理论时时常引入哲学问题，如二元论、价值论，处处都能看到进化认识论的身影。

康奈尔大学网站登载了吉布森未发表的笔记，他在笔记中曾反复强调这一点：“可供性同时指向两方面……感知表面是水平和坚实的，同时也感知行走的可能性。因此我们不再需要假设，第一，有一个建立在感知基础上的知觉；第二，是初始概念的意义发生（知觉的‘浓缩’理论基于先天的感觉和获得的图像），有价值的信息是提供给知觉的。至于价值是‘相对’或‘绝对’的，价值是一个主观现象还是一个客观事实的争议，都应该从上述阐释中得到重新解释。”（Gibson，2007）国内学者易芳评论他把毕生精力都用来推翻旧的二元论，立志重建心理学的理论大厦（易芳，2004：31）。他的经验研究只能为哲学研究提供基础，但他提出可供性概念却是颇具哲学特质的。

对吉布森可供性概念的理解，运用进化论的观点是关键。在他的早期研究中，有关视觉的理解，从检验个体如何理解对象和环境，就开始了可供性概念化的进程。到了后期，可供性不再仅是个体注意一个对象并创造了意义，而是变为个体对自然进化和认知结果的一个理解，固有的含义被个体知觉。

第二节　可供性概念诞生的心理学基础：直接知觉理论

有关吉布森创建他的学说的心理学理论渊源，易芳曾做过系统梳理和专门论述，因为吉布森的导师霍尔特（E. B. Holt）是机能主义学派创始人W. 詹姆斯（W. James）的学生，吉布森又当过格式塔心理学家考夫卡（K. Koffka）的助手，易芳认为，“吉布森在哲学上和科学上接受过构造主义和实用主义的主流传统教育，又受到机能主义和格式塔心理学，以及进化论的生物学影响”（易芳，2004：29）。正因如此，本书不再做重复性的工作，只专门探讨可供性概念产生的理论基础。吉布森的思想发展大致可分为两个阶段：前期主要从事有关知觉的心理物理学研究，后期通过生态心理学进路研究知觉。知觉问题始终是他的主攻方向，可供性概念的诞生来自他的直接知觉理论。

直接知觉理论和间接知觉理论之间的主要差异表现在对知觉内容的定位，以及对知觉意义的关注。间接知觉理论主张，意义源自有机体的内在，意义建立在动物与其依附的物理环境的交互作用基础之上。比如光与传感器接触，产生了感觉。动物（或大脑）通过感觉进行推论，产生了有意义的知觉。直接知觉理论认为，意义存在于环境中，知觉不依赖于意义的推论；相反，动物是从一个富有意义的环境当中提取信息的。感知的直接性来自进化，因此，可供性是动物-环境长期互动进化后的互惠结果，可以直接被动物知觉到。

一、直接知觉理论对传统心理学的挑战

（一）直接知觉理论的提出

第二次世界大战期间，吉布森曾在美国空军服役，担任空军航空心理研究计划执行人。由于当时飞机降落依靠目测判断，飞机降落成功的关键与飞行员的视知觉能力高度相关，因此，在此期间他以运动知觉能力作为甄选飞行员的必要条件。在训练飞行员的过程中，吉布森发现了飞行员的知觉-操作行为与环境信息的一种互动性，飞行员往往以观测到的地表视觉特征为基础进行自我定位，而不是通过耳前庭或动觉。飞行员通过知觉地表面光阵列的信息，调整着陆滑行动作（图 2-1）。

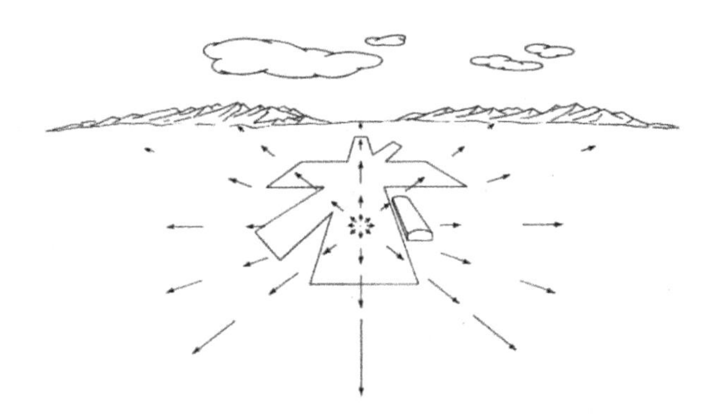

图 2-1　在着陆滑行中光视阵的流出[①]

地形和天空这些物理世界的恒常量，是空间感知的主要来源。飞行员如何更好地辨识地面的机场并做出操作动作，凭借的是直接知觉而非刺激加工的间接知觉，这也启发了吉布森后来提出直接知觉理论。吉布森生态学知觉理论主张，前庭系统的首要性只发生于身体静止的状态下，当动物运动而产生加速度的时候（如前倾加速和身体倾斜转弯加速），内耳平衡石无法辨别身体的方向。后来吉布森的追随者通过实验验证了这一点。在《基于生态学方法对动晕症感觉冲突理论的批判》一文中，施托夫雷根（T. A.

① 这幅图是飞行员瞄准下方着陆区域时所看到的情况，引自吉布森的《视知觉的生态学进路》。

Stoffregen）和里乔（G. E. Riccio）特别指出，传统理论尤其不适用于太空（失重）和水中（浮力）的平衡判断（Stoffregen and Riccio，1988），他们通过动晕症的实验对传统的知觉理论提出了批判。

20世纪60年代，吉布森与格式塔心理学家考夫卡成为同事。吉布森从未接受过格式塔心理学，但他同意考夫卡的这个观点——感知是心理学的核心问题。1966年，吉布森在《被视为感知系统的感官》一书中，概述了他的知觉的理论模型，实际上回答了环境中人和动物利用信息来源的方式：直接提取（Gibson，1966）。

（二）直接知觉理论的主要观点

第一，反对刺激-反应的知觉理论。传统的知觉理论将身体描述为接收器，人的身体接收外界的刺激后，就像机器加工一样进行再处理。根据这种观点，感觉是身体对世界中刺激的内在反应。还有人推出了一套基于感觉的、深度知觉的视觉线索。这种联系是后天习得的，通过联想得到。也就是说，很多心理学家是从主体本身去解释视知觉的产生、从后天去解释知觉的发展的，而吉布森与他们最不相同的观点是，他认为环境本身就包含着一些特定的信息，人通过运动获得这些信息，人与环境的互动自然地解决了知觉形成的原理。

我们从中可以看到吉布森受威廉·詹姆斯的影响很深。实用主义心理学家威廉·詹姆斯说："一种经验主义，为了要彻底，就必须不要把任何不是直接经验的元素放到它的各种结构里，也不要把任何直接经验的元素从它的各种结构中排除出去。对于这样一种哲学来说，连接各经验的关系本身也必须是所经验的关系，而任何种类的所经验的关系本身必须被算作是'实在的'，和该体系里的其他任何东西一样。"（威廉·詹姆斯，2006）

第二，通过运动，知觉直接提取环境信息，不需经过感觉的转介。在传统心理学的理论中，感觉和知觉的差别在于，知觉是有内在的解释的意识过程，而感觉则是一种纯粹接受外界刺激的意识过程。自文艺复兴以来，视觉理论家都认为视觉信息是视网膜上的图像。为了替代这些奠基在感觉之上的间接知觉的理论传统，吉布森提供了一个直接知觉的模型。对于吉布森来说，知觉经验的顺序不是首先产生感觉，然后推理式地构成一个关于环境的心灵地图。相反，知觉是对光学信息流中不变式的探测，产生于知觉者在环境中的运动。这些不变式特示了知觉环境的恒常特性，不需经过心理的推理加工。在运动中，视觉自然地知觉到物体表面光流的变化。对于吉布森来说，知觉是非转介性的、非推理的，它直接地接收到弥漫于环境中的信息（Braund，2008）。

第三，感知的直接性来自进化。吉布森感知和行动交互作用的新观念，其焦点是环境中的恒常信息，通过感知系统直接获得，而不是由知觉者建构。吉布森认为无限的视觉世界可以直接被看到，没有必要通过建构推理出来。吉布森以某种方式如此清晰地将知觉与世界直接连接的观点，得到了科学哲学家 E. S. 里德的赞同。E. S. 里德将这个观念称为“直接现实主义”，他认为吉布森的方法是一种“直接感知”的方法。那么，动物的这种直接感知能力又是如何获得的呢？吉布森认为是在动物与自然环境的长期相互作用下形成的（Rogers，1984）。

（三）吉布森直接知觉理论的特点

1. 强调感知活动的积极性

直接知觉不是被动地接受，也不仅仅是内部建构。吉布森说：“我试图证明，感知系统的意义与感觉是根本不同的，一个是主动的，而另一个是被动的。”（Gibson，1966：285）传统心理学认为人的心理活动是从感觉开始的，这意味着一种感觉神经被动地投入，活动传入大脑，当它输入进来时信息被俘获。而吉布森所定义的感知系统是看、听、触摸、品味或嗅的活动。知觉系统自动地适应环境的恒常性和可变性，而这些信息是通过互动积极寻求的。“我十分沮丧，人们不理解。”（Gibson，1966：285）

2. 强调知觉的具身性

可供性理论一再重申感知与行为的关联。感知不是静止的状态，而是在环境中运动的过程中产生的，而且知觉产生后还承载行动。实验设备束缚下的视觉，脱离真实的环境，把人当作物理学意义的物体，这是吉布森所不赞同的。

3. 强调感知系统的整体性和有机体在认知中的整体性

吉布森对传统心理学研究中分析主义的实验方法持有不同的见解。他认为，知觉不是从感觉器官开始的，而是从整个有机体（人或动物）开始的，有机体作为接受者在与环境的接触中，显现知觉。吉布森强调感知系统的整体性和有机体在认知中的整体性。

（四）吉布森是否承认有间接知觉

1. 直接知觉与间接知觉的含义及其关系

首先，所谓直接知觉，字面上的意义是双重的，一是知觉是直接的；二是“直接”作为知觉的限定词，又暗含了直接知觉只是知觉总属中的一个类别。这种字面上内涵和意义的澄清对于吉布森所提出的直接知觉论来说至关重要。如果知觉都是直接的，那么，这种直接知觉与其他类型的知觉有何区别？对间接知觉的批评是否有效？如果直接知觉只是知觉总属中的一个类别，那么直接知觉类型与间接知觉类型有何关系和区别？知觉总属又是什么？两者之间如何能够统一在这种知觉总属之中，即它们之间的共同点又是什么呢？

其次，直接知觉又分为直接知觉对象和直接知觉行为。这些问题都是直接知觉理论要解决的核心问题。鉴于此，首先要弄懂吉布森的直接知觉内涵。如若提到的直接知觉是相对于间接知觉的，那么，什么又是一般意义上的间接知觉呢？也就是说，在吉布森的直接知觉理论中有没有间接知觉？

乌尔里克·奈瑟尔提出了符号知觉（perception of symbols）的概念，他认为，需要区分两种知觉过程，他将其称为“直接知觉”（direct perception）与“识别”（recognition）（Neisser，1992）。直接知觉提供了空间定位和运动的信息，发生在与环境的动态互动中；识别提供了确定以及划分物体与事件的信息，当观测者能够积累有关物体或安排特征信息时，识别就更有效了。

2. 吉布森直接知觉论中的间接知觉类型

在1954年发表的文章《图像知觉》中，吉布森区别了一手经验（直接经验）和二手经验（间接经验）的差别与内在关联，提出直接经验是一种意识的活动或行为，它指向的是实在物，而不是指向内在经验。他强调以直接经验来理解间接经验，而不是以间接经验来理解直接经验（Gibson，1954）。可以说，在人类成为人之前，天然自然中的"人"的知觉过程是直接知觉。

吉布森认为知觉都是直接的。间接知觉所知觉的对象是间接的、构造的，如图像、电影、文本。对图像、电影、文本的意义的理解确实不是直接的过程，其中没有自变量和因变量之间的函数形式关系。"图像、图片和雕塑都提供一种特殊的知识，我称之为媒介转达的或者间接的二手知识。而且，图像、图片和雕塑成形后表面处理是停滞的状态，允许信息的储存和信息在知识宝库中的积累，简言之，形成文明。"（Gibson，1979：42）

在吉布森看来，词语信息是相互交流的信息，而生态信息是提取，不是交流。因此，前者是通过间接知觉加工得到的，而后者是通过直接知觉获得的。在《视知觉的生态学进路》第14章中，他特别强调："世界并不与观察者进行交谈。人类通过哭泣、手势、演讲、图片、书写和电视来交流，但是我们不能仅根据这些渠道来理解知觉，它完全是另一种情况。文字和图片传输信息、承载信息或传递信息。但是环绕着我们的能量海中的信息，发光的或机械的或化学的能量，不是被传输的，它仅仅是在那里。认为信息能够被传输并被储存的假设对于交流的理论来说是恰当的，但是对于知觉的理论来说却不是。"（Gibson，1979：238）

在《视知觉的生态学进路》第13章"移动和控制"一章中，吉布森谈到了视觉信息对移动、控制行为的引导。图像、电影、文字等作为人工产品，是控制乃至自动控制的引导工具，是一种奠基于模拟、仿真自然或者是对直接知觉对象的间接知觉映射模式，其中已经蕴含了计算机界面人机互动设计的理论基础（Gibson，1979：223-224）。动物的自组织行为受自然知觉的引导，吉布森有关间接知觉类型的提出，使其理论应用张力扩展到图像仿真、虚拟空间人机互动、智能人工制品设计等多个领域。

二、直接知觉理论奠定具身认知基础

直接知觉是对传统心理学最具挑战性的理论之一，也是可供性概念的理论基石。

（一）为可供性的直接获得扫清障碍

直接知觉理论已经暗示了可供性的直接获得性。吉布森指出环境中就存在着直接影响生物行为的特性，这种影响又不是单向度的，互动行为的特性来自环境与动物长期形成的彼此呼应关系。凭此机制，动物可以直接地知觉到环境之于它的各种行为可能。这种强调外在环境（物品）与使用者共同依存的概念，有别于认知科学的研究取向。

吉布森的直接知觉理论后来被特维和施托夫雷根等发展为特示理论。特示是对生态系统中能量阵列蕴含的样式进行的物理学分析，沟通了生态学的实在维度与生态学的信息维度，即能量阵列中的不变式与物理事实之间的对应关系是客观的，这种物理关联遵循着光、声音、作用力等的物理规律，与任何形式的心灵转介过程无关，是知识的来源。

王义认为，表征范式的本体论基础是对实在的表征，是心灵上的转介或重构。表征范式使得实在论不能延续到认识论领域，导致科学在物理学和心理学上出现断层，并引发关于知识问题、价值问题的学科定位难题（王义，2014）。

吉布森的直接知觉也是对乔治·贝克莱（George Berkeley）否定物质世界的客观存在观点的回应，还是对机械认识论的回应。“我们知道，世界就在那里，在我们之外独立地存在着，但是人类的认识又离不开这个客观世界。因为当我们在环境中移动时，我们以连续变化的形式看见事物”（莫顿·亨特，2006）。面对连续的真实的环境信息，知觉直接提取，进而会体验到事物的连续性、真实感，且不依赖于我们作为观察者而存在。我们只能在与身体相适应的尺度范围内移动。“存在”可解释为“人与物的不可分割的在场”；“存在决定人的意识”可解释为人与物的相互作用的关系性决定人的意识；“意识对存在的反作用”可解释为意识对“人与物的不可分割的在场”不能改变，但对人与物的关系的改变有一定的反作用。人可以在主观意识的作用下，通过技术改变人与物的关系，产生新的人-物在场形式。知觉作为服务于适应环境的行为具有调节性意义。虽然直接知觉理论的适用范围同时决定了它没有回答直接知觉-行为与知识的进化问题，那是知识理论要解决的，却构成了知识产生的基础要素之一。

超出传统心理学理解的知觉对于认知的意义至今未被充分展开，在笔者看来，尽管心理学家讲的知觉与哲学家讲的知觉有些差异，但吉布森的直接知觉富有哲学意蕴。吉布森与苏格兰常识学派[①]的观点有些相近。常识学派最主要的代表人物是苏格兰哲学家T. 里德和斯图尔特（D. Stewart）。T. 里德认为，某种关系的判断总是伴随着感觉，感觉既向我们“提示”它和心灵的关系，又向我们“提示”它和外物的关系，因此心灵和外部世界都是真实存在的，“提示”观点对吉布森可供性理论有极大影响。法国哲学家亨利·柏格森的“生命直觉”都有响应。亨利·柏格森睿智地分析了“康德将知性看作确立各种关系的最主要机能，由此认为这些关系联系的各种条件的起源超出了知觉能理解的范围”（亨利·柏格森，2004：308）。康德创立了新哲学，但是他没沿这个方向走下去。在笔者看来，亨利·柏格森所欣赏的直觉就是建立在知觉基础上的智慧。“应当存在一种生命的直觉。虽然智力无疑会转移或翻译这种直觉，但这种直觉依然超越了智力。”（亨利·柏格森，2004：308）

---

① 苏格兰常识学派是18世纪后半期到19世纪初英国的主要哲学流派之一。它反对巴克莱的唯心主义和休谟的怀疑论，坚持外部世界和心灵的真实存在，认为这是人心的构造所产生的共同信念，是人类的常识。

（二）为可供性奠定了具身认知基础

1. 直接知觉将身体作为与世界联系的中介

直接知觉理论说明知觉与运动不可分开，知觉不是静止的，必定产生于全身心的运动。可供性概念也声明，可供性承载行为。安东尼·切莫罗（Anthony Chemero）将直接知觉主张称作是“彻底”具身认知科学（radical embodied cognitive science）范式的基础，“避开心灵表征而建立一种彻底的具身认知科学的理论前提是，知觉必须是直接的，或从环境中拾取信息。更确切地说，动物必须在复杂信息处理、心灵体操的意义上使用信息来引导行为。可供性知觉，或者可称为行为机会知觉。也就是说，动物能够知觉到它们能直接做的”（Chemero，2009）。人与环境在漫长的进化过程中与环境互动形成的共生关系，是通过身体这个中介得以体现的。

吉布森很不认同他所处的那个时期所盛行的神经生理学、语言学和社会学的观点：人或者只是由循环复始的荷尔蒙和复杂的神经网络所组建而成的；或者只是唯一以符号的形式思考、努力影响世界的行为者；或者只是与同事合作及冲突的互动者。人类的行为和体验在很大程度上与我们的文化符号、社会实践有关。然而，在文化符号和社会实践的背后，是我们与自然环境的联系，作为环境的探索者，如果与世界失去这种关联性，所有的这些文化符号、社会实践都将不复存在。

直接知觉理论对分析主义的批判为可供性理论的形成扫清了障碍。吉布森强调他的知觉是建立在整体的感知系统之上的，而不是先把感知系统分割成各种感觉，再综合所有感觉的过程。感觉基础和感知系统基础有什么不同呢？传统心理学认为知觉建立在感觉基础上，感觉是直接的，知觉是完整的感觉。这里明显地出现循环论证——感觉既是直接的，又是间接的。所以，禤宇明和傅小兰认为直接知觉理论与认知科学的主流观点不相符合，“直接知觉理论对建构理论的批驳有它的哲学基础。间接知觉理论将导致循环论证。我们对世界的直接经验是认识的基础。”（禤宇明和傅小兰，2002）

2. 身体整体作为知觉产生的中介克服了分析主义的局限

可供性概念诞生于对传统心理学的挑战。20 世纪 50 年代，由于计算机等技术的出现，对人类大脑的模拟成为显学。基于信息加工的第一代认知科学诞生，此时认知科学关注的只是大脑。认知科学的方法论是用计算机模拟人类的认知过程的细节，然后还原。E. S. 里德对此的评价是“以描述性还原论为形式，人类将消失或被计算机程序的符号结构和操作所取代”（Reed，1996：7）。

1977 年开始出版的《认知科学》杂志和 1979 年召开的第一次认知科学年会是其发展史上重大的标志性事件（李其维，2008）。20 世纪 70 年代后期，西方思想界对传统的哲学观、信息加工理论和生成语法提出了一系列新的不同观点，主要针对过于简单化地将人的认知过程当作信息符号的输入、加工处理、输出过程，由此开始质疑认知主义、形式主义、符号主义等，转而强调研究认知（心智）及语言与身体经验的关系。认知科学开始了向身体（包括脑）及其经验的回归。尽管这种回归是正确的，但仍坚持间接的知觉论，这对于解释人工智能是对的，但是人类智能不同于人工智能，人类智能是以生态为基础的自然智能，包括生态知觉。

格式塔心理学和人本主义心理学都反对心理学研究的过分分析主义方法。“格式塔心理学则将整体视为‘本原’或‘一般’而忽视部分对于整体的意义，人本主义也对量化的方法持反对的态度而过于推崇质化的研究方法，也是将整体置于部分之上。”（秦晓利，2006：89）在质疑分析主义方面，格式塔心理学有积极意义，不过，格式塔心理学过分强调心灵建构的作用，也使之显得失之偏颇。吉布森的直接知觉理论为可供性提供了重要的理论基础，不仅可以克服分析主义的偏见，而且超出了认知科学仅从内部考虑认知的狭窄视野。

3. 身体作为知觉可供性的中介冲破了计算隐喻的束缚

身体在认知中到底有什么作用？这一主题长期以来被忽视，其原因就是认知科学过于借助计算机手段而产生的计算隐喻。认知科学是 21 世纪发展最为迅速的学科之一，但也遭到诟病。吉布森说得特别直接，他说这个模式“借鉴了所谓硬科学‘生理学’，有助于将关于‘灵魂’的教义从心理学里去除掉，但其自身从未真正有过作为”（Gibson，1979：2）。E. S. 里德将认知科学的认识论概括为，“完全内在的、个人主义的、机械的及心灵主义认知科学将单一个体的内部信息处理状态视为认知的过程”（Reed，1996：169）。

E. S. 里德分析了人们对认知的理解很大程度上基于技术隐喻，笛卡儿首先通过液压机器人研究生命，随着技术的发展，“生命又总是被类比为人类社会最先进的机器或技术”（Reed，1996：9）。从尼采开始，身体的意义问题逐渐凸显出来，认知图示与身体的关系成为现代哲学绕不过去的主题。在现代哲学的形成过程中，无论是存在主义、法兰克福学派还是实用主义，技术认知图示与世界图像要么被理解为必然的、人类历史的约束性力量，要么被理解为应该放弃偶然的认知道路与方法。而认知科学虽然面对着具身认知思潮的冲击出现一定的调节，但在根本上，认知仍然被理解为大脑输入—中央处理—输出的计算过程，也就是说，在认知科学的定义中，科学的心理学必须借助于计算隐喻。

认知科学总结的心智模式只是以数字化方式近似地模仿人类的认知。长期以来主导人机交互研究的认知理论——以探求使用者的心智模式为主的做法，它的研究取向本身无可挑剔，因为任何科学领域都是对世界一个侧面的专注，不能要求它对整体负责。中国许多古代谚语和成语表达着某种哲学，盲人摸象可以说是对人类认识论的最好诠释。因此，认知科学的问题需要其他领域的知识来补充，就像生态心理学也有其侧重而忽略其他方面一样。不过，认知科学若以主流科学自居，排斥其他观点则会导致偏颇。

直接知觉理论的发展也值得期待，如易芳认为，“直接知觉理论的研究不应只是停留在与间接知觉理论争论谁是谁非的问题，下一步应当把这种源于生活的直接知觉理论更加广泛地运用于现实生活的具体知觉问题的研究和分支领域的研究中，如航海中的直接知觉的深入研究”（易芳，2004：139）。

第三节 可供性概念诞生的生态学基础

无疑，直接知觉理论为可供性奠定了重要的心理学基础，但是，可供性概念的产生还需要更革命性的观点滋润，即生态学的方法和更宽阔的视野，否则其逻辑基础就不牢靠。生态（eco-）一词源于古希腊语，意思是指家（house）或者我们的环境。生态学（ecology）是德国生物学家恩斯特·海克尔（Ernst A. Haeckel）于1866年定义的一个概念，是研究生物体与其周围环境（包括非生物环境和生物环境）相互关系的科学。吉布森从心理学家转为生态心理学家，主要是应用生态学观点研究人类行为，生态学不仅为可供性理论提供了解决问题的重要方法论，生态整体观还为动物行为与经验的基本问题提供了总的框架，奠定了可供性的本体论基础。

一、生态视觉的独特品格

吉布森解释动物行为与经验的基本问题是从解读视觉的天然性开始的。视觉是人类获得生态信息最主要的通道，也是大多数动物的主要感知系统。吉布森发现，传统的深度知觉理论都是基于物理光学理论，像“客厅里的油画和照相机，而不是基于现实中的三维特质，全部基于静止的图像，而不是基于移动”（莫顿·亨特，2006：259）。

吉布森首先定义了他研究的视知觉是自然视觉。自然视觉的产生不是眼睛器官的单纯活动，而是全身心的活动。他称那些产生于实验室的对人类视觉的描述为“快照视觉”（snapshot vision）。人的自然视觉产生于人眼，人眼在一个可转动的头上，头又长在一个可四处走动的身体上，身体又被坚实的地面支撑[①]。自然视觉不仅不同于快照视觉，也不同于细胞水平的视觉心理生理学所描述的视觉。吉布森又是如何“解蔽”自然视觉产生的机制的呢？

视知觉的产生与环境中有光阵列（optic array）有关。为此，他创造了一个挑战常识的生态光学理论（ecological optics theory）。人能够从流动的光阵列抵达人的眼睛的光结构模式，直接提取出视觉信息，并足以让我们安全地行动。于是，度量外部世界的心理既取决于内部心理，也取决于外部世界。人类在与环境相互作用的千百万年的进化过程中，形成了对这些环境信息的自动拾取机制。

（一）生态视觉确立了一种自然的视觉特征

生态视觉阐述的主要观点可以概括如下。

1. 生态视觉与其他领域对视觉研究的侧重点不同

光学科学家更多地研究光的光学性质，而从事环境设计物理学研究的专家则主要考虑光的照明效果。解剖学家只是把眼睛作为一个器官加以研究，神经心理学家研究视网膜的神经元如何运作，并不是考虑视觉系统如何运行。生态视觉显著区别于眼科学。眼科学研究眼球视觉，对眼球视觉的研究适用于视觉生理学和配眼镜。如果对眼睛的活动进行重新检验，我们必须考虑视觉系统如何运行，而不仅仅是考虑眼睛如何活动。

2. 生态视觉研究的是自然视觉

自然视觉是运动中产生的视觉，自然视觉依赖于眼睛、头部、身体的运动。在传统心理学的视觉实验研究中，要给被试套上一个头套，阻止头部的转动产生环绕视觉，也不可以自由走动。在这样的实验条件下得到的是缺少了环境视（ambient vision）的焦点视（focus vision），其结果与现实生活中的视觉完全不一样。

---

① 吉布森唠叨这些事实经常烦扰了一些读者，笔者的一位学生不明就里，在试译的时候，直接删除了这些后缀描述。这里有几层含义：视觉与运动有关，但不仅是眼睛和头动，视觉与全身动作有关；作为陆生动物，其视觉与坚实的大地（环境）有关。

3. 生态视觉是人与环境互动中的视知觉

吉布森所创立的生态视觉，与知觉的有效信息相关联。这是生态视觉与物理光学生理视觉最大的不同。科学家依据研究的需要，将人与环境割裂，抽取其某一特征的方法，对无机物似乎是合理的，可是对于智慧生物，即使是研究基础的感觉——视觉，也是不恰当的，更不用说更高级的心理活动了。

（二）光阵列特示了有用的生态信息

为了解释生态视觉，吉布森运用生态学的理论，重新建构了不同于物理光学的生态光学体系。物理光学是物理学的分支之一，主要研究光的属性和光在媒质中传播时的各种性质，如光的折射、反射等。物理光学又分为波动光学和量子光学，物理光学主要研究辐射光，生态光学主要研究环绕光。动物被光环绕，光作为介质传递着通过反光、振动和溶解表达的事物信息，引导和控制着动物运动。生态光学体系包含以下重要概念和逻辑。

第一，环绕光阵列，即环境中的结构光，是一种生态信息。生态视觉的核心概念是位于一个观察点的环绕光阵列。成为一个阵列，意味着具有一种排布方式；环绕一个观察点，意味着一个环境中被包围的观察者可以占据的位置。在陆生环境，光阵列具有一种双向模式。光阵列的上半部往往相对无结构（天空），白天光线系统因为太阳的路径发生变化。阵列的较低半球的光随着土地及附于其上的物体，发生或稠密或稀疏，以及重叠结构的量的变化。动物的互动不会改变这种半球结构，所以其是恒定的。

第二，环绕光阵列反映表面和边缘信息，形成环境硬度、形态和深度知觉。吉布森认为世界并非附着在坐标轴上，人知觉的世界只是单纯的表面，其边缘反映出它的宽广程度。物体在环境中运动会产生一系列光阵列，这就是吉布森所称的“透视流动结构”（perspective flow structure）。对于观察者来说，环绕阵中停滞的透视结构显现了固定位置，这就意味着静止；流动的透视结构显现了不固定的位置，这就意味着移动。能够获得辨别运动和非运动的视觉信息，这对于所有的观察者，无论是人类还是动物，都是极具价值的（Gibson，1979：75）。光阵列传递的信息还与围合边缘（occluding edge）有关，它是指与观察点相关的边缘，它既分离了被隐藏的表面和未隐藏的表面，又连接了它们。如果观察点在介质中移动了，或者物体移动了，被隐藏的表面和未隐藏的表面则会互换，或者较远的面倒转过来变成了较近的面。传统的深度知觉和远近透视都在这里被解构，知觉封闭表面边缘产生深度（Gibson，1979：308）。刚性运动指的是位移或旋转时能维系表面形状，非刚性运动是在运动中表面形状发生改变。伊琳诺·吉布森等的研究也表明，三个月大的婴儿能够完全区分出两种不同的视觉物体（Gibson et al.，1978）。

第三，有机体可直接提取光阵列中的生态信息。吉布森着重分析了处于光介质中的有机体在运动中必然形成一系列的光阵列，因此光这种介质包含了关于表面及其实体对有机体的生态信息。而"介质与空间有着显著区别，它使机械事件中由挤压所产生的波动，也就是声音，得以到达所有的观察点，并且使一种来自挥发实体的散布场——气味，得以到达所有的观察点"（Gibson，1979：226）。感知者从刺激流中提取出结构中的不变量（invariant），同时他也在注意这个流动。尤其是对于视觉系统来说，观察者由自身运动而产生变化着的透视结构要与环绕光阵列中存在的不变量结构进行协调（Gibson，1979：247）。有的研究者细化了这个过程，计算出光阵列的流动角速度，人在运动中并非精确地计算角速度，但会感知到角速度的变化（图 2-2）。

人在不同的观察点看同一个物体，知觉到的物体的形状有差异，但是它就是它，这就是不变量。"想一下这条看似悖论却体现民间智慧的谚语：'变化越多，越是同一件事。'它说得对不对呢？如果变化意味着变得不同，而又不是转换成别的事物，那么这种说法就是正确的。这句谚语强调一个事实，即无论不变量到底是什么，它都会在变化时比不变时显得更鲜明。"（Gibson，1979：73）美国心理学家发现，幼儿会认为动植物有一种看不见的"精髓"，不管外表怎么变化，这个"精髓"始终不变（艾利森·戈普尼克，2010）。尽管幼儿有时不会明确表达出来。

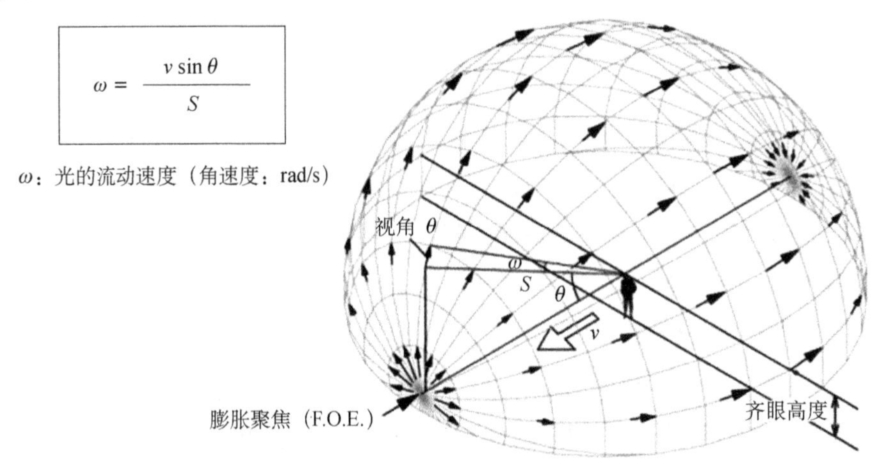

图 2-2　观察者前进时光阵列的流动方向①

吉布森认为，“如果某有机体接收器中能量流的不变量存在，如果这些不变量对应于环境的恒常性（invariance），并且如果它们是有机体对环境知觉的基础，而不是感觉信号的基础，那么，认识论中的实在论就有了新的证据，同样，心理学中也会出现新的知觉理论”（Gibson，1967）。当然，人们对吉布森的阐述也一直没有停止过批评。心理学家福多（J. A. Fodor）和佩雷赛（Z. W. Pylyshyn）认为，吉布森并没有阐明对环境光阵列中不变量的拾取机制为何不是一种推理（加工）机制。他们认为对不变量的拾取就是一种推理过程，比如说，看某事物（see something）和将某事物看作什么（see something as）是不同的，后者以识别行为为基础（Fodor and Pylyshyn，1981）。

（三）视觉不能全被解释为视网膜像

自从文艺复兴以来，有关视觉的理论探讨都声称视觉信息是视网膜上的图像。为了替代这些奠基在感觉之上的间接知觉的理论传统，吉布森提供了一个直接知觉与生态视觉结合的新模型。知觉是对光学信息流中不变

① 此图引自大野隆造，宇田川梓，添田昌志，2002. 伴随移动的遮蔽边缘的情景表现方式对视觉注意的诱导以及景观评价的影响. 日本建筑学会计划系论文集：197-203.

量的探测，它们产生于知觉者在环境中的运动，知觉直接地与弥漫于环境中的信息调谐。

依据吉布森的观点，视觉不能全被解释为视网膜像，因为光学信息并不是“在眼睛中”，而是在环境中。探测光学信息的是视觉系统，视网膜是其中一部分，信息是一种环境事实，即人在环境中运动产生的光阵列，光阵列本身特示了环境的生态信息。“信息是可以被探测到的，它不是眼睛后部的图像。”（Reed，1988）吉布森的“视网膜像不是视觉基础”的主张与多个世纪以来的科学传统相冲突。

在《视知觉的生态学进路》一书中，吉布森主要展示了光学特示理论，创立了生态光学信息理论。在 1966 年出版的《被视为感知系统的感官》一书中，吉布森提到了比光阵列、声阵列、作用力阵列更高层级的信息形态（Gibson，1966：21）。这种信息形态形成于前述阵列之间的不变关系，它是与单独能量形态特示不同的特示类型，是一种更高阶段的信息类型，这意味着与生态光学信息、声学信息等不同的信息形式。然而，吉布森并没有对不同类型的信息特示进行深入的研究。在他之后，施托夫雷根拓展了吉布森的光学特示理论，对能量阵列的特示类型进行了系统研究（Stoffregen and Bardy，2001）。

（四）知觉控制行为是生态视觉的另一特征

知觉的产生并不是由知觉独立完成的，知觉必然伴随行为，知觉还引导和控制行为。

吉布森对可供性的定义是环境与物体相对于环境中的动物和人，所知觉到的与行为相关的价值。站立、转身、进入封闭环境、保持距离、彼此接近都借助于使周围阵列的流动获得行动过程的信息，防止有害的可供性，调整行动，以保持个人的安全。

知觉是有机体行为与环境的双向联结。一方面，知觉引导行为，行为于是被结构化，使知觉以一种生产性的方式向环境施加压力。“知觉引导行为很好理解，如知觉使有机体避开障碍物、获取食物等。行为引导知觉同样很重要，而当时关于视觉的研究很难发现这一点，因为当时实验室研究的是吉布森所称的‘快照视觉’与‘小孔视觉’。吉布森研究的则是由行为引导的‘环绕视觉’与‘移动视觉’。”（秦晓利，2006：133）个体知觉环境的可供性是由从物体而来的光阵列中的不变量组合获得的。通过形状、颜色、纹理和变形这些可供性的提取，就可以将工具、食物、藏身之所、伴侣、友善的动物与有毒物、火、武器、有敌意的动物区别开来。这些观点再一次表明了生态知觉理论在认识上联结了有机体与环境，“动物和环境这两个词是不可分割的一对。两者是相互映射的”（Gibson，1979：8）。

吉布森力图通过心理学的研究发展一种生态认识论，但是无论是从科学研究角度还是从认识论理论角度，都需要进一步完善。近些年来，吉布森学派的学者做了大量实验，用“球形矩阵”（global array）阐明直接知觉何以可能的问题（Bruno et al.，2008）。又如，爱丁堡大学的大卫·李（David N. Lee）在《光流域：视觉的基础》一文中，将这种视觉控制行为理论普遍化。一般来说，动物在环境中活动，总是要与各种各样的表面打交道，如何控制自身与表面特定的关系，需要视觉进行引导。在这种控制行为中，与表面的距离信息至关重要。传统的视觉理论认为，表面光学纹理仅仅特示该表面的位置，而不能特示表面和观察点之间的深度信息。大卫·李通过射影几何学证明，光流域中蕴含了表面和观察者之间的距离、大小、位置等空间-时间意义上的相对信息。其中，光学变量 $\hat{o}$ 对于动物保持与表面特定的接触关系起到了重要作用。射影几何学为光学信息提供了数学基础，为视觉研究提供了理论基础，即他们可以尝试验证动物在特定的行为中是否拾取这些信息以及如何拾取这些信息（Lee，1980）。当观察者活动时，阵列的立体视角也发生了变化，也就是说，透视结构发生了变化。然而，潜藏于透视结构之中的，是一种并不变化的不变量结构。与此相类似的是，当天空中的太阳活动时，阵列的立体视角也发生了变化，也就是说，阴影结构发生了变化。根据这些光阵列中的信息的提取，人类可以迅速地获得如何在大地上行动的知觉。

总之，吉布森为我们提供了一个有机体与外部联系的生态视觉，却没有解决大脑对视觉有什么贡献的问题。

那么，如何看待神经生物学的视觉研究、认知科学的视觉研究和生态视知觉研究呢？美国波莫纳学院学者班克（W. P. Bank）和克拉伊切克（D. Krajicek）在《心理学年报》上对知觉问题的回顾提出了已知的所有方法，即神经生理学的、认知科学的与吉布森式的方法，并认为这三种共同存在的理论和知识体系彼此并非互相排斥。以刺激为基础的神经学方法、以人类思维进行的认知方法和光学流动直接法都描述了全部现实的不同部分，它们并非彼此冲突和矛盾的，而是互补的（Bank and Krajicek，1991）。也就是说，神经生物学的视觉研究有助于从生理学的微观角度了解视觉的产生机制，认知科学的视觉研究阐释了视觉意识的产生及其心理机制，前两个领域的研究或许对于医疗和学习更有意义，而吉布森的生态知觉进路以一种与环境协调的整体思维描述了自然的视觉，对于人如何行动、如何生存至关重要。可以说，生态视觉、眼科学、神经生理学和认知科学分别给出了视觉的某个方面的特征，大概需要这几个领域的协同合作，才能给出何为视觉的完整认知。

二、生态学方法的逻辑力量

生态学方法主要是指生命现象领域科学认识的生态学途径，所以又可称为生态学进路和立场。在所有与生命有关的领域，应用生态学的观点，主要说明与生命有关的现象及其发展变化，揭示各种现象的相互关系和规律性，认识和解决与生命有关的问题。在这里，生态学方法主要是指生态的方法论，而不是指具体的生态学研究方法，例如，在原地观测或对受控的生态实验的大量资料和数据进行综合归纳与分析，表达各组变量之间存在的种种相互关系，反映客观生态规律性的方法技术。

吉布森在研究心理学问题时引入生态学方法，将动物及其所处环境视为重要的解释现象加以考虑，这与以有机体的内在心理活动为核心的传统心理学研究路径，虽不能说是背道而驰、离经叛道，但也是非主流的。这一方法确立后，无论是经验论和诠释学，还是生理和还原主义，所有形式的主观主义都会遭到吉布森的拒绝，他的整个研究视角发生了转变：心理学并非研究动物的某些特性，而是研究动物所处环境与动物的关系。同样，所有形式的客观主义也遭到拒绝，如物理主义。根据生态学的方法，行为主义规则和建构主义规则均不是完整的心理学，研究动物如何与其环境接触的原理和机制，"'心灵主义'（mentalism）抑或是'条件反射行为主义'（conditioned-response behaviorism）都不够好。心理学需要新的思考，即在可宽泛地称为系统理论的范畴内开始进行一些尝试"（Gibson，1979：2）。

（一）生态信息的价值为可供性提供生态前提

环境中具有与有机体生存相关的丰富生态信息资源是可供性存在的前提，从生态资源的角度去理解可供性的价值，其核心理念就是"认知是一种生命过程，不是一种机制"（Reed，1996：169）。伊琳诺·吉布森说："这个问题对于知觉心理学家是优先的：知觉到的是什么，它是信息还是什么？我们感知世界的可供性。因为知觉是预期的，并随着时间的推移，可供性的信息存在于事件之中，既在外部又在内部的感知者中，因此，如果我们想理解可供性是如何被接收的，我们必须研究事件的知觉。"（Gibson，2000）

吉布森声称"通过光环境的信息来识别可供性的这一假设是生态视觉的顶峰。观察者的动机和需要作为一极，世界的物质和表面作为另一极，不变量将这两极联系起来——这一观念为心理学提供了新的途径"（Gibson，1979：143）。

池塘水面为小昆虫在水上行走提供支撑，而非为人类提供支撑。这能说明为动物行走提供可供性的表面，必须要满足一定的生物力学限制。E. S. 里德进一步地发展了吉布森的可供性，他认为可供性是生态资源，是小生境，是环境提供给有机体行为的可能性，只有当有机体知觉到了，可供性才变为有机体与环境之间的关系。

生态信息概念不仅涉及思考物理世界的新方式，而且为我们如何对待心理世界带来巨大的改变。环境信息外在于动物，但又与动物有关，被动物直接获得。有关环境信息的思想迫使我们去思考一种以前没有关注、不被理解的心理活动。生态信息的获得“是如此不同于早先的概念，因为此概念曾遭到误解或忽略，甚至很多学者批判了吉布森的信息获得概念。生态心理学无法被合理地理解，人们无法清晰地理解这个独特过程的价值所在，以及其如何有别于其他心理学理论所阐释的心理学过程”（Reed，1996：64）。

（二）生命进化过程为可供性提供历史性解释

吉布森一再强调对可供性的知觉是天生的、自然的。“环境基本的可供性是可以感知的，而且通常是不需要过多学习就可以直接被感知的。环境的基本属性使可供性在光环境的结构中可以被识别出来，因此可供性自身也可以在光环境中被识别。而且，如果一个相对不变的变量与观察者自身的身体之间具有可比性，那么比起与观察者的身体没有可比性的那些，前者更容易被选择。”（Gibson，1979：143）这里已经表明了可供性不仅是在环境中存在的，还与有机体的尺度有关。吉布森从认识论的角度解释了这个观点。他一再明确地反对知觉涉及心灵推理活动的思想。他驳斥了皮亚杰式的方法（Piagetian approach）——强调孩子们相信什么而非眼见什么（Gibson，1979：195），并站在唯物主义及本质主义者（essentialist）的立场上声明：“让我们假设：当观测点发生变动时，基本结构是以阵列的表层结构为基础的。这种基本结构是由某些恒定因素构成的。”（Gibson，1979：73）

鉴于该立场，吉布森必然得出了超越主体与客体的可供性概念。这个观点会引起的疑问是，关系是由什么组成的？回答这一问题最初的立场是，这种关系可能是由物体与知觉者之间的互动产生的。那么，一系列行为发生的本体是什么呢？“可能”并没有留下实质性的东西，除非基于每个元素属性以及各种互动关系，某些可能性被构建出来。除非像吉布森那样只有详尽地描述人与事物之间究竟发生了什么，才是切实可行的。如果没有这样的描述，那么“可能”就是一种想象。

吉布森的理论阐述了认知发展的生命进化过程，不仅动物的知觉行为让我们追溯到人类早期的历史，儿童的认知发展也能再现这个生命的过程。吉布森分析了儿童是根据抓到什么来学会“看”尺度的：他们看到自己的手抓握的跨度的同时也看到了球的直径（Gibson，1979：119）。在儿童能辨别是1、2还是3英寸[①]之前很久，就不断做出拇指和其他手指分开能产生钳状的动作，他们据此能看出满足这一动作的恰当的物体尺度。儿童是通过与自己的身体而不是与一把量尺相比较，来弄懂他自身的尺度范围的（Gibson，1979：234-235）。同时，发现手的这种能力是其他动物所不具有的。可供性是直觉性的，而非分析性的。如果可供性是历史形成的，这是不是就是荣格（C. G. Jung）所说的物种的集体潜意识呢？

易芳将吉布森的理论与巴克的生态心理学做了比较，认为吉布森的理论更具有元理论的价值。不过她认为两者的差异之一是，“巴克对行为与环境交互关系的认识是建立在对群体行为和个体行为的比较研究基础之上，发现群体间行为差异小于个体的不同背景下的行为差异，转而将关注的目标放在群体行为与环境的交互关系……而吉布森是从个体与环境的交互过程中解释心理过程”（易芳，2004：31-32）。这种说法也许并不准确，吉布森从物种种系的角度揭示了有机体与环境相互作用的结果，人与环境互惠的可供性绝不是当下形成的，而是一个生命进化的历史结果。

三、生态整体观的坚实根基

生态整体观包括生态系统各成分普遍联系和相互作用的整体性观点、生态系统物质不断循环和转化的观点、生态系统物质输入和输出平衡的观点等，体现了生命及其环境不可分割的系统观。

（一）动物与环境相互依存的整体性

吉布森在《视知觉的生态学进路》的第1章中就鲜明地指出：“值得牢记却经常被忽略的事实是：动物和环境这两个词是不可分割的一对，一个

① 1英寸=2.54厘米。

词暗示着另一个词的存在，没有周围环境，动物无法生存。”（Gibson，1979：8）吉布森一开始就重新定义了环境。在他看来，环境指的是能够感知并且行动的生物（也就是动物）周围的事物。这个环境与物理学研究的无生命的抽象环境不同。生物所知觉到的环境特性是一种相对于自身属性的生态物理（ecological physics）性质，而非科学物理（scientific physics）上所说的物理科学（physical sciences）性质。因此，可供性代表的是存在于生物与环境之间的“相对的”而非“绝对的”的互动关系。

读过亚里士多德的《物理学》的人，一定会感叹亚里士多德开创的物理学思考范式源远流长。自然、万物、实体、本原、原因、元素、数量至今都是科学研究的对象和问题，这就是先哲为科学制定的规则。当吉布森要用完全不同于物理学的一套概念系统去描述我们身边的世界时，生态心理学与物理学、心理学的不同就显现出来了——物理学描述的是人类抽象的环境，心理学描述的是人主观感受的环境，而有机体真实面对和体验的是生态心理学描述的环境。吉布森用地表单元（空间的度量单位）、嵌套、事件、布局等名词，创造了一个与传统物理学中由点、线、面构成的世界完全不同的新体系。他略显冗长的表述，再现了我们眼睛看到的环境，既非心理学家认定的心理表征，也非脱离人的主观“看到”而被物理学家抽象出来的物质环境。

吉布森认为，动物和环境的相互关系也与物理科学所揭示的不一样。动物不是无生命的物体，所以，“一个环境围绕一个生命体的方式与一堆物体围绕着一个非生命的物体是不同的”（Gibson，1979：8）。在吉布森看来，“环境只指那种属于感知者存在和在其中活动的环境。而同样的，感知者也只能属于受到环境支持的活动者”（Gibson，1979：83）。这个相互关系还涉及环境与动物尺度的对应。环境单元在空间上可分为不同的层次，但是对于动物来说，只有与它的活动产生影响，与它的身体尺度对应的环境单元才是有意义的。例如，纳米尺度的粒子和几百亿光年外的行星，对于一个几米长的动物的知觉行为来说都没有意义。动物只能感知到地表单元的变化，而不是通过显微镜和天文望远镜看到的世界，这些单元相互嵌套，“事件”是人感知环境的时间量程，因为人们所感知的变化和人们所依赖的行为既非极慢，也非极快。环境的布局相对于人类的生命时间，在某些方面是永恒不变的，而在另一些方面是变化着的。在生态心理学家看来，动物环境与物质世界间存在着差异，动物是环境的感知者和行为者，是以特殊的方式被周边环境所环绕着的，吉布森所讲的“环境”，是与动物感知和行为发生关系的环境，环境的观察者与其共有的环境也是互补的。因此吉布森尽量避免使用“物质环境”这样的表述。

论述动物与环境的整体性还来自吉布森用生态学的概念“生态位”（ecological niche，又称“小生境”[①]）来解读可供性。生态位是指一个种群在生态系统中、在时间和空间上所占据的位置及其与相关种群之间的功能关系和作用，包括物种在环境中所处的地位及食物、行为等细节。吉布森说“生态位就是一套可供性”（Gibson，1979：128）。严格地说，可供性是环境生态位的属性，而非栖息地的属性。为什么这么说呢？自然环境提供了许多种生活方式，不同种类的动物具有不同的生活方式。生态位意味着某种动物，而动物同样意味着某种生态位。请注意两者的并协性（或协调性）（Gibson，1979：128）。但还要注意的是，环境作为一个整体具有无限的可能性，就与动物的关系而言，环境是具有先决性的。E. S. 里德曾经感叹，现代专业过度化地使身处某一领域的人很少了解其他领域的成果。心理学家很少了解生态学的概念，吉布森用生态心理学把心理学与生态学两个领域联系在一起，也是学习了一些生态学专家的开放态度，将资源使用的方式及特有的动物群体特征称为生态位（Reed，1996：39）。

运用生态学的整体观，吉布森将可供性理解为与生态位有关的概念，奠定了知觉-行为与环境的生态关系，而非物理关系。首先，可供性指的是

---

① 生态位又译作生态龛、小生境；1924年由格林内尔（J. Grinnell）首创，强调其空间概念和区域上的意义。1927年，埃尔顿（C. Elton）将其内涵进一步发展，最早在生态学领域引入了生物学，增加了确定该种生物在其群落中机能作用和地位的内容，并澄清了生物群落概念有别于生态位概念，主要强调该生物体与其他种的营养关系。

生态信息与动物行为的关联，与生态位的内涵接近。生物在进化过程中，一般总是与自己相同的物种生活在一起，共同繁衍后代。物种在特定的环境中生存，必须时时刻刻掌握环境信息，因此生态信息对动物来说非常重要。动物在此所关心的并非相关的物理属性，而是将特定生活环境中的痕迹（生态信息）整合起来，调节动物行为。生态信息是一个物种为求生存而所需的广义“资源”。

除此之外，可供性还意味着在这个生物生存的最小阈值范围内存在着相关性套层（嵌套），因为任何稳定的相互作用关系（即某个特定的生态位）都包含着无穷多阶次的套层关系，因而，某个确定系统中的可供性是无限的。例如，捕猎行为作为嵌套，是由一系列的嵌套动作构成的，而每个动作的展开，都由特定的动作（如奔跑、跳跃、拍打、投掷）阈值约束（可供性），这些阈值取决于该个体的动力系统和环境不同部分对它的不同作用（如重力、支撑、投掷者、猎物）等。可供性概念揭示了在时间尺度和空间尺度上更加微观的环境行为。

（二）知觉与行为同步的整体性

这种整体观还延续到知觉与行为的整体性。有机体是有意识的生命体，环境中物体的运动与身体在空间中的运动有着不同的秩序（Gibson，1979：15），物体只能遵循牛顿力学的规律运动，而生命体则在遵循牛顿力学的基础上有新的规律。动物在与环境互动的进化过程中形成的适应环境的行为和生活方式，可以有效地利用可供性这种生态资源更聪明地生存。

从表面看来，知觉和行为的整体性只说明人的整体性，其实不然，因为环境与动物整体性是前提，知觉不是纯主观的感受，知觉联系环境，行为反映对环境的关系。因此，知觉与行为的整体性内含了与环境的整体性。

知觉与行为的整体性来源于对环境的知觉与对身体的知觉同步。“观察者运动程度的降低特示着距离的增加，所有这些都来自观察者的鼻子到地平线之间的纹理密度增加的梯度和双目视差增加的梯度，实际上两个量值限度都是会变化的，这意味着对本体的感知与对外部的感觉是互补的。自

我知觉和环境知觉是相辅相成的。”（Gibson，1979：116-117）

对环境的知觉和对身体的知觉的同步性在日常生活中也可以观察到。“不论是猴子还是人类，在很小的时候，都会练习着观看自己的手，并持续几个小时之久。并且，它们是要观看光结构的扰动，这些扰动显现出了抓握动作必须被仔细分辨的微妙性。从婴儿最粗略的抓取动作到钟表匠最精巧的装配活动，如果他们想要成功，那么所有的操作必须受到光扰动（optical disturbances）的引导。”（Gibson，1979：120）能够促成自我感受的规则非常有用。以工匠为例，工匠在工作时，手的表面、手持的工具的表面等都显示着光环境变化着的形态，工匠时刻都被这些信息包围着，无时无刻不在接收着两只眼睛获取的光阵列变化结构，他不需要有意识地察觉这些信息，但这些信息却影响着他有意识地工作。

吉布森还通过一些自然实验的研究结果来说明如果知觉信息不完整，就会对行为产生不必要的误导。玻璃地板装置实验表明：必须有表面对动物的脚或身体底部产生向上的推动作用，如果看不到它们的脚落在地面上，许多陆生动物就无法保持正常的姿势。“如果视觉信息识别出它们的脚脱离了地面，它们就表现出自由下落时的状态，腿蹲伏着并显现出恐惧的征兆。但是如果玻璃地板下铺上一个具有纹理的表面，动物则会像平常那样站起来走动。”（Gibson，1969）

这一实验结果暗示，与脚离开支撑表面相对立，脚接触到支撑表面是通过视觉在脚的围合边缘处识别的。陆生动物习惯于让自己的脚站在地上，而且习惯于获得处于这种状态的皮肤感受和视觉信息。“这就解释了为什么一个远高于真实地板的无形玻璃地面提供了机械支撑却不提供视觉支撑，还解释了为什么人类的婴幼儿及其他陆生动物被放在这样一种透明的地板上时，会显露出痛苦、畏缩，好像要掉下去的样子。”（Gibson，1979：121）

诺贝尔文学奖得主赫塔·米勒在瑞典学院举办的诺贝尔演讲中说：“在我看来，物体对于其自身的制作材料没有概念，姿态手势对于自己的感觉没有概念，词语对于说出它们来的嘴巴没有概念。但是为了确认我们的存在，我们需要物体，我们需要姿态手势，我们需要词语。归根结底，我们用的词语越多，我们就越发自由。”（赫塔·米勒，2009）赫塔·米勒是对的，人与物不同，人的认知是主动性的、自动性的，物没有认知的能力；但赫塔·米勒也错了，姿态手势认识自己的感觉，物体、手势、词语都是小生境的要素，其共同构成人类生活和认知的基础。

（三）人与环境共存的伦理价值整体性

吉布森较明确地提出了自己对世界的看法：“这不是一个物理学的世界，而是生态水平的世界。”（Gibson，1979：2）

1. 生态水平的世界强调人与自然的生态联系彰显文化价值

人类一直乐于区分人与动物的不同，文化是彰显人类卓越的标志。所以，“自然与文化的关系可以说是在一种痛苦的抉择中被总结出来的：这些关系要么在杀气腾腾、摧枯拉朽的两军对垒中，变成一种剑拔弩张、毫不留情的决战；要么每个世界的复杂性都能够得到维护，不再诉诸因果关系，而是退回到不再拒不妥协的和解中去”（乔治·吉耶-埃斯屈雷，2001）。

那么，自然的事物与文化的事物有什么不同呢？克劳德·列维-斯特劳斯指出：“人类身上任何普遍的东西都属于自然秩序，并具有自发的特征；任何服从规范的东西都属于文化，具有相对性和特殊性的特点。”（克劳德·列维-斯特劳斯，1967）如何看待自然与文化的关系，决定了其本体论的不同。秦晓利从人的本质属性定义分析心理学研究的片面性。一般来说，很多理论都偏重于自然属性论或社会属性论，或介于两者间的观点。在人性价值论方面，又分为性善、性恶和既善又恶。在对人的心理与动物心理的差别的理解方面，“上述理论显然是不同的，但在研究人的心理的问题上，它们又有一致性，即都切割了人的心理与行为的片段加以研究，并且认为这一片段体现了人类的本性”（秦晓利，2006：102）。这种分割也取决于自然与文化分割的本体论。吉布森则认为自然世界与人工世界是统一的，生态联系是一切文化的基础，这也是他遵循的生态观念。如今看来，这个观念，既然是价值观，也就是一种文化。

吉布森的理论虽然只是将外在环境与人的知觉直接联系起来，但却肯定了环境的延续与生命的生存价值。另外，除了知觉成分外，人与自然环境之间还有情感上的联系，这是西奥多・罗斯扎克（Theodore Roszak）的研究揭示出来的内容。西奥多・罗斯扎克所著的《地球的声音：对生态心理学的探究》一书指出，人类与自然界中的植物群、动物群、河流之间除了物理-化学联系外，人的心灵与之还有一种强烈的情感联结。这种情感联结是人类固有的是进化的遗产，他们称之为生态无意识（刘婷和陈红兵，2002）。生态无意识是人的本性。长期以来，生态无意识都处于压抑状态，一直被掩盖着，人们还没有意识到这是人类的本性。这是在社会政治、经济模式对自然生态的无限索取和对理性的过分追求下，人类有意识地排斥对自然的情感联结。严格说来，西奥多・罗斯扎克并没有解决生态无意识存在的理论问题，只是"从心理学角度研究与多学科相关的生态危机问题"（易芳，2004：13）。与自然环境相关的可供性概念，解决了生态无意识理论的心理学依据问题：心理学的核心是知觉，是知觉搭建了人与外界的联系，情感联结也建立在知觉之上。

2. 生态水平的世界内涵解决了生态危机的伦理价值问题

吉布森的可供性理论是否也能为解决生态危机的现实问题提供一定的理论依据呢？伦理学与科学知识之间并不完全类似。忠实于不同伦理标准要比忠实于认识论标准转变得更快、更彻底。这取决于我们怎样进行类比。如果"善"从道德上等同于真理，那么也许并非如此。特殊的道德准则随着文化和时期的改变而改变。不过，如果这些道德准则类似于科学中特定的方法或理论的话，那么后者亦然。科学知识与伦理学的明显差异在于，科学知识具有描述和解释功能，而伦理则不然。同样，可以说，科学知识具有目标局限性，而伦理则不然（Bradie，1986）。

我们今天面临的问题是人们的道德判断与生态危机之间的巨大差距，那么，什么样的理论能够缩小这一差距，使我们在面对生态危机时显示更多的道德或支持环保的行为呢？荷兰学者文森特·布洛克（Vincent Blok）认为，回答这个问题的理论起点是吉布森创立的可供性理论。他提出两个理由：首先，可供性提供了一个在人类中心和生态中心的本体论上非二元论的自然概念，但长久以来并没有被人看作是一个“内在价值”或“人类价值”的产物。其次，可供性本体论为我们提供了一个其内涵本身就要求特定行动的概念。我们不仅遇到一个人类与自然相联系的生存概念，而且这种联系在于我们的感知觉必须响应大自然。可供性理论的应用可能导致更多的道德行为。面对当前的生态危机，我们确实面临着伦理判断和道德行为之间的差距，自然的可供性可以填补这一缺口。基于本体论来解读吉布森可供性理论，可为认清人类对当前生态危机应负的责任打开一个全新的视角（Blok，2015）。可供性揭示了人与自然环境的不可分割性，破坏环境则暗示着伤害人类，知觉可供性就意味着如何活动、如何生存，于是自然的法则与人的生存法则的最大公约数是适应自然，选择更道德的生活方式。

3. 吉布森的可供性理论是否属于环境-行为研究的元理论

美国环境-行为研究的著名学者拉波波特（A. Rapoport）提出一个环境-行为研究（environment-behavior research，EBR）的科学解释理论。他认为，EBR 有三个最重要的主题和基本问题：第一，人类生态的、社会的、心理学的和文化的什么特征（作为个体的、特殊成员和各种群体的）影响了环境的特征；第二，环境中的哪些方面对生长在其中的人们产生了作用，是在什么样的微环境下，以及为什么；第三，描述人与环境两个方面彼此相互作用的路径，必须找出连接两者的机制，这些机制都是什么。（Rapoport，2000）他还强调，这些基础研究属于环境、行为研究的元层次（meta-level）的范围，是解决为什么和怎么样的研究，不能直接用于实践领域。

吉布森的可供性理论大概就属于环境-行为研究的元理论。可供性概念是心理学与生态学结合的产物。吉布森的研究范式已经超出心理学的范围，他的可供性概念找到了环境与行为两者相互作用的路径，他所描述的连接机制对心理学界的挑战如此强烈，在吉布森的理论贡献越来越得到其他领域认可的同时，我们再次回顾吉布森 40 多年前的这段话，可能才会理解为什么只有他创立了可供性理论。

“依我看，让我吃惊的是，仅在这个国家就有 20 000 名心理学家，庞大的专业队伍，几乎所有的人都变得如我的一生一样。他们都是成功的……在任何时候，整个心理学都可能被颠覆。他们当居安思危！”（Wikipedia，2007）吉布森的话是危言耸听还是苦口婆心？生态主义者眼中的世界肯定与心理学家眼中的世界不同。心理学同事认为他“‘极端固执，毫不让步’，执意将洗澡水和婴儿一同泼洒出去”（莫顿·亨特，2006：465）。那么，听谁的呢？

科学哲学家 E. S. 里德和 J. 詹姆斯曾根据科恩的科学革命理论评价吉布森的学说，“想确认哪一社会科学发生真正革命性的变化是不可能的——事实上，当今最流行的和最‘重要’的想法，十年后是否还是如此是不清楚的。因为当下产生轰动效应的一些重要的想法，十年后可能毫无声息。预测它的成功是远远超出我或任何观察者的能力的，但这是无关紧要的问题，甚至不成功的科学革命也应该具有成功的一些特性。”（Reed and James，1986）

在笔者看来，吉布森过于自信的表述确实得罪了无数人，但其见解的价值却越来越被学术界所认识到。

参 考 文 献

艾利森·戈普尼克. 2010. 婴儿天生都是科学家. 罗跃嘉译. 环球科学，（8）：42-47.

赫塔·米勒. 2009-12-19. “你有手绢吗？”——赫塔·米勒诺贝尔演说. 庆虞译. 南方周末：E22.

亨利·柏格森. 2004. 创造进化论. 姜志辉译. 北京：商务印书馆.

后藤武，佐佐木正人，深泽直人. 2016. 设计的生态学——新设计教科书. 黄友玫译. 桂林：广西师范大学出版社.

乔治·吉耶-埃斯屈雷. 2001. 人在自然中拥有一席之地吗？渠敬东译. 第欧根尼，(1)：21-38，103.
李其维. 2008. "认知革命"与第二代认知科学会议. 心理学报，40（2）：1306-1327.
刘婷，陈红兵. 2002. 生态心理学研究述评. 东北大学学报(社会科学版)，4(2)：83-85.
莫顿·亨特. 2006. 心理学的故事. 李斯，王月瑞译. 海口：海南出版社.
乔治·吉耶-埃斯屈雷. 2001. 人在自然中拥有一席之地吗？渠敬东译. 第欧根尼，(1)：21-38，103.
秦晓利. 2006. 生态心理学. 上海：上海教育出版社.
王静怡. 2008. 女性BBS社群的冲突处理——从符担性概念谈PTT"站岗的女人"集体合作沟通行为. 台北：台湾政治大学硕士学位论文.
王义. 2014. 特示理论对直接知觉论的启示. 科学技术哲学研究，(5)：49-54.
威廉·詹姆斯. 2006. 彻底的经验主义. 庞景仁译. 上海：上海人民出版社：22.
禤宇明，傅小兰. 2002. 直接知觉理论及其发展//第二届虚拟现实与心理学学术研讨会论文集. Ⅱ：12-19.
易芳. 2004. 生态心理学的理论审视. 南京：南京师范大学博士学位论文：31.
Bank W P，Krajicck D. 1991. Perception. Annual Review of Psychology，42：305-331.
Blok V. 2015. The human glance，the experience of environmental distress and the "affordance" of nature：toward a phenomenology of the ecological crisis. Agric Environ Ethics，28：925-938.
Bradie M. 1986. Assessing evolutionary epistemology. Biology and Philosophy，1（4）：401-459.
Braund M J. 2008. From inference to affordance：the problem of visual depth-perception in the optical writings of Descartes，Berkeley，and Gibson. Brock University，134（38）：831-835.
Bruno M，Bardy B G，Stoffregen T A. 2008. Multisensory perception of whether an object is within reach. Journal of Vision，5：1-23.
Chemero A. 2009. Radical Embodied Cognitive Science. Cambridge：MIT Press：146.
Fodor J A，Pylyshyn Z W. 1981. How direct is visual perception：some reflections on Gibson's "ecological approach". Cognition，9（2）：139-190.
Gaver W W. 1989. The SonicFinder：an interface that uses auditory icons. Human-Computer Interaction，4（1）：67-94.
Gibson E J. 1969. Principles of Perceptual Learning and Development. New York：Appleton-Century-Crofts：267-270.
Gibson E J. 2000. Where is the information for affordances？Ecological Psychology，12（1）：

53-56.

Gibson E J, Owsley C J, Johnston J. 1978. Perception of invariants by five-month-old infants: differentiation of two types of motion. Developmental Psychology, 14(4): 407-415.

Gibson E J, Walk R D. 1960. The "visual cliff". Scientific American, 202: 64-71.

Gibson J J. 1947. Motion Picture Testing and Research. Washington: U. S. Government Printing office: 228.

Gibson J J. 1950. The Perception of the Visual World. Boston: Houghton Mifflin: 212.

Gibson J J. 1954. A theory of pictorial perception. Audio-Visual Communication Review, 2(1): 3-23.

Gibson J J. 1958. Visually controlled locomotion and visual orientation in animals. British Journal of Psychology, (49): 182-194.

Gibson J J. 1960. The concept of the stimulus in psychology. American Psychologist, 15(11): 694-703.

Gibson J J. 1966. The Senses Considered as Perceptual Systems. Boston: Houghton Mifflin.

Gibson, J J. 1967. New reasons for realism. Synthese, 17(2): 162-172.

Gibson J J. 1977. The theory of affordances// Shaw R E, Bransford J. Perceiving, Acting, and Knowing: Toward an Ecological Psychology. Hillsdale: Lawrence Erlbaum Associates: 67-82.

Gibson J J. 1979. The Ecological Approach to Visual Perception. Boston: Houghton Mifflin.

Gibson J J. 2007. More on Affordances. http://www.trincoll.edu/depts/ ecopsyc/perils/.

Greeno J G. 1994. Gibson's affordances. Psychological Review, 101(2): 336-342.

Gibson J J, Crooks L E. 1938. A theoretical field-analysis of automobile-driving. American Journal of Psychology, 51: 453-471.

Jones K S. 2003. What is an affordance? Ecological Psychology, 15(2): 107-114.

Lee D N. 1980. The optic flow field: the foundation of vision. Philosophical Transactions of the Royal Society of London, 290(1038): 169-179.

Neisser U. 1992. Distinct systems for "where" and "what": Reconciling the ecological and representational views of perception//The Fourth Annual Convention of the American Psychological Society. San Diego. CA.

Rapoport A. 2000. Science explanatory theory and environment-behavior studies//Wapner S, Demick J, Yamamoto T, et al. The Theoretical Perspectives in Environment- Behavior Research—Underlying Assumptions, Research Problems and Methodologies. New York: Kluwer Academic/Plenum Publishers: 118.

Reed E S，James J. 1986. Gibson's revolution in perceptual psychology：a case study of the transformation of scientific ideas. Studies in History and Philosophy of Science，17（1）：65-98.

Reed E S. 1988. James J. Gibson and the Psychology of Perception. New Haven：Yale University Press：26.

Reed E S. 1996. Encountering the World：Toward an Ecological Psychology. New York：Oxford University Press：169.

Roger S. 1984. Reasons for realism：selected essays of James J. Gibson//Reed E，Jones R（review）. Leonardo，17（3）：220.

Stoffregen T A，Bardy B G. 2001. On specification and the senses. Behavioral and Brain Sciences，24（2）：195-213.

Stoffregen T A，Riccio G E. 1988. An ecological theory of orientation and the vestibular system. Psychological Review，95（1）：3-14.

Warren W H. 1998. Visually controlled locomotion：40 years later. Ecological Psychology，10（3-4）：177-219.

Wikipedia. 2007. Psychologist Gibson J J. http:// en.wikipedia.org/wiki/James J. Gibson.

第三章 可供性理论的本体论探讨

道可道，非常道；名可名，非常名。无，名天地之始；有，名万物之母。

——《道德经》

从可供性概念的正式提出到形成可供性理论，吉布森用了十几年时间。可供性理论过于颠覆的性质必然在学术界引起巨大争论，却因作者过早去世，已得不到他的回应。对可供性内涵的理解，不同学术背景的人给出了不同的阐释，对于如何解构可供性问题，人们给出了各种建议，这情景有点像“100 个人心中就有 100 个哈姆雷特”。

那么，可供性究竟是什么？在吉布森模糊的定义基础上，各路学者又是如何解读这个概念的？它的内涵和本质是什么？什么是可供性理论？它包括哪些内容？是否有可供性原理和机制之分？对可供性概念的争论是不是与这些界定不清有关？可供性理论的提出又有什么哲学本体论意义？这就是本章要讨论的问题。

第一节　一个不可言说的“幽灵”？

将可供性概念看作近年来在学术界游荡的“幽灵”一点也不为过。美国学者詹金斯（H. S. Jenkins）在研究了吉布森的可供性概念之后发出感叹：本来，可供性概念只是表述了一个动物行为学的可操作性的基本原则——动物与它所处的环境之间的互惠，却引起了学术界的轩然大波。这是由于可供性概念涉及解释互补性这个如此大的概念系统，引起了各个领域学者的关注；这个概念的讨论跨越了不同水平的现实生活，不同学术背景的学者都使用自己熟悉的术语（知觉、情境）来达到自己信奉的理论目的；加之吉布森本人对这个概念的描述也是模糊的，让大家可随意地赋予各种含义。他发现这场讨论至今仍让很多人不舒服。“那些固执己见者也许会认为，首先，可供性不过是大家面对的一个虚构的怪物喀迈拉（chimera）[①]，可供性更像是古罗马的两面神，相辅相成，对等互凝，进进出出，最后，你可能认为它是人类语言的一个矛盾体，通过我们的思想习惯产生魔力。”（Jenkins，2008）

一些学者认为吉布森留给后人巨大的理论发展空间，探讨可供性概念的深邃内涵具有本体论意义。在2002年召开的生态心理学国际学会北美会议上，琼斯召开了有关可供性概念的小型研讨会，会上有四位学者对可供性做了不同的解读，也构成了后来吉布森学派内部不同观点的争论基础。他们的观点与外部反对吉布森观点的人针锋相对（Jones，2003），这成为一个标志性的事件，说明有关可供性从操作性定义到本体论层面上的界定很难在学者中达成共识。对于这场著名的学术争论，匹兹堡大学科学史与科学哲学系的斯卡兰蒂诺（A. Scarantino）在《可供性阐释》一文中把它称为一场吉布森式的运动，支持吉布森观点的人被称为吉布森学派（Scarantino，2003）。吉布森学派学者包括詹姆斯·格里诺（James G. Greeno）、哈瑞·赫夫特（Harry Heft）、E. S. 里德、约翰·桑德斯（John T. Sanders）、施托夫雷根、特维、安东尼·切莫罗和迈克尔·安德森（Michael L. Anderson）等。他们对可供性的理解也存在细微差异。有些人相信可供性显然是环境中客观对象的属性，有些人则相信可供性是环境中客观对象的意向，还有人坚持可供性是动物和环境之间的关系（McClelland，2015）。这些争论从2002年正式展开，至今未尽。

一、一种实体论的阐述：可供性是环境属性

特维是美国康涅狄格大学的实验心理学教授，也是吉布森学派的代表人物之一。他运用生态心理学理论和方法进行动态系统与运动行为的研究，在理论和实验方面做了开创性工作。他是该校感知和行动生态研究中心的创始人。吉布森的《视知觉的生态学进路》一书出版前，曾让特维评阅书

---

① 喀迈拉，希腊神话中的一种动物，厄喀德那和提丰的后代。chimera在希腊语里的意思是“山羊”，它拥有狮头（赫西奥德的《神谱》中记载说它有三个头）、羊身和蛇尾，会喷火，最终被骑着飞马的贝勒洛方所杀。也有人说它是九头蛇许德拉的后代，或说是厄喀德那和她的儿子双头犬所生。在中世纪的叙事诗、绘画、雕刻和建筑中常会出现，隐喻嫁接杂种、嵌合体。

稿，他对吉布森可供性理论的见解影响深远。

（一）可供性是环境的倾向属性

可供性是吉布森理论的核心，吉布森的可供性理论让许多人难以接受或理解，其中一个典型的质问是："对于可供性这个概念，已产生的混乱是到哪里找到这个词的所指。一把椅子的可供性（坐）是指椅子的性能，还是指坐在椅子上的人，又或是指这个人知觉到这是一个可坐在上面的物品，抑或是指其他？"（Greeno，1994：339）。对此，特维的回答非常明确。

特维明确地将可供性解释为环境的属性（property，又可译成性质）或倾向（disposition，还可译为部署、配置），又称为环境的倾向属性（dispositional properties），倾向属性往往表明特定于某些情形中的一种属性，属性取决于可能发生的实际情形（Turvey，1992：176）。比如，如果没有溶剂，物质就不可能溶解。如果可供性是环境具有的属性，那么则取决于存在着可能实现其倾向的动物。所以，一个物体能否被动物吃掉，主要看动物是否乐于食用和能否消化它。在特维看来，生态心理学应与物理学密切相关。"易碎的"就是一种普遍的倾向属性。玻璃变得越来越脆弱的属性只有在瞬间碰撞到足够硬的物体时才得以彰显。玻璃的脆弱性是一个内在属性，对于玻璃而言，取决于行动者作为中介，用碰撞创建了玻璃的脆弱性，揭示了属性。也就是说，可供性是否存在，首先，环境得具有一定的物理属性，这个物理属性决定了它能否被动物利用的倾向性，如果不具有这个属性，一切都无从谈起。由此可见物理学的物体属性概念对特维的影响。

（二）可供性独立于知觉

特维认为，无论是否在意可供性，是否感知可供性或是否有知觉信息，可供性都存在。比如，不论是否口渴，一杯水都承载了喝的行为。虽然可供性无论是否被知觉到都存在着，但由于可供性是物质内在的重要属性，所以其应该被动物知觉到。依据知觉信息区分可供性，对理解和使用环境的便利性有帮助。一般情况下，可供性指的是知觉的可供性，也就是能够获得可供性的知觉信息。如果无法获得可供性的知觉信息，那么，可供性是被隐藏的，需要从其他的证据推断出来。如果信息表明不存在可供性，那么一个错误的可供性存在取决于人在行为上的错误。最后，当没有任何迹象表明可供性的知觉信息时，人往往不会采用一个既定行为。

特维和卡雷洛运用吉布森的观点解读“惯例、投射和自然规律三者相关”，认为对信息的理解要考虑到动物在混乱的环境中运动，对信息类型的基本理解，可供性归于最本源的信息在特示化情境中的特示，具体如下（Turvey and Carello，1985）：

情境-类型 A⟷由自然规律产生、特示⟷情境-类型 B

场景的信息和象征场景的信息（主要指语言的含义）可以类似地图解为：

情境-类型 C⟷由投射产生/描画⟷情境-类型 D

情境-类型 E⟷与惯例联结/表明⟷情境-类型 F

由此可见，由自然规律产生的情境-类型、由语言的含义投射产生的情境-类型、由惯例联结的情境-类型，三者是不同的。一个是由可供性特示的，一个是由语言描画的，一个是由惯例（常识）联结和表明的。后两种情境类型中并不存在可供性。

（三）可供性需要结合功效性

特维将可供性定义为环境的倾向性属性，属于非自然选择论者。倾向性取决于实际存在的可能情境。特维坚持认为，讨论可供性还必须要虑及动物的属性，而这个观点引起可供性解释上的矛盾：如果可供性与动物相关，那么可供性与动物的相关表现在哪里呢？肖（R. Shaw）等指出，可供性需要结合能力或技术上的功效性(effectivity)。功效性是动物的能力属性，通过利用可供性实现，技术功效性具有倾向性。在肖和特维看来，功效性和可供性是不可分离的，它们相互补充（Shaw et al.，1982）。

特维首先在运动的预期控制问题中提出可供性的形式化定义问题（Turvey，1992：180）。为了验证可供性的存在，特维与其他人一起做了一些实验，如研究了用手去握不可见的物体，用手知觉可接触距离，这种知觉是通过手臂的挥舞来实现的，它之所以能够成功，可能源于转动惯量。实验验证了物体的空间结构可以通过触摸、旋转、挥舞等手臂运动知觉到（Turvey et al.，1992）。他与协同学专家合作，将协同学与生态心理学联系起来，将知觉与行为系统看作协同学的动态协调（coordination），将协同学开展的“人手运动相变”研究拓展为“不同自主运动系统肢体间运动相变问题”研究（Beek et al.，1992）。他还提出可供性对重量感知的客观约束作用（Turvey et al.，1999）。特维的动态触摸知觉研究说明了人类在操作物体活动中，对物体知觉是一种动态的、直接的过程，越是主动地操作物体，对物体特征的把握越准确。动态触摸知觉研究将生态心理学的研究工具确定为动力系统概念，沟通了力学与知觉研究之间的内在关系。

（四）探讨建立本体论的可能性

特维于 1992 年发表的文章代表了他对可供性本体论的主张。“在我的解释中，认知和行为的生态方法本体论是唯物的，除了物质之外，没有任何东西存在，而认知和行为的一切变化完全是由物质的作用和动态决定的。无论如何，有两项重要的限定性条件集于一身。第一，生态方法是唯物主义的……第二，生态方法是动态的……过程是根本的，延伸是从过程中衍生出来的。生态方法认为，有时一切都在变化。”（Turvey，1992：173）

特维将可供性定义为与动物相关的事物客观属性，确立了可供性的本体论。他认为，可供性恰恰提供了依据本体论理解预期控制行为的现实主义轮廓。动物为了达到对行动的控制必须有前瞻性，这就要求其能够接收表面布局和事件中的可供性，预测行为可能性。当然，他也认为本体论的假设是否成立，需要一些关键实验和感知活动理论研究，以及批判性评价，他的这个观点引起了其他吉布森学派学者的批评。

第一，特维认为可供性是物体和环境的倾向属性，显示与否与现实情境有关。特维的观点在一定程度上偏离了吉布森的原意。吉布森认为，可供性是环境与动物的协调性、互惠性关系，在特维那里却变成了单方面的环境倾向属性。倾向属性具有一定的关系性，但属性的客观性界定又回到主客二分的怪圈，环境与动物的不可分割的关系性变成了单方面的。

第二，可供性与动物功效性、技术功效性结合的观点扩展了可供性理论。但对于非自然资源的论述使可供性失去了一定的生态学基础。

第三，特维的工作是从实验心理学到生态心理学的哲学反思，研究领域跨度较大。特维的本体论讨论有一定意义，虽然坚持了唯物论，但在认识论和方法论方面却缺少了一点辩证法，不承认关系的客观性。

二、一种关系论的阐述：可供性是动物行为–环境的浮现属性

（一）施托夫雷根的行为–环境整体观点

施托夫雷根教授是美国明尼苏达大学可供性知觉与行动实验室（Affordance Perception-Action Laboratory，APAL）的主任，他所领导的实验室遵循知觉与行动的生态取向，在可供性范畴量化的研究上扮演着先驱的角色。其研究主要聚焦于有意义行为情境下的知觉与行动整合，其理论研究重点是个体如何知悉可供性，以及应用可供性达成行为目的。施托夫雷根及其同事的研究还将基础性研究与应用性研究相结合，一方面，将理论探讨的研究所得落实于人机系统设计；另一方面，将应用研究结果印证可供性知觉与行动的通用理论。特别是在基于人机系统的生态取向，以及虚拟环境中知觉与行动的实证研究方面都走在世界前列。有关可供性概念的界定，施托夫雷根的观点在被许多人认可的同时，也被另一些人所质疑。

1. 可供性作为一种关系属性

在 2002 年的生态心理学国际学会北美会议上，施托夫雷根发表的文章就是对特维的可供性概念界定的批判。施托夫雷根不同意特维的可供性是环境倾向属性的看法，认为特维脱离动物–环境关系去谈可供性是不对的。特维没有考察作为可供性产生的基础，是动物–环境形成的系统，属性只有在

这个系统基础上才能产生实际的可供性。动物-环境系统更可能引发可供性，而不是环境的属性。特维认为环境的属性是与动物结合的本体论基元，而施托夫雷根认为动物-环境系统的属性才是本体论的基元（Stoffregen，2003）。

2. 可供性是动物-环境系统的浮现属性

施托夫雷根提出了可供性的新定义——所谓可供性是指引起行为的个体与环境的相对属性关系，且其直接关乎两者交互作用的产生与否，这是从本体论的角度将可供性定义为动物-环境系统的关系或浮现（emergent）属性。施托夫雷根用“高阶属性”（higher order property）这一术语指代动物-环境系统的关系或浮现属性（Stoffregen，2003：123）。

施托夫雷根回应了吉布森有关行为可供性的论述。可供性专门指涉当下的浮现关系，并不涉及行为一定发生。以爬楼梯为例，动物运动的动力机制受表面支持的动力机制的影响，反之亦然。这种动力机制并不单独存在于动物或楼梯中。动物-环境系统的动力机制是一种浮现属性，并不能分别在动物的动力机制或环境的动力机制中得到确认。“‘人-爬-楼梯系统’是由人与楼梯两个构件组成的。人的属性与楼梯属性之间的比率（这个比率是恒量）就是一种高阶属性，即生命体与环境系统的属性，成为‘人-爬-楼梯系统’的可供性。”（Stoffregen，2003：124）

正如施托夫雷根所阐述的，行动与环境的整体关系决定了动物有什么样的行为，因此要定义可供性，一定要从这个整体性去论证，而不能像特维那样将动物与环境分开。可供性浮现属性指相对特定个体的楼梯攀爬能力，这种攀爬能力考量需要虑及楼梯属性（台阶高度）及人的属性（如腿长）之间的特殊关系（Stoffregen，2003：125）。

3. 可供性价值的显现

施托夫雷根新的可供性定义没有提及或包括行为，但是他强调，可供性承载了行为，可供性是行为的机会。可供性是动物-环境系统的属性，它可以确定我们能做什么。动物在环境中生存和活动，动物在环境中运动，动物-环境系统的可供性关系就一直决定着动物的行为可能性，不实现这个可供性，也可能实现那个可供性。不实现有益的可供性，就有可能陷入错误的可供性。要从运动的动力学角度去思考可供性，动物运动的动力学是受支撑动物运动表面动力学影响的。

施托夫雷根承认可供性也是对行为的某种限制，“这个限制的思想可以用来理解可供性的本体论。是什么限制了行为呢？不是环境的属性限制了行为，它不意味着对楼梯高度的判断限制了攀爬行为……行为被限制是因为环境属性与动物属性之间的关系”（Stoffregen，2003：125）。可供性决定行为实现的可能。这里就包含两层关系：①动物-环境系统的属性浮现，即所谓的自然选择和行为适应；②出于动物-环境系统的关系特性，知觉在这里就是一种适应性行为，知觉关系到有机体能否适应环境，因此，知觉必然是该系统中的属性浮现。相互关系的实质应该是进化论的自然选择和适应行为之间的关系。

4. 可供性与事件

施托夫雷根在其文章《可供性与事件》中认为，在生态心理学看来，事件被视为物理布局的变化。他认为，这是因为我们所知觉到的是可供性，而事件和可供性具有不同的本体。他认为，没有对暗含的可能发生的事件的预先感知，就没有可供性的感知，他提议研究事件的感知，以了解可供性的感知。对事件的研究有利于找到行动的适当机会（Stoffregen et al，2000）。

施托夫雷根的文章引起了很大的争议。有人认为可供性是感知属性，而“事件”涉及一个不同的语义范畴（Heft，2000）。切莫罗也认为没有必要讨论事件与可供性的关系，“我们的确感知到事件。看到这种情况，我们的确需要一个有关事件的概念化的新定义，但事件不仅仅改变动物的身体物理环境，而且事件是在动物-环境系统的可供性布局发生变化中发生的。这种结果的重新定义或许本身就是可供性概念的一种描绘。”（Chemero et al.，2003）

亚力克斯 · 克立克（Alex Kirlik）认为，虽然施托夫雷根有关可供性的形式化定义对生态心理学进展产生了积极的作用，但还不足以令人信服。

这种定义最初将系统（动物-环境互动）及相关属性限定在预先考虑到可供性的存在中，产生了循环论证：这种关系属性也可能被断言为一种动物-环境系统，并因此被称为可供性机制。施托夫雷根的论述产生了一种遗憾的结果：切断了与可供性的直觉概念（intuitive conception of affordances）之间的关系，这并非生态心理学所满意的结果（Kirlik，2004：77）。

（二）赫夫特的动物-环境关系机制观点

赫夫特是美国丹尼森大学心理学教授，获得自然科学的亨瑞·奇泽姆（Henry Chisholm）首席称号。2001 年，赫夫特出版了专著——《背景中的生态心理学：詹姆斯·吉布森、罗杰·巴克与威廉·詹姆斯的彻底经验主义思想的影响》。在该书中，赫夫特考察了吉布森生态心理学思想的历史理论基础，力图集成生态心理学和社会文化过程。该书的一个论点是，知识根植于个体对出现在环境里有意义的物体和事件的直接经验中。他考察了工具、人工制品，以及文化的生态心理学发展的自然历史，努力整合生态心理学和生态行为（ecobehavioral）学科，力图将人文科学作为十分重要的一部分纳入生态心理学中。

1. 可供性是动物-环境关系机制

有关什么是可供性，赫夫特与施托夫雷根的观点一样，都反对特维的可供性定义。他认为，可供性不能仅仅被视为环境的属性或环境特征，可供性是整个情境特征。动物在整个情境中发挥重要作用，所以对整个情境的知觉一定不能脱离动物对环境的知觉。特别是可供性解释了环境尺度与人的身体尺度有关。因此，“正如施托夫雷根认为的，可供性一定属于动物-环境系统，而非仅仅为环境。虽然我同意施托夫雷根的观点，但我将其形式化：可供性是关系机制”（Heft，1989）。机制，通常是指各要素之间的结构关系和运行方式。把可供性定义为关系机制，即认为可供性以一定的运作方式把有机体与环境联系起来，使它们协调运行并发挥作用。

赫夫特通过分析可供性的实证研究，如在考察爬楼梯的可供性研究中，认为身体与环境的比例关系属性测量非常重要。赫夫特同意将身体尺度、动作尺度作为动物-环境属性的运作方式来解释可供性。赫夫特认为，这种解释能够从现象学视角来研究莫里斯·梅洛-庞蒂的洞察，以及这种洞察对吉布森的影响（Heft，2007）。可以这么说，莫里斯·梅洛-庞蒂在理论上具有力透纸背的深度，他的洞察力与吉布森的直觉在某种程度上契合了。

2. 对可供性的认识论探讨

即时经验（immediate experience）所展示给我们的世界并非总是事先给予的，相反，是通过我们具有区分能力与行为能力才产生出来的（Cummins，2009）。因此，赫夫特认为需要区分直接经验（或有关“意识的原始模型”）和概念知识之间的差异，他认为吉布森意识到知觉直接融入世界中从而构成我们现有的经验。强化这种即时形态的经验，不同于我们心灵活动中的概念或与语言相关的元素。作为人类，很难忽略概念的间接性，这经常混淆了我们对经验的解释力。通过思考和推理的经验缘起于直接知觉，有机体与世界的接触方式与有机体本身的构成有关，这些都成为可供性的认识论基础。可理解为即时经验是世界给予的信息与人的行为能力的结合。

赫夫特还考察了吉布森的哲学思想来源，认为吉布森的生态心理学是威廉·詹姆斯彻底经验主义的派生。彻底经验主义把世界看作一个纯粹经验世界，心物、主客之间的差别和对立与经验内部的差别和对立是同一的，只有机能和方法论意义的差别，没有本体论意义的差别。同一的一般纯粹经验，既可代表一个认识事实，又可代表一个物理实在，就看它处在何种结构内。

首先，在吉布森的彻底经验主义看来，知觉是直接的，因为视觉本身是一种包括感知事物的行为，这导致了威廉·詹姆斯所称的两种意识问题（the problem of two minds）[①]。可供性是知觉行为的一部分，所以如果我和你都知觉到黑啤酒可饮用的可供性，那么我们的知觉重叠了，我们的经验以及因此产生的思维并非私有的。

① 两种意识是指自我意识和共有意识，自我意识是人各自保持自己的思想；共有意识是指有些经验具有共性，如人们都能意识到水的流动性。

其次，在彻底经验主义看来，被体验的事物同样是真实的。我们对事物的体验实际上就是事物知觉的关系问题，所以在相同情境中，关系是真实的，因为事物本身就处于关系当中。为了解释两种意识问题，可以假设，可知觉（perceivable）是知觉者与情境的关系。如果这个假设成立的话，那么我和你能够知觉到黑啤酒的可饮用性，即使我们的知觉没有重叠（Heft，2001）。

施托夫雷根和赫夫特观点的统一性表现在，赫夫特和施托夫雷根都反对特维有关可供性是环境属性的定义，极力恢复吉布森的原意：可供性既指向环境又指向有机体，是有机体与环境的关联属性。

赫夫特阐述问题的方式与施托夫雷根有所不同，前者擅长哲学思考，后者来自实证的科学思维。在可供性定义方面，赫夫特与施托夫雷根在观点上略有不同，赫夫特比施托夫雷根更进一步，他提出了一个形式化的定义，称可供性是关系机制；在研究风格方面，施托夫雷根更侧重于实验验证，而赫夫特则偏重于哲学方法论的论证。

三、一种进化认识论的解读：可供性是选择压力

E. S. 里德是一位科学哲学家，也是几乎与吉布森享有同等声望的生态心理学家。E. S. 里德在美国三一大学读本科期间就认识了吉布森，他的学士学位论文是有关进化认识论的，当时他的导师麦斯（B. Mace）鼓励他将文章中精彩的部分发给在康奈尔大学的吉布森。吉布森给他回了信，并在稿子上批注了象征性评语。"吉布森能够洞察出我的原创论文中所蕴含的细微潜质……让我意识到这项工作是有价值的，因而值得正确地完成。"（Reed，1996：V）E. S. 里德可称为吉布森的学生，他为吉布森《视知觉的生态学进路》一书编写了索引。

正是由于 E. S. 里德与吉布森在学术上惺惺相惜，E. S. 里德对可供性的理解有着独到之处。他的贡献主要体现在从进化认识论的角度解读可供性，他的"动物环境的可供性为动物活动过程施加了选择压力（selection pressure）"的观点，在吉布森学派中只是一种观点，但颇有影响。另外，

依据进化认识论的理论功底，E. S. 里德自然地就将可供性从生物有机体慢慢扩展到孩子和成人的认知过程中。但遗憾的是，E. S. 里德过早离世，否则吉布森学派的发展会更有力量。E. S. 里德最有代表性的三大著作包括：《面向世界：走向生态心理学》《经验的必要性和从灵魂到心灵：心理学的出现》《从伊拉兹马斯·达尔文到威廉·詹姆斯》。与一些有心理学背景的吉布森学派学者不同，E. S. 里德的科学哲学背景在可供性概念的分析中更有优势，但是，E. S. 里德的工作常常被心理学家所忽视。

（一）可供性是环境中的资源

E. S. 里德认为，可供性的自然获得与环境中存在着生态信息有关。所谓生态信息就是动物与环境互惠的信息。可以说，没有动物也无所谓这个当下的环境，所谓环境，即动物在此生存、在此发生作用的环境。这种生态视角的重要性，E. S. 里德归纳为生态资源，"吉布森用生态信息概念确定了生态资源，为回答动物行为与经验的基本问题提供了总的框架"（Reed，1996：47）。动物利用可供性，并非如经济学家所考虑的抽象的"资源利用"概念。相反，可供性的利用"是指走路，或咬，或咀嚼，或刺，或挖这些行为和其他行为的集合"（Reed，1996：38）。

E. S. 里德评价吉布森在概念上的伟大创新就在于其将信息的概念看成是"生态的"——并作为环境（而非机体）能源领域中的特殊模式。"意义"是动物通过各种"加工"，探索和获得信息。"很明显，我绝不像许多心理学家那样，将'意义'局限在工具、寻求效用性上。本书的'意义'体现在活着的、具有情感的客体的体验上，其包含而非仅仅局限于其行为或效果上。"（Reed，1996：58）

在 E. S. 里德看来，当动物知觉和使用信息的时候，可供性才是一种关系，因为动物与环境的相关特征发生了联系。"动物小生境中的可供性不是关系；相反，它们是资源——在这种情况下，通过管理行为，从环境中获得有价值的资源。就像生态资源一样，只有与动物发生关系，可供性才被利用，否则就不会被利用。"（Reed，1996：26-27）

E. S. 里德将可供性与生物进化的宏观过程一起讨论，并通过自然选择的方式将对可供性的理解与生物演化联系起来。由于可供性是环境中的资源，所以其与生存有关，即动物能够获得什么样的可供性就意味着能够获得什么样的资源。首先，不足的环境资源暗含着进化论自然选择的过程，以及人类和动物适应性的调节行为。环境的可供性是固有的，即使与系统发生的时间有关，也可能明确存在于提供这些可供性的环境中。那么，"是否存在察觉和选择使用这些信息的行为能力，往往赋予了动物使用或不使用这些能力的显著进化优势"（Reed，1996：48）。其次，反过来说，生态信息是一种特有的资源，促使动物使用资源的能力提高。

（二）可供性为动物活动施加了选择压力

E. S. 里德对可供性最著名的理解，就是"从发展与进化的角度上，动物环境的可供性为动物活动过程施加了选择压力（selection pressure）"（Reed，1996：47）。这个论点来自将可供性列为环境资源。在整个个体生命史中，生命必然地面对来自地球环境强烈变化的各种物理、化学与生物性因子的生态压力。在这类压力中，更直接的压力是在小生境中的每时每刻的压力。生物群体不断适应新的环境特性的这种无限度能力就是生命的本质。有机体所处的环境既是外部的，又属于内在的自身环境，有机体会充分利用资源主动适应环境，还会积极改变自身环境，建设生态位，并提升自己。

环境中的资源是动物选择压力的来源，从而使动物能够发展知觉系统，旨在感知这些资源。所以对个体来说，可供性的选择压力关乎个体生存。这种选择压力能够为运动的生物体确定方向，是整个环境独特的和动态的部分，能够保证探索性活动顺利进行（Reed，1996：68）。同时，"不能忘记的是动物及其行为本身是环境的一部分"（Reed，1996：85）。选择压力不仅决定了神经系统的进化，也决定了行为系统的进化，只有适应了环境的动作姿态才能保留下来。吉布森强调环境中存在客观信息，它们决定了动物身体和环境之间交互的可能——行为。这些与动物生存相关的环境属性构成的生态资源，通过动物的拾取和利用行为，将其整合至特定生活环境中的标记（token）里，这就是可供性调节动物行为的基本过程。

另外，从进化论的视角理解可供性，可供性的选择压力关乎种族进化。可供性选择论与种族的自然选择进化论密切相关。动物种族的某些成员通过能力的进化来感知资源，为种族其他的成员承载了可供性知觉。“如果对行为选择的可供性具有足够的持久性，那么，族群及在基因库发生相应的变化可能存在竞争（值得注意的是，基因本身并非能足够解释行为的进化，也必须有调整行为的环境资源的竞争——可供性的竞争）”（Reed，1996：45），所以 E. S. 里德的结论是，可供性是影响既定动物族群行为选择单位[①]的压力聚焦点。

（三）认知是可供性的集体占有

E. S. 里德将可供性的生态整体观扩展到人类社会，发展了认知、语言和思维的生态观点。

所谓认知是可供性的集体占有（collective appropriation of affordances），即强调种群进化中利用可供性的实践决定了个体认知的形成，个体认知发育绝不是个体单独与环境互动，而是个体与环境、个体与他人、个体与社会文化的互动嵌套在一起（Reed，1996：153）。

进化认识论视认识为生物进化的产物，因此，认识论的研究需要从进化生物学的范畴开始。认知不再是语言的（命题）或与人类有关的特质。相反，所有生物能够显示出基于认知的行为。生物进化绝非单个个体的进化，物种进化的作用影响个体，个体认知也会扰动物种，这决定了人类认知是一个集体过程，可供性又是人类与环境互动的行为可能性的直接知觉，遵循这个逻辑，认知是可供性的集体占有。

E. S. 里德提出了“认知导向系统”思想。他认为，大多数人类的认知并非像认知心理学所讲的学习解决抽象的疑问，“相反，认知是参与活动时

---

① 生物学家理查德·勒沃汀（Richard Lewontin）在 1970 年的文章中首创“选择单位”（units of selection）这个概念，1982 年被罗伯特·布兰登（Robert Brandon）在同名的文章中引用。选择单位包括自然选择的个体、群体、基因，行为单位也指个体行为、群体行为和基因决定的行为。

学会思考：如何以适宜的方式完成某个特定任务，比如点火，找黏土，定位和收获浆果、根菜、昆虫及其他食品，甚至提水。从生态学的角度，笔者认为认知不是一种抽象和个体化的心理过程，而是一种具体和集体化的过程，其中个体的参与程度不同”（Reed，1996：141）。孩子在真正获得自制力之前就开始了行为学习，从而意识到了可供性可以引导行动。意义和价值背后的个人努力并不会消失在养育环境中。相反，因为个体受尝试获得特殊可供性的动机左右，往往在尚未真正获得能力之前就开始行动。这是种群进化中利用可供性的实践，在适应环境的过程中获得的能力，即使获取特殊可供性对个人来说有着重要的意义，也绝非用个体的实践就能完全解释的，因为人类往往借助经验获取和习得环境信息（Reed，1996：149）。

E. S. 里德还用信息的生态学理论解释了文化与思维内容的内化（Reed，1996：153）。生物演化是有机体、种群或物种产生的认知、文化和社会行为的前提条件。换言之，生物演化要先于社会文化演化，社会文化演化源于生物演化。所以说，理解了认知可供性是集体占有，才能理解文化的普遍性。在所有文化中，儿童的护理者都在时刻提升儿童日常的生活技能，这些技能包括对场所的认识、组织环境场所的信息、理解活动的渐进过程、展示完成的结果。“虽然有许多跨文化的差异，但是在认知发展中似乎存在某些重要的相似点：理解因果关系和对次序的依赖性，学习可供性的特定关系，以及不同日常活动之间特定的交互关系。”（Reed，1996：151）这种认知的集体性质来自演化。吉布森认为，在长期的演化过程中，人类与其他动物由于适应环境的需要，逐渐获得了依据刺激本身的特性获得直接经验的能力，即知觉具有先天的性质。

在 2002 年的生态心理学国际学会北美会议上，迈克尔斯（C. F. Michaels）针对当时的讨论，概括和总结了有关界定可供性的四个争议：①可供性本体论探讨——可供性是独立于知觉还是依赖于知觉而存在；②可供性与行为关系——可供性只与行动相关还是更有普遍性；③可供性与功效性的关系——可供性的存在是否依赖于动物的功效性；④在分析嵌套可供性时应该采纳何种表述，作为特殊层次的可供性是否可应用于行为的所有方面（Michaels，2003：135）。

依据E. S. 里德的理论阐述，似乎可以回答上述疑问：可供性是特殊的环境资源——生态资源，因而具有本体论意义；生态资源是动物与环境互惠的信息，互动过程的长期进化使动物天生就具有拾取这种信息的能力，所以可供性不是脱离动物或环境的单个要素，可供性的拾取依赖知觉-动作；可供性主要与动作可能性有关，不依赖于动物的功效性，功效性可能要依赖于可供性；作为特殊层次的可供性可应用到行为的所有方面，因此也更具有普遍性，如受文化影响的行为。

（四）对心理学中的机械论的批判

E. S. 里德分析了心理学领域不能很好地理解可供性概念的认识论根源。自进入工业社会以来，机械充斥了社会的各个角落。工具是人的延伸或替代，工具只有通过人的行为或其他的动力源才能得以运作。因此，机械论世界观对人们的影响根深蒂固——以为人类的心理认知过程也处于某种机械的运动状态，必须通过一种外在的力量来启动。但其实，人的心理过程并不适于用机械论语言表述出来。

理解作为与生命（知觉和行为）相关的可供性概念在认知中的作用，可以让我们跳出受机械论束缚的观念，更好地理解动物与环境共同演化的真实心理过程。如果心理学要处理价值或意义的重要性，也要回到真实的环境、真实的生活中。“哲学家喜欢谈论意识内容。通常，在现代哲学和心理学这两个领域，意识内容被认为是准语言化的，在某些计算符号体系中加以表征。从生态学角度来看，意识内容主要来自现有的具体信息，而该信息是动物在其所处的环境中获取的。”（Reed，1996：58）也就是说，意识内容中最多的是生态信息的获得，这构成了意识内容的基础，如果哲学家不研究这些，只谈论表征形式，那么就永远无法解开意识内容的奥秘。

吉布森认为，行为的物理事实与生命的体验事实同等重要。对心理学的重构在于用生态学来重构心理学。心理学应该包括动物性和知觉，还需要整合身体和心灵。

第一，E. S. 里德强调可供性是生态资源，承认当生物感知和利用可供性时，可供性是一种关系。可供性具有客观实在性，但特别强调可供性是生物通过调节行为从环境中获取的有价值的资源。

第二，认同环境与有机体的互惠关系，不过，他并不完全认同借助“互惠论”进路来研究可供性。E. S. 里德认为可供性为动物活动施加了一种选择压力，这一观点似乎没有得到吉布森学派学者的认同。

第三，E. S. 里德将可供性理论与进化认识论结合，不仅继承了吉布森的生态观也发展了吉布森理论。E. S. 里德将可供性的讨论扩展到语言、文化、社会互动等领域，这些是吉布森赞同却没有机会展开讨论的内容。

四、一种契合论的阐述：可供性关乎动物能力与环境属性

安东尼·切莫罗是美国富兰克林马歇尔学院（Franklin and Marshall College）的心灵科学与哲学研究项目的副教授。他不同意特维的可供性是环境的意向性属性的观点，对其他吉布森学派专家（赫夫特、迈克尔斯、里德和施托夫雷根）的将可供性作为与动物相关的环境属性的观点基本赞同，但他认为可供性是动物与环境、动物与动物之间的整体关系，而且与能力有关。

（一）吉布森的可供性也暗含能力

吉布森可供性的概念说明行动者在与环境系统的互动过程中，促成互动的条件包括行动者的某些属性及其他系统的属性。吉布森强调了环境如何支持认知活动，并关注物质系统对促成认知活动的重要意义。

切莫罗认为吉布森指出的可供性是真实的，是可以知觉的，但还是有一些没有解决的问题，例如，可供性如何与小生境相关？可供性如何与事件相关？没有动物，可供性是否存在？

切莫罗分析吉布森对可供性的描述中其实也暗含了能力。吉布森明确地说，小生境是针对特定动物的一套可供性机制。这是由于不同的动物具备

不同的能力，这些动物在身体上有一个共同的但不重叠的小生境，比如，人和细菌可能共享一个身体域（当细菌位于体内），但是人与细菌的小生境并不重叠。如前文所述，吉布森也认为，这就是动物与环境互惠共生的关系。一种动物的能力暗示了一个生态小生境；相反，一个生态小生境也暗示了一种动物。

除了认可可供性的概念是指环境承载了发生互动关系的可能性外，切莫罗认为还需要用一个术语——能力（ability）来指代行动者对这种互动发生的重要意义。"可供性是动物和环境的黏着力，保持它们在一起，选择压力只存在于非正常的物理环境，要运用它们的优势去提升自己的能力。"（Chemero，2009：146）而"能力"这个术语与有些文献中的术语"功效性"（effectivity）和"倾向性"（aptitude）有些类似。生命体要与一套能力机制联系起来，这些能力是彼此联系的。动物要保持一个姿势，就不能跑；要爬树，就要有能力抓牢或附着在树上。从行动系统来看，能力依赖于基本的定位能力，以及保持姿势的能力等。能力还具有嵌套式结构，在这种结构中，较大能力是由较小能力构成的。能力作为功效属性而非倾向性的分析值得关注：因为功效属性取决于进化史，可供性在一定程度上由功效属性构成，可供性与进化相关。"涉及动物物种接受这些环境资源的能力，由此构成相对于这一物种成员的可供性。"（Chemero，2009：137）动物的功效属性取决于动物的发展史或物种的进化史。这些功效属性在动物行为经济学中发挥着重要作用，从某种程度上说，在过去，这种功效属性有助于帮助动物（或其祖先）生存、繁衍或兴盛。功效有别于能力。功效定义可作为可供性包含的生命体与环境属性契合的补充。

切莫罗认为，可供性与能力（或功能性，或倾向性）具有内在的关系。例如，对于一个人来说，他的身体属性与楼梯属性之间的比率是客观存在的，今天身体健康，就有能力爬楼梯，明天生病了，就没有能力爬楼梯（Chemero，2003：188）。如果可供性离开了能力，那么，动作的物理概念或推论的框架也很难解释。在这里，切莫罗把身体运动动力学与吉布森的可供性理论结合在一起，将可供性理论又向前推进了一步。

（二）可供性形式化定义的论证

早在 1994 年，格里诺就把可供性与能力联系在一起。“可供性和能力（或功能性，或倾向性）具有内在的关系。可供性将环境中事物的属性与行动者的行为二者之间的互动关系建立起来；行动者具备一定的能力，而这种能力将行动者属性与承载可供性的环境二者之间的互动关系联结起来。可供性与能力的相关性是根本的。一种可供性或能力被确定的前提是能够确定与其他可供性或能力存在着某种互动关系，但这并不足以认为，能力取决于环境特征的语境，或可供性取决于行动者特征的语境。能力与可供性需要同时被界定，而这两者之间虽不一致，但不可或缺。如果没有能力与可供性，那么动作的物理概念或推论的框架也很难解释。”（Greeno，1994：338）切莫罗的主要贡献是用三步逻辑，论证了可供性的关系机制中包括能力（Chemero，2003：189-190）。

第一步，可供性是动物与环境特征之间的关系。根据内涵的解释，形成可供性的基本逻辑结构。

> 可供性-φ（环境，生命体），其中 φ 是一种行为。
>
> 可供性的字面意思为“环境与生命体之间的承载性”，即“提供一种行为关系”，更通俗地讲，其意思为“环境承载了生命体行为 φ”，为了澄清此概念，我们可用更为熟悉的关系相比，称可供性是关系机制。

第二步，将可供性定义为生命体与环境知觉的关系是不完整的。环境的哪些方面与生命体的哪些方面相关？以怎样的方式相关？如果可供性是关系机制，那么能够知觉怎样的可供性呢？为了回答这些问题，可将可供性定义加以完善。

可供性是生命体能力和环境特征之间的关系，因此可供性具有的结构是：

提供一种行为（特征，能力）

第三步，推出可供性知觉。对可供性本体论进行解释需要对可供性知觉进行解读。生态心理学和激进经验主义的知觉被定义为知觉者与知觉对象之间的关系。对可供性的解释，这个关系为：

接收者[动物，承载一种行为（特征，能力）]

生态心理学家研究知觉的行为。动物只能知觉可供性关系，无法知觉可供性的构成关系（constituent relation）；换句话说，大多数情况下，可供性知觉的结构为：

接收者[动物，一种行为的可供性]

这无疑是人类惯常的现象。通常，一个人并没有意识到台阶高度或自己的攀爬能力问题，直到意识到他能爬楼梯。人类能够自动知觉其能力与环境特征的关系。除了人之外，多数动物，也许其他所有动物，都做不到这一点。动物只能知觉到可供性，并马上采取行动，这是真实的自然过程。

（三）纳入动力学框架的可供性定义

切莫罗将吉布森有关可供性的最初定义叫作可供性 1.0 版，将能力引入可供性的形式化定义为 1.1 版。作为一名生态心理学家、一名激进的具身认知科学家，切莫罗认为，可供性理论还要进一步发展——可供性理论需要动力学基础。因此，可供性 2.0 版是将可供性与动力学结合的理论。从知觉-行为角度看，小生境是一系列的可供性，其摄动影响到感知-运动的耦合的发展。感知-运动耦合=能力，能力又可选择小生境，对小生境产生反馈影响。有机体作为一个自组织的、自洽的、自我塑造系统，感知-运动耦合影响神经系统的调节动力；基础的神经元组合产生既作用于神经系统，又作用于感知-运动耦合（能力），由此构成了动态的动物-环境系统（图 3-1）。“将可供性 2.0 与生物体的活性研究相结合，使激进的具身认知科学成为整个大脑身体环境系统的完全动力学科学。”（Chemero，2009：152）

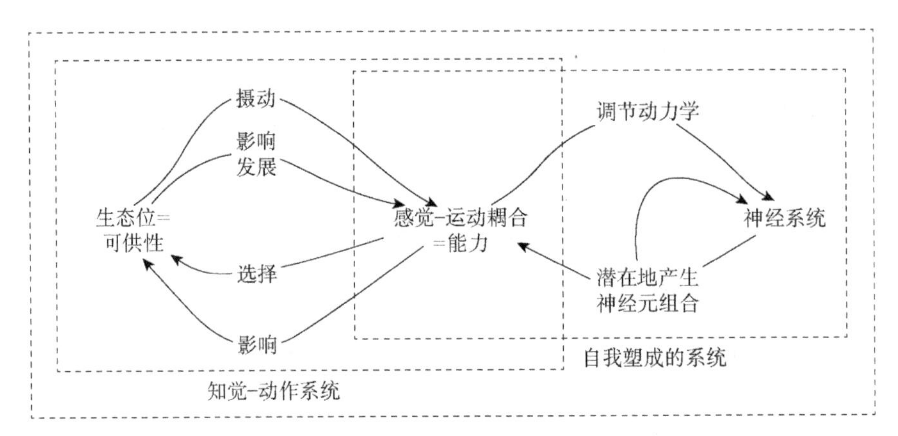

图 3-1 动物–环境系统①

具体如下。

第一，切莫罗同意可供性不是环境单独的属性，同意可供性是环境与有机体行为的契合属性，并加入了能力这一因素，以示这种深度契合性。切莫罗认为，“可供性随着动物对可供性的知觉和利用能力而产生”（Chemero，2003：189）。动物与环境存在着互惠关系，这是真实的。可供性将动物与环境联系了起来。可供性随着动物对可供性的知觉和利用能力而产生。而且切莫罗给出了一种可供性概念的形式定义，有助于更清晰地理解可供性。

第二，虽然切莫罗认为可供性理论的一个积极特征在于其演化和生态特征，但他并不赞成 E. S. 里德从选择论的角度去理解可供性及生态心理学。换句话说，他并没有认为可供性是选择压力的来源。首先，从进化生物学理论到进化选择论存在着激烈的争议。其次，可供性与动物之间关系的选择论视角并没有合理解释环境与动物的互惠性。如果可供性构成了选择压力，那么动物就无法预示吉布森所称的小生境，反之亦然。

第三，切莫罗认为有两个显然被低估了的理论：动作系统的动力学框架（frameworks-dynamic）理论和吉布森学派生态心理学认知科学，他结合两大理论重新构建了一种激进的具身认知论。

---

① 引自 Chemero A. 2009. Radical Embodied Cognitive Science. Cambridge：MIT Press：153，图 7.2.

第四，切莫罗想完全抛弃认知的内在表征也引起了较大争议。切莫罗在论证可供性的实体论和具身认识论方面都做出了实质性的贡献，成为可供性理论后来发展的代表人物之一，本书将在后面深入讨论。

第二节 可供性理论框架及其科学实证研究

从直接知觉理论来看，意义存在于环境中，知觉不依赖于根据意义的推论；相反，动物是从一个富有意义的环境当中提取信息的。但是，如果环境包含意义，那么环境不能仅仅是物质性的，这为直接知觉理论带来了沉重的理论负担，而这种负担超越了将知觉视为直接性的优势。

为了回答这一问题，直接知觉理论需要新的本体论，这个理论不同于如今的物理主义，以及还原论所主张的世界只是物质的世界。因此，可供性理论的科学本体论界定应运而生。在讨论吉布森及其后来的吉布森学派学者建构的可供性本体论之前，首先需要厘清可供性理论究竟包括哪些内容。从特维到 E. S. 里德，从施托夫雷根到切莫罗，围绕可供性概念的讨论已经涉及如此复杂的层面，说明可供性不仅是一个概念，而且是一套理论。其实，吉布森已经初步勾画了可供性理论的大致内容，这是国内没有读过吉布森专著的人所不了解的。

一、从可供性概念到可供性理论

吉布森在《视知觉的生态学进路》一书中，将“可供性理论”作为第 8 章的章标题，由此可知，在他心目中，可供性不是一个单纯的概念，而是一个生态学理论。笔者认为，可供性理论是以可供性概念为基础建立起来的生态心理学理论，包括人与环境互动的可供性机制。虽然创立之初，这一理论尚不完善，但在吉布森去世后的几十年中，吉布森学派学者与其他学者的争辩加深了人们对可供性理论的理解，可供性理论也在实践应用中有所发展，多个领域学者的介入，使其逐渐完善。

（一）根据吉布森原意产生的理论框架

吉布森论述了可供性在哪里存在，也论述了如何知觉到可供性。笔者将这些具体的阐释归纳为可供性的分类、可供性原理和可供性机制。这些内容已经涉及可供性的本体论和认识论，只不过没有作为专题加以讨论。吉布森下面的这段话十分重要（Gibson，1979：137）：

> 关于环境可供性的前述例子充分体现了这一概念是多么具有普遍性和有效性。物质具有生物化学方面的贡献并供应了加工改造。表面保证了姿势、运动、碰撞和操作，以及一般行为。特定的布局形态提供了庇护所和掩蔽处。火提供了取暖和燃烧。独立物体——工具、器具和武器——提供了灵长类和人类行为的特定类型。其他的动物和其他人提供了具有极高层面行为复杂性的相互对应的可供性。在最高层面上，当发声变为讲话并且人造的表述方式变为图像、图画和文字书写时，人类行为的可供性是令人叹为观止的。在这一阶段，除了需要指出说话、图画和文字书写必须被感知到，没有其他将被考虑的了。

在这段论述中，吉布森重点列举了与陆生动物相关的环境可供性，包括介质、实体、表面及其陈列（或形态）、物体、动物和人、场所和藏身之处的可供性。他在列举可供性的普遍存在之时，其实已经将可供性分类，虽然他并未明确地讲，但这是他的分类。

笔者认为在这段论述中，吉布森既列举了不同类的可供性，又阐述了可供性产生的介质机制、表面机制、布局机制、层面复杂性机制。只有分清哪些是可供性的分类、哪些是可供性的基本原理、哪些是可供性的产生机制，才会在某种程度上更明确可供性的内涵，以克服原来分类逻辑的不严密。当然，如此逻辑清晰地加以分类，也许违背了吉布森生态思想的原则，特别是关于“可供性机制”这样的范畴。他的好友 E. S. 里德说过，认知是生命过程，而不是机制。

（二）可供性的分类

可供性可分为五类，吉布森后来的研究者多数不提这个分类，因为其与吉布森的许多观点存在着一定的矛盾和冲突。

（1）物质的可供性，是一种内在的物理、化学属性的可供性。吉布森把物理、化学的可供性也列入其中，引起了人们对可供性更多的误解，甚至有人提出没有必要创造可供性这个概念。

（2）实体的可供性，水的流动、可溶解的可供性，水的表面特征只能供部分动物的支撑行为，水的波纹等提供视觉信息。固体表面可提供许多动物的活动，固体还提供了可以用手加工制作。

（3）物体的可供性，吉布森区分了实体和物体。所谓实体是自然界那些不进行破坏就无法将它们移开的物体，是联结成一体的，如大山、大地、各种水面，而物体是各自独立的，如板子、棍子、纤绳、容器、衣物、刀刃，是可供操纵的独立物体。心理学家设想人们看到物体时，首先想到的是它们是由什么性质的物质组成的。吉布森特别强调，人们看物体的时候，首先感知到的是它们的可供性，而不是它们的物质性质，人们根本不会去关注“物体是可分解成什么属性的特定集合”（Gibson，1979：133）。大概只有在专业领域研究中的人们才会这样思考，如厨师或科学家。

芬兰学者马尔凯塔·凯塔（Marketta Kyttä）有一个非常经典的观点，将可供性分为被感知的可供性、使用的可供性和被塑造的可供性（Kyttä，2002）。物体是人类创造的人工制品，物体的可供性属于被感知、被使用和被塑造的可供性。而实体的可供性只是被感知和被使用的可供性。

（4）动物和人的可供性，“环境中最丰富也最细致入微的可供性，是由其他动物提供的，对我们来说，也就是其他人”（Gibson，1979：135）。吉布森看到了“同类之间都是互动的，行为促成了行为”这一点十分重要。吉布森自然地将他的理论扩展到了人类社会领域。“心理和社会科学的所有课题和内容，都可以被看作是对这一基本事实的精细化阐述。性行为、繁育行为、战斗行为、合作行为、经济行为、政治行为……所有这些都倚赖于对别人提供了什么样的感知，而有些时候是对它们的错误感知。”（Gibson，1979：135）当然，扩展到社会领域是十分复杂的，仅靠生态学的机制是无法完全解释的。社会中的相互作用不再仅仅是人与人，人与物都会纳入其中，如马克（L. S. Mark）所做的感知他人行为的实验（Mark，2007）。

（5）文化的可供性，即人造的表述方式的可供性，如图像、图画和文字，代表与极高层面的复杂性行为相对应的可供性。

由此，我们可发现吉布森有关可供性的分类与他关于可供性是直接感知的观点似乎是矛盾的。吉布森的观点大概这样解释才能解决上述矛盾：他明确地说，人造图像、图画和文字是第二手经验，指的是对意义的理解；而这里的可供性指的是承载图画和文字的具体物质载体，如一张纸、一本书，对它们是直接感知的，如果感知不到，就不能提供可供性，这与信息论中所讲的信息与信息载体的区别是一致的。

（三）可供性产生的机制

介质的可供性机制，主要是指生态信息的传递机制。空气，在得到照明且没有雾的情况下，它提供了视知觉的产生条件。空气通过声音域提供了对振动事件的知觉，通过气味域提供了对挥发源的知觉。位于目标物和阻挡物之间的空气空间，正是行为发生的路径和空间（Gibson，1979：130-131）。

表面及其形态的可供性机制，表面是承载动作的基础。水平的、平坦的、足够宽广的、具有硬度的表面可以提供支持。地面确确实实是陆生动物行为的基础和空间知觉的基础。大地与天空都被地平线分开，体验任何接触到的表面都要以水平平面为依据，从这个意义上说，它总是可以被感觉到。要注意，表面是物质的表面，没有脱离物质的表面，所以表面及其形态的可供性机制并未离开对物质的知觉，只是更强调行为可以展开的特征（Gibson，1979：131）。

特定的布局形态可供性机制，主要指引起行为倾向性的机制。表面具有颜色和形态的差异，有机体产生可供性的知觉和利用的特定行为与环境空间布局有关，不同布局直接导致不同行为。例如，有遮挡的空间为庇护所和掩蔽处，开阔的空间为觅食和狩猎场所（Gibson，1979：136）。隐藏在很大程度上是由封闭提供的，比如，一面玻璃墙可以支持视线贯穿，却不能被步行穿越，然而一片布帘却能支持步行通过，却不能被视线贯穿。所以吉布森推测："也许界面的组成及布局构成了一种可供性机制。"（Gibson，1979：127）

尺度的契合性机制，也指尺度可比性机制，又可表述为身体尺度与动作尺度，赫夫特所讲的可供性机制和切莫罗的将能力纳入可供性概念中，其实都是指这种深度契合性。作为人工制品的独立物体，它与相关动物必须在尺度方面具有可比性。尤其是对于那些有手的动物来说，具有可比性的物体提供的行为有惊人的多样性。物体可以被加工和操纵。有些是轻便的，因为它们可以供应抬升和搬运行为，但其他的则不是。有些是可以抓握的，但其他的则不是。如果能被抓握，那么这个物体两个反向的表面之间的距离一定要小于手的限长（Gibson，1979：133）。只有人会制造人工制品，人操纵物体的能力在动物中绝对是首屈一指的。

（四）可供性理论框架

根据吉布森对可供性的原创性阐释，以及吉布森学派学者对可供性理论的完善，笔者认为，一个可供性理论的基本框架包括可供性概念、可供性原理、可供性机制。

（1）可供性概念。可供性是环境的一种资源，特示了环境与有机体的一种互惠关系。

（2）可供性原理。人天生具有知觉可供性的能力，可供性的知觉是通过环境信息特示，直接由知觉提取到的。

可供性承载行为，即知觉行为的关联：一方面，知觉产生与动作有关；另一方面，知觉产生又会引发利用可供性的动作。利用可供性的行为发生还与有机体的能力有关。

（3）可供性机制。机制是协调各个部分之间的关系、实现原理的一种具体运行方式，可供性机制是指可供性发生的条件和运用方式，包括介质的生态信息传递机制、表面的动作支撑机制、形态及其特定布局的行为倾向机制、尺度的契合性机制。

与文化相关的可供性机制，还需要专门对文化生态、文化基因和文化活动进行研究。文化生态是指各地区各民族自然而然的、原生性的、祖先传下来的文化生活，这个文化生活就体现在日常生活中。文化基因是指相对于生物基因而言的非生物基因，主要指先天遗传和后天习得的、主动或被动的、自觉或不自觉地置入人体内的最小信息单元和最小信息链路，主要表现为信念、习惯、价值观等。

客观地说，吉布森创立可供性概念的模糊性是引起争论的缘由之一，同时也是由它本身的特点决定的。可供性关系到直接知觉、本能行为、隐性知识，不能清晰、逻辑地表征恰恰是它的特征之一。可供性涉及一种知觉-行为与环境资源的动态交互过程，不能还原为静止和被动的感受；不适于用计算主义的方式加以分析，传统的逻辑清晰的表征方式在研究可供性时遇到障碍，这也是可供性在科学心理学界不能得到认可的原因之一。

所以，上述略显逻辑性的总结是否本身就违背了吉布森创造可供性理论的原意呢？这有待学者们讨论。

二、可供性理论的科学验证和实验研究

有关可供性的实验研究，除了著名的“视觉悬崖”实验之外，吉布森在《视知觉的生态学进路》中还介绍了“着陆判断实验”“隐约出现实验”“半透明眼罩实验”“玻璃板实验”“假拟通道实验”“木桩高度判断实验”“水平距离判断实验”“纹理速度斜坡知觉”“扭曲房间实验”“梯形窗实验”等。绝大部分实验都是吉布森亲自参与的，在此不再赘述。本书主要介绍吉布森去世之后，吉布森学派学者做的大量实验，这些实验阐明了直接知觉何以可能的问题，或论证可供性的存在，或揭示其原

理和机制。

（一）楼梯攀爬实验

检验可供性是否存在，楼梯攀爬实验是最有影响的一个实验，同时涉及可供性机制。

根据吉布森定义的可供性是“以动物为参照物，实现物质与界面属性的特殊结合”（Gibson，1979：67），布朗大学的沃伦（当时正在康奈尔大学攻读博士学位）设计了一个爬楼梯的实验，结果发现，双足动物爬楼梯的可供性可通过参照一个人的腿长及台阶高度表现出来。比如，如果台阶高度不足一个人腿长的88%，那么就意味着人可以迈上楼梯。如果台阶高度高于一个人腿长的88%，那么就意味着人不能迈步走上楼梯，至少双足动物不能。沃伦提出以腿长作为尺度测量台阶（高度和斜角长），所得到的比值是台阶和人之间的契合关系，这个比值就是环境相对于人的可供性（图3-2）。同时，值得注意的是，迈上楼梯与人能否有意识地认识到其腿长与台阶高度之间的关系比无关，这均能说明意义并非通过心理建构或存储，而是固有地存在于人与环境的系统中（Warren，1984）。

沃伦的实验揭示出，当台阶高度除以被试的腿长之后，高和矮两组实验者的知觉判断值出现一致，这说明环境-身体比例性质与知觉判断之间存在内在的关联，即知觉判断范畴与行为的临界值即最高值、最优值存在一致关系（图3-3）。台阶和人之间的协调关系，是一种无量纲量（dimensionless variable）[①]，它可以作为该动力系统的输入变量，据此确定知觉判断和该变量之间的函数关系。这个比值就是环境相对于人的可供性。如果它变化，则可供性变化，因而该系统的行为特征就会产生质的变化，即行为产生相变。即使测量尺度变化，只要这个比值不变，系统的特征就不变。可供性

① 无量纲量，或称无因次量、无维量、无维度量、无维数量、无次元量等，指的是没有量纲的量。它是个单纯的数字，量纲为1。无量纲量在数学、物理学、工程学、经济学等中被广泛使用。一些广为人知的无量纲量包括圆周率（π）、自然常数（e）、黄金分割率（ϕ）和相对分子质量（M_r）等。与之相对的是有量纲量，拥有诸如长度、面积、时间等单位。

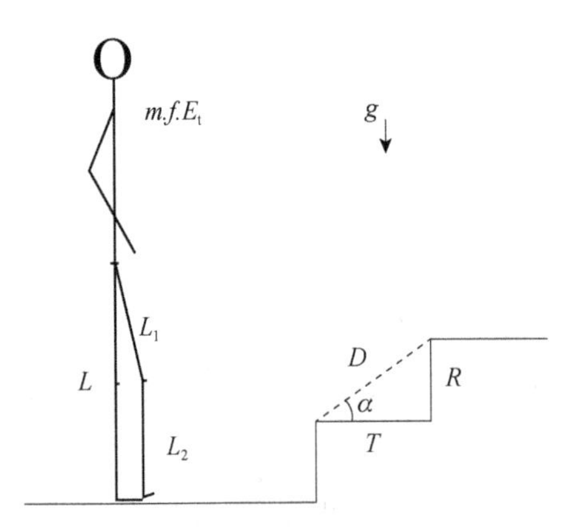

图 3-2 楼梯攀爬系统的生物力学模型①

登台系统的变量：R=台阶高度，T=踏台深度，D=台阶对角线，α=俯仰角，g=重力加速度，L=腿长，L_1=大腿长度，L_2=小腿长度，m=身体质量，f=踏台频率，E_t=单位时间内能量消耗

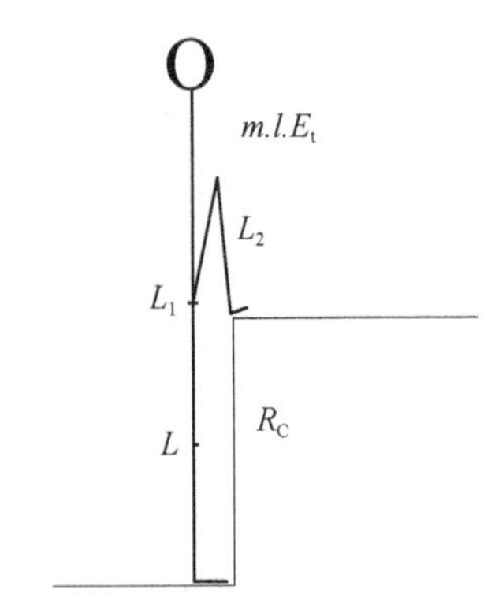

图 3-3 （台阶的）立板临界高度显示腿理想化的最大弯曲②

临界台高的生物力学模型，展示了腿最大理想弯曲度；R_C为临界台阶高度（critical riser height）

关于个体与环境属性交互作用的问题，就是可供性比率，即攀爬楼梯的行为可以根据台阶高度与腿长比例加以控制。随后，沃伦又以门廊穿越（walking through aperture）系统的行为特征为研究对象，以肩宽和门廊开口宽度比为输入变量，确定了穿门廊行为与该变量之间的函数关系，可供性量化为身体尺度。在不同的系统中，需要确定不同的身体尺度，如穿过一个缝隙要受到缝隙的宽度和肩膀宽度比率的限制（Warren and Whang，1987）。

切萨里（P. Cesari）等的研究显示，人对爬楼梯及下楼梯的可供性的知觉并非为沃伦所确定的腿长与台阶高度的比率，而是移步能力及台阶高度之间的关系。研究中，被试要求确定他们能举步的台阶最高度；研究人员将此变量视为台阶高度知觉（perceived riser height）变量。要求被试：①从距楼梯 4 米开始迈步，就好像他们要爬楼梯；②停下来；③爬楼梯。当被试停下来时，从被试的脚至楼梯底部的距离是重要的变量。从这个研

① 引自 Warren W H. 1984. Perceiving affordances：visual guidance of stair climbing. Journal of Experimental Psychology：Human Perception and Performance，10（5）：685.

② 引自 Warren W H. 1984. Perceiving affordances：visual guidance of stair climbing. Journal of Experimental Psychology：Human Perception and Performance，10（5）：687.

究中得出的结论如下：首先，研究发现，不同类的被试（儿童、年轻人、老年人）从台阶到台阶高度的距离最优化比率各自相同，这就是说，同一类人攀爬台阶的最优化比率相同。这个比率就是爬楼梯能力，而非腿长的函数。其次，儿童、年轻人以及老年人之间存在着重要的差别。老年人不如年轻人和儿童行动灵活，老年人每步所迈的台阶距离比率要低于他们能够攀爬的台阶的最优化比率10%，而年轻人很大程度上改变了比率，他们的比率高于其所能攀爬台阶最优化比率的10%（Cesari et al.，2003）。

（二）裂口-跨越实验

用实验来推导出可供性的存在，除了楼梯攀爬实验外，还有裂口-跨越实验。[①]这个实验也涉及可供性原理。

人类和其他动物通常不得不在地面断裂处迈步、单腿跳过、跳跃。近些年来，大量的研究深入环境特性与动物特性的结合，它决定着裂口-跨越的可供性是否存在。尤其是，实验已经展示出拟人量度（眼睛高度、腿长度、弹性、步态）、姿势（坐、站立、走、跑）及环境特性（裂口大小、裂口深度、地面的坚固性）之间的稳定、重复的关系，决定着可供性的存在和可感知性。很多人在实验中发现，裂口-跨越可供性的实验操作能够决定人类是否能够感知到动作-突出的裂口-跨越事件。切莫罗等在实验中实时地使跨越裂口的可供性显现或者消失，然后测量对象的反应。实验者预测被试能够准确地感知动作-突出的裂口-跨越事件。实验结果证明，他们的预测是对的。这个实验将可供性当作一个工具使用，来研究事件和人们的感知，这样一个实验可能是对可供性实在论的证明（Chemero et al.，2003）。

可供性理论必须要清除间接知觉的影响，知觉并非只是对诸如欧几里得几何两点之间物体长度的度量，而是知觉行动的可能性。“请注意，在跨越一条沟时，长度本身在行动可能性方面并不作数，但‘比我的步子小’这一条却是有效的。”（Dotov et al.，2012：30）

---

① 引自Chemero A，Klein C，Cordeiro W. 2003. Events as changes in the layout of affordances. Ecological Psychology，15（1）：19-28.

（三）"人-携带-物体"系统的可供性实验

这个实验考察了人-物体系统的可供性知觉原理，是对可供性原理的丰富。

美国伊利诺伊州立大学的韦格曼（J. B. Wagman）和泰勒（K. R. Taylor）设计了 3 个实验，研究了"人-携带-物体"（person-plus-object）系统穿越孔径的可供性知觉。被试可手持一个便携式物体，并判断他们能否带着这个物体通过一个特定大小的封闭光圈。实验一共包括 3 个小实验：①被试是否可敏感地知觉到这两种情形下的可供性——可手持物体，但看不见物体；物体是可见的，但手并没有真正持到物体；②感知携带物体穿越孔径的可供性时，是否能同时受到物体的高阶惯性变量约束，即感知手持便携式物体长度的限制；③被试能否敏锐地感受到这两种可供性——被试的肩宽对于"人-携带-物体"系统宽度的影响和无法产生的影响。

实验结果说明，被试通过视觉和动觉联觉，可以敏锐地感知"人-携带-物体"系统穿越孔径的可供性。此外，通过动态接触的信息支持，感知"人-携带-物体"系统穿越孔径的可供性与通过一个手持对象动态联系的信息支持，感知可供性是一样的（或至少是可比较的）。感知通过特定任务约束的可供性在每种情况下也是同样的。一般来说，被试将手持的物体视为自己身体的一个扩展，被试能敏感地感知"人-携带-物体"系统的可供性（Wagman and Taylor，2005）。感知者是感知一个完整的"人-携带-物体"系统的可供性。这个实验也强调了动物和环境的相互关系，以及动物和环境之间边界的可塑性。

（四）使用工具的可供性知觉实验

这个实验主要涉及工具类的可供性，也是研究这一类可供性的知觉原理和机制。

美国康涅狄格大学的卡雷洛（C. Carello）通过实验说明使用工具的可供性知觉与什么因素有关。在工具的使用过程中，使用者是否可以使用一个工具来满足其意图，取决于给定的工具能否克服物体的惯性特性。根据一个给定的意图控制一个手持对象，做动作克服一个物体的转动惯量是关键所在。由于操作一个对象的感知域是通过肌肉收缩的动力学接触获得的，因此，根据给定对象，确定相应的工具，通过动力学接触的方式获得知觉。他们设计的3个实验中，主要调查了感知两个手持工具承载惯性变量的潜在可供性：能锤击（hammer-with-ability）和能戳破（poke-with-ability）。锤子的实验结果表明，能锤击评级依赖于椭圆球体积承载的惯性[①]，以这种承载支持力的方式转移到锤击表面的可供性。能戳破的评级，依赖于哪种方式承载戳破对象的可控制性。

这个实验说明，一个对象和事件的可供性不仅依赖于行为的能力，而且依赖于对象属性的微妙变化。任何对象都可提供很多功能，但是只有一个对象比其他对象更适合一个特定目的的实现。稍微改变对象的属性也就可能更适合于一个特定的目的。伴随着物体属性的微妙变化，感知对象可供性也在变化。一系列实验说明“能锤击”的可供性是通过动态接触才能被感知到的，这是一种知觉可供性的自然基础。“感知的生态学方法的核心宗旨是，一个物体的能量结构属性有效地（自然地）分布，从而提供了这些属性的特示信息。这种有效性拥有当下认可的属性时，属性也具有与一个物体的功能一样丰富的可供性。信息特示指的是可被检测到的环境属性：①包括能量介质的属性结构的可靠；②这种能量结构与有机体的感知能力共振。”（Carello，2001）

（五）物体的多种可供性感知实验

这个实验主要研究物体的可供性，以及可供性的知觉原理和机制，即面对一个嵌套了复杂的多种可供性的物体，人是如何知觉可供性的。这个实验由来自迈阿密大学心理系的学者设计和完成，他们的主要目的是想了解，对一个物体的可供性的知觉是否会受到物体另一种可供性的干扰。为了生存，生物必须要察觉（表面和事件所带来的）行动的可能。感知物体

---

① 惯性的大小只与质量有关，与质量的大小成正比。但有一种情况需要特别说明，那就是，对于密度一定的物体，质量增大时，其体积也会成正比地增大。这时可以说，惯性与体积有间接相关性。

的可供性就是要感知物体属性及行动能力之间的关系。因为几乎所有的表面和物体为生物多种可能的行动带来可供性。确切地说，根据吉布森的可供性理论，对物体可供性的知觉可能会影响到觉察另一种可供性。为了验证这一点，他们用 3 个实验来检验。

在实验 1 中，实验者向被试展示了 9 个物体（根据可供性可以分为三大类）。某些物体仅有第一种可供性（O_{AFF}[①] 1，如舀取），但不具有第二种可供性（O_{AFF} 2，如刺穿）。第二类的物体只具有第 2 种可供性（O_{AFF} 2），但没有第一种。第三类物体兼具两种可供性（O_{AFF} 1、O_{AFF} 2）。任何一种可供性都不是这些人工制品原初设计时所赋予的可供性。每个被试要完成两个任务：任务 1——被试在 9 个物体中确定具有第一种可供性的所有物体，包括兼具两种可供性（O_{AFF} 1、O_{AFF} 2）的物体，以及只有第一种可供性（O_{AFF} 1）的物体。完成第一个任务之后，紧接着被试要完成任务 2，他们要发现具有第二种可供性的物体——包括拥有两种可供性（O_{AFF} 1、O_{AFF} 2）的物体，以及仅拥有第二种可供性的物体（O_{AFF} 2）。如果对物体其中一种可供性的知觉会影响到对另一种可供性的知觉，那么完成任务 1 的被试很可能会找到仅拥有第二种可供性的物体（O_{AFF} 2），而不挑选拥有两种可供性的物体。研究主要从四对可供性中的三对中获得数据。结果显示，首先感知的可供性任务确实影响（减少）了识别第二种可供性（O_{AFF} 1、O_{AFF} 2）的可能性。

实验 2 中考虑了实验 1 可能带来的影响，找到只拥有第二种可供性的物体的数量可能要高于拥有两种可供性的物体。有 3 个放置物体的托盘，每个托盘上有 3 个物体，有实验 1 中出现过的只有一种可供性（如 O_{AFF} 2）的物体，有实验 1 中使用过的具有两种可供性（O_{AFF} 1、O_{AFF} 2）的物体，还有在实验 1 中没有用过的具有第三种可供性（O_{AFF} 3）的物体。与实验 1 的过程几乎相同，唯一的区别是：任务 1，要求被试识别对象的可供性（O_{AFF} 3）；任务 2，被试要从具有 O_{AFF} 2 或 O_{AFF} 1、O_{AFF} 2 的物体中识别第二种

① O_{AFF} 是 the affordance of object 的缩写，意为物体的可供性。

可供性，实验的顺序仍是30名学生随机选择托盘。结果表明，被试不太可能选择只有一种可供性的物体，而是会选择拥有两种可供性的物体。测验结果如下：第一，在识别 O_{AFF} 2中，第一种可供性的知觉降低了对第二种可供性的知觉；第二，对 O_{AFF} 2的识别结果未必比识别 O_{AFF} 1的结果更好。

实验3是让被试完成另一个任务，仅挑选与可供性相关的类别属性。要求被试利用物体的简单物理属性执行相似任务，比如按颜色或形状挑选物体，考察对一种属性的觉察会不会干扰对物体的其他属性的觉察。实验3重复使用实验1中使用的对象，只不过这些物体是可以分类的，在分类的基础上可按与行为相关的属性分类，也可根据非可供性-行为-基础属性，如按颜色或形状分类。该实验中使用的方法是，可按物理属性将物体分类，将每个对象归于非可供性的三组成对属性：①红色/圆形；②黑色/直角；③透明/圆形。如果按可供性，这些对象又可归类于三组可能的用途，排序为：④舀/刺；⑤可倾倒/可伸缩；⑥捆扎/可用于传球游戏。实验3的任务1是，让被试识别对象属性，例如，给出一些物体，先让被试识别"红"的物体，然后要求他们挑选"圆"的对象。一些物体只具有第一种属性，有些物体只具有第二种属性，归类的对象需要具有两个属性。任务2是让被试基于动作（用途）识别物体。有48名大学生参与实验3，他们都没有参与过实验1和实验2。实验3的结果是学生们完成第二个任务的效率更高，说明被试知觉的基本模式都是特定地指向物体用途（可供性）的判断的，而不是通过物理性质（颜色、形状）来识别物体。

实验4的任务1是，同样给被试一些物体，让被试以一种有效的方式使用任何一种物体完成一个目标行动。要告知被试，当他识别了一个物体可以用来执行相应的动作时，要先用语言描述这种可供性，然后拿起这个物体实施目标行动。实验记录每个操作用到的物体。任务2是给被试同样的物体，要求被试使用任何物体完成第二个目标行动，提供的动作包括两种，即被用于任务1的第一个动作和没有用过的第二个行动（任务2）。对测试过程进行录像，以掌握每个物体是如何被分类的。对于找到物体第二种可供性的任务，研究者有一个预测：注意到物体第二种用途的可能性会随着可供性结构中共有的嵌套可供性数量的增加而增加。实验4的结果与这个预测相符。这些发现洞悉了实验1的研究结果。找到只有第二种可供性的物体和找到拥有两种可供性的物体的百分比差异随着涉及嵌套可供性的变化而变化。实验4表明，支持复杂目标导向行动的可供性知觉是基于一种复杂的、原始的方式的。也就是说，对于一个目标导向行动来说，这样的可供性结构的感知要求对所有嵌套的可供性进行认知。嵌套的可供性不应该被解释为这些可供性是更复杂的可供性“功能”，尽管从认知的角度可能会带来这样的结论。

最后，实验4说明了多重目的指向的可供性（如既能刺穿物体，又能用来舀水）范围与可供性嵌套集（如勺子）之间的相似性，多重目标指向的可供性预测人们是否能觉察到某个物体的第二种可供性。对某个物体第二种可供性的觉察障碍可理解为与任务目标相关的可供性信息的拾取障碍。

（六）纳入动力学的知觉-行为实验研究

施托夫雷根所在的实验室研究知觉动作与可供性的关系，聚焦于解决环境信息特示的全局阵列，对于可供性的科学实在性进行验证（王义，2016）。

施托夫雷根的实验室研究依据的原理是知觉-动作与环境表面的交互作用，用物体的能量阵列与生态事件的发生来表示这种相互作用，不是研究环境表面分化的能量格局，而是研究综合的特示化环境能量格局。任何事件的变化，都会影响到生态系统中多种阵列的结构变化，这种唯一的指向关系要求在物体和能量之间只能存在一种特示关系（王义和范念念，2014）。例如，一个玻璃杯子被打碎，会同时引起光阵列和声波阵列的结构变化，也会引起能量的变化。施托夫雷根主张知觉是多重知觉系统的综合，提出全模阵列（global array）概念（Stoffregen and Bardy，2001）。全模阵列揭示出生态系统中能量之间的相互关系，以及这种相互关系对生态实在和事件的特示。施托夫雷根将全模阵列概念应用于研究物体是否处于可触及的知觉中，通过位移与可触及距离知觉将全模阵列应用在知觉信息对行为执行的作用上，检验被试如何用多感知接收一个触手可及的对象的可供性（Mantel et al.，2008）。

实验室以生态学原理为指导研究动晕症，以移动屋为实验工具检验动晕症的发生机制，批判传统的感觉冲突理论解释模型（Stoffregen and Riccio，1991）。施托夫雷根对姿态运动的分析揭示出，姿态运动开始于动晕症产生之前，主张动晕症并不是产生于感觉冲突（sensory conflict），姿态不稳定才是动晕症发生的原因，提出了姿态不稳定理论（Stoffregen and Smart，1998）。他进一步发展了姿态不稳定理论，研究身姿控制与视觉任务之间的关联（Stoffregen et al.，2000）。施托夫雷根等分析了移动屋受控运动条件中，出现动晕症状的被试，重力中心替换的不稳定性，出现于动晕症之前；出现和不出现动晕症状的被试一样，恶心症状都发生在身体摆动幅度增大之后，出现症状的被试摆动幅度都很大（Bonnet et al.，2007）。施托夫雷根的研究从最开始受控运动环境（实验室）的知觉研究，发展到不受控运动环境（海平面）的知觉研究，这个实验条件使得知觉研究的内容扩大，可以探讨知觉-动作在运动环境中的适应机制（Stoffregen，et al，2013）。例如海洋腿（sea leg），指的是为了适应海平面的不规则运动，长期采用平衡姿势控制的人的腿。

最近，技术专家已经辨认出一种由传统“定向障碍”疾病衍生而来的叫作模拟动晕症的症状，该症状是由注视屏幕而非乘船、汽车或飞机出行引起的。专家说，随着各种小设备越来越逼真地模拟人们周围的真实世界，这一问题只会变得更糟。有报道称：“当人们的内耳觉察到运动但眼睛并未看到运动时，就会引发普通的动晕症。‘模拟动晕症’的定义恰恰相反：人们看到了运动，这些运动向大脑暗示人们应该是在移动，而此时人们实际上正站着或静静坐着。”（佚名，2013）人的眼睛感受到的是模拟的光阵列变化，内耳却未觉察到真实的身体运动，人们的眼睛受骗了，知觉与动作彼此矛盾，归根结底是因为知觉-动作与环境不契合，因此全身处于紧张状态，才会产生模拟动晕症。科学家已做出预测，虚拟技术的发展不能解决这一问题，只会加剧模拟动晕症的发生。

第三节 可供性特示的关系范畴是否具有本体论意义？

一、可供性的实在论解读

一般的词典中都将实体（entity）释义为“客观且独立存在的事物或事实，无论具体还是抽象”。实体表象也就是实体表现形式，即颜色、长度、质量等，它们依赖于实体而存在。那么，可供性是实体吗？很多人将可供性视为“一种不可能的、虚无的实体，所以没有知名科学家（或分析哲学家）将这些实体视为本体论的一部分”（Chemero，2009：136）。吉布森认为当动物没有知觉和利用可供性时，可供性并没有消失。可供性是真实存在的，而非动物臆造想象的，是可以被动物感知的，所以，吉布森的生态心理学并不属于主观唯心主义形态。然而，可供性确实取决于某些动物的存在，而这些动物在合适的条件下能够知觉可供性的存在。从这个含义上讲，“生态心理学的本体论并非一种简单的现实主义，而是有关意义的现实主义，其中意义（可供性）是真实的世界，而非仅仅为我们头脑的臆想的对象，成为知觉维系的间接理论”（Chemero，2003：192）。

实际上，从逻辑上论证可供性的真实存在，是个未解决的问题。

（一）生态信息特示生态实在

吉布森把有利于行为的那些可知觉和可凭依的环境的可能性和机会称为可供性。可供性不是指一个自在环境（environment-in-itself）的信息和特征，而是指与智能体的知觉-行动协调直接相关的环境的可能性。这种可能性变为现实性，关系实在才显现。不过，如果松鼠存在，那么无论周围有没有这种动物，一棵树都是提供攀爬的（对象）。因此，“可供性在逻辑上是先于其现实化（actualization，或实现）的”（Dotov et al.，2012：31）。但是，逻辑上的先于不等同于实在。

可供性能够提供对动物有价值的信息是因为环境中存在生态信息，这些生态信息特示生态实在。吉布森认为，生态系统中充斥着多种模式的能量，如辐射、振动传播、气体挥发、作用力等，它们作为物理学实体是生态系统的有机部分，并与动物器官发生各种物理作用。但另外，这些能量都具有特定的样式，这些样式是生态学实在的结果，它们反过来特示生态学实在（Gibson，1960）。也就是说，能量具有两种意义，第一种是作为物理实体，第二种则是作为信息的载体。“信息不是环境中物体或物质以外某种可测量、可计量的东西，相反，信息是环境的某种关系特征……光中的信息就是光和环境之间的关系。”（Chemero，2009：108）生态学信息维度建立在对能量阵列中样式的物理学分析之上，这种分析方法使得生态学方法拓展了信息的内涵与深度。除了环绕光阵列的特示以外，还包括声波、气味、力学作用和化学作用等特示。例如，声波特示是，“波列的类型特示力学事件的类型，即在空气中的某一点上，压力变化的顺序和构成都对应于球形范围内的力学事件”；气体挥发特示是，“空气中的扩散区域携带关于其来源的信息，而这种携带完全是客观且遵循物理学方式的。一种挥发物质特示其来源”；力学作用特示是，“皮肤的变形特示某种实心物的出现，皮肤没有变形则特示空心介体的存在”（Gibson，1966：16-20）。

吉布森的思想虽然非常具有革命性，但仍然不彻底。这种不彻底根源于多种能量阵列之间的相关性还没有成为浮现信息的来源，而这种不彻底性在施托夫雷根的全局阵列特示中能够得到解决。施托夫雷根对特示化理论进行了完善，主张知觉的信息不仅仅是单个能量阵列中的格局，而是所有能量阵列中格局的综合（Stoffregen and Smart，1988）。目前，在心理学和哲学认识论中，表征范式的本体论一直占据统治地位。“而特示理论则因为通过对生态学实在和生态学信息的沟通，产生了生态学实在论，从而在知觉对象问题或知识来源问题上取消表征机制，也就是说，生态学实在论

的主张就是，知觉对象就是客观事物本身，而不是任何形式的表征。”（王义，2014）

（二）从科学实在论到实体实在论

科学哲学讨论的实在涉及可观察性和可操作性。可操作的对象都具有实体性。可观测性则既包括实体，又包括一些物理规律，如万有引力定律。直接可观测性需要实践的科学观察，随后用理论术语来解读，就是对直接观测的事实进行间接“观测”。科学认知在解释真相或有效的认知方面仍然是有争议的（Harvey，1986）。那么，可供性揭示的实在属于什么类型呢？

多伦多大学哲学系的哈金（I. Hacking）将发生于科学实在论中的争论从科学的理论领域转到了科学实践的领域。哈金认为，“有关理论化实体的存在，可以通过实验中操作它们的能力来实现。实体通过特殊的装备是可以观察到的，根本就不可能观察到的实体是理论假设化实体”（Hacking，1982）。前者如电子，后者如以前没有测到的暗物质。引力波原来也一直被认为是理论假设化的实体，但是随着科学仪器和科学理论的发展，自2015年以来，科学家曾先后多次探测到引力波。2017年7月18日，全世界多个机构的天文学家联合宣布：科学家第一次发现非双黑洞并合所产生的引力波。

哈金认为，承认我们感知到的事情的实在、建立更加普遍的实体论——实体实在论当然是合理的。实体实在论不依赖于任何类型的再现。它不依赖于一个人的想法或者理论，却依赖于一个人做什么。科尔（D. Cole）评价道，切莫罗是一个极端的具身论者，他为了解决可供性的本体论问题，提出了一个建议：首先将哈金的科学实在论扩展到更加普遍的实在论，其次将哈金的实体实在论运用到可供性中（Cole，2010）。

切莫罗意识到将可供性作为理论化实体的存在，似乎走不通。可供性，必然被认为是动物感知到的，所以应当是理论化实体，但是可供性又是不可观察的。可供性之所以不可观察，有两个理由：第一，科学哲学意义的词汇“观察”，涉及描述、记录和报道感知到了什么，但大多数的感知并不是观察。人类很少能意识到他们感知着可供性。进一步说，甚至当我们意识到我们感知着可供性时，我们几乎也不能描述它们。如果人们不能描述或者报道他们感知的可供性，那么在科学哲学意义上，可供性就是不能观察的。第二，可供性本质上不反射光线且不能被实验室的设备所观测到。只能通过实验室中的实验者计量动物和环境的特性并且记录下动物的反应，然后分析这些数据，依赖理论上的预设来推导可供性的存在和性质（Chemero，2010：16）。用实体实在论来解读可供性却是可以做到的，实体实在论依赖于一个人做什么、在行动中实现了什么。

我们的文化中一直存在着对认识论的偏见，就是各种间接植入我们知觉系统的经验性假设，这导致了一个根深蒂固的观念，认为我们的知觉是一个独立的世界。确实，人类有一个独立的意识世界，但这个世界的产生不是非依赖性的。人类确实已经通过各种技术人工制品，如望远镜、显微镜等放大了我们的知觉，也实现了知觉的转换，“具有知觉能力并运用转换技术实现知觉转换是我们的大脑最明显的人类化特征”（Chemero，2010：12），它们与潜在的观念-自在的世界更加接近，但是这一切都建立在与环境互动的行为基础上。

人类确实在并不拥有关于他们使用的可供性的理论之前，就在实践中成功地运用着它们。从实体实在论来看，可供性是真实的，并且是我们有理由相信它们，它们才存在。我们的知觉是属于可供性的，它是真实存在的，尽管我们可能不能立即用语言描述出来。

二、生态信息和关系是否具有客观性

专门研究感知和行为的学者迈克尔斯提出适宜的可供性的本体论地位问题。在他看来，可供性不必被认为是实体存在（Michaels，2003：146）。另一位学者克立克认为，如果一开始适当地限制系统的选择（动物与环境的相互作用），那么，会有更多的人有理由相信可供性的存在。他建议用采取行动的机会作为可供性概念的直觉（观）的定义，现在如果提出正式的定义只能得到逻辑上的循环”（Kirlik，2004：74）。这些观点都说明了从本体论角度论证可供性存在的一些障碍。笔者认为，可供性揭示了有机体与环境的一种契合关系，那么这种关系是否具有本体论意义呢？

（一）关系的客观性

“关系”是一个元哲学范畴，其基本含义是事物之间相互作用、相互影响的状态。古希腊哲学家亚里士多德把“关系”作为十大范畴之一。对于关系究竟是客观的还是主观的，哲学史上一直存在着争论。黑格尔认为一切实存的事物都存在于关系中，“关系就是自身联系与他物联系的统一”（黑格尔，1980）。由于哲学是构建概念和范畴的世界，所以需要分清关系和关系范畴。生态心理学所研究的关系绝不是关系范畴，而是真实世界的关系，但是可供性却是一个准关系范畴。辩证唯物主义认为关系具有客观性、普遍性、多样性、条件性等基本特性。

关系可用抽象形式来表达，如逻辑关系、数学关系，但关系不仅仅是形式。吉布森的生态学方法更趋向经验主义，而格式塔心理学更趋向柏拉图主义。“对格式塔心理学的更为深刻的影响，可以追溯到古希腊的毕达哥拉斯学派和柏拉图主义。因为毕达哥拉斯学派早已经注意到，并且曾反复强调过关系或结构方式的意义，而贬低那些企图找出宇宙中某种最初的单一构成的原子论或元素论的观点，并试图以数学的方式去寻求某种组合的规律、某种合成或秩序的原理。”（G. 墨菲和 J. 柯瓦奇，1982）

与毕达哥拉斯学派不同的是，吉布森的可供性内涵的关系是建立在经验主义基础上的生态关系。关系好像是被认识揭示出来的，那么关系是否脱离人的主观而客观存在呢？生态学中揭示的各种关系，如牛与牛虻的食物链关系、动物与水的关系都是客观的。动物不可能离开有水源的地点生存，即使没有认识主体揭示这个关系性，它们之间也是这种关系。当然，把关系表述出来又离不开人的认知。那么，生态关系究竟是客观的还是主观的呢？传统哲学总是将主体与客体分开来讨论，因此永远也无法回答这个问题。

（二）关系的客观存在

本体论从传统意义上讲主要探讨“是”（being）的问题，或者研究“存在性”（existence）的问题。据此，理解本体论的哲学视角在于追问存在的本质。事物的存在意味着什么？何谓非存在性（nonexistence）？关系的客观性只在事物之间的相互作用中才能呈现，那么如何理解关系的存在？

可供性概念恰恰明确地阐释了这些复杂和无法避免的追问。事物的存在是不争的事实，可供性用来分析这种存在性。我们首先采纳吉布森的定义方式：可供性是动物环境中的行动契机。有害的可供性预示危险和机遇，拒绝承认有生命的环境中存在危险和机遇，就像拒绝承认世界上有岩石和树木那么怪异。因此，可供性是真实的，并且是无可争议的。

赫尔辛基大学的桑德斯把可供性誉为第一哲学的生态学方法。第一哲学是古希腊哲学家亚里士多德的用语，即后来所说的哲学。亚里士多德认为它的研究范围包括：①实体及其属性；②事物存在的根源，即“四因”；③各门科学共同遵循的原理，即思维的基本规律；④范畴及其相互关系。

桑德斯认为生态学进路是元哲学，这种进路是整体的主客体统一的方法。“生态学”的方法至少在方法论层面，可以从科学方法论的教训中学习有价值的东西。桑德斯将可供性视为本体论基元（fundamental ontological entities），即本体论原语（ontological primitives）（Sanders，1999）。生态方法强调生命体与环境是互补的一对。桑德斯反对特维的可供性环境属性的观点，其本体论基元的观点坚持了生态学的整体性、联系性。

可供性包含心灵，自然也有岩石和树。如果岩石和树不被有机体看作与之相关联的客体，那它们就没有为有机体提供行动的机会。所以，桑德斯认为可供性就是联结主客体关系的元范畴，完全符合亚里士多德所限定的研究范围。从本体论意义上讲，一些事物会比其他事物更具基础性。这并不是要拒绝事物的“真实”存在，而是因为事物的“存在性”在某种程度上取决于其他事物的“存在性”（Sanders，1997）。比如，当所有事物都是蓝颜色时，无所谓颜色的甄别，也就无所谓蓝颜色的存在；当世界上只有思维（或口头行为）时，就无所谓思想或心灵。可供性的显著现实性（有机体所处环境的机遇和危险）不应回避。回避可供性的现实性就等同于说环境中不存在机遇和危险，这似乎是荒唐的。

可供性蕴含人与环境的互惠关系，也揭示了知觉动作的关联。传统的心理学研究都是将知觉与动作分开考量，这些研究得出的结论很难再复制返回真实的情境中。吉布森直接指出，传统心理学在对运动知觉进行研究时，并没有虑及知觉观测者的运动，生态心理学强调不能从静态观测者的角度分析知觉，因为这样的研究无法形成空间物体运动的动态理论，不是对真实的自然知觉运动的描述。

（三）关系具有的实践客观性

英国学者特纳（P. Turner）认为，在吉布森可供性的本体论解释基础方面，可与活动理论（activity theory）结合，活动理论与可供性理论的研究者在不同的维度悟到了同一个类似的结论，这情景有点像能量守恒与转化定律的发现历史。

生态心理学对于活动的解释有很大贡献，活动被认为是行动者与环境系统知觉的互动关系。活动还体现在对情境的关注上，吉布森学派的许多学者分析了情境中的环境与行为互惠关系的持续互动保证了活动的成功进行。不遵循这样的关系去行动，肯定会失败。生态心理学揭示的这种关系的客观性也是一种实践客观性。在研究中采纳人种社会科学（ethnographic social science）的概念和方法，包括社会互动及物理系统互动。特纳认为，对吉布森可供性理论的拓展需要虑及活动的一般理论。吉布森思想理论化是生态心理学发展的萌芽，也很可能是行动者与其他行动者，以及物理系统互动关系的活动理论发展的萌芽。“我们期待有一种理论可以将这些视角整合起来，这些理论还包括认知科学对信息加工过程的洞察和研究方法；以及人类符号沟通的信息结构分析，描述了情境中与行动者的互动关系。”（Turner，2005）

可供性来自活动与实践，如何理解实践层面上的可供性，特纳建议，也许“互动中可供性”更有助于我们完善信息可供性；这不仅具有功能性的意义还具有象征性的意义。比如，绕着房子 2 英尺①高的围栏承载了成年人的“攀越”(climbing)，而无法承载 6 个月大婴儿的行为可能。然而，“互动中可供性”概念超越了这种物质现象，它兼容了使用者的知识、技能、文化背景、目标与需求，以及环境的准确度、精度和适宜度。他的观点比切莫罗的能力说更进了一步，包括文化交互的可供性，扩大了生态学的原意。

可供性不是环境的单方面属性，而应被视为使用者与环境之间的契合。这种契合不仅限于行为与环境，还指实践对象与人。荷兰学者用活动理论去解释知觉时发现，活动和知觉作为基本的信息被使用时是区分开的，但是也有两者相互作用的假设。当知觉用于获取环境提供给活动的清晰明确的知识时，参与者可能更倾向于把信息看作是服务于活动（Kamp et al., 2001）。当可供性被用于阐释社会知觉时，社会信息的复杂性远高于生态信息，因此活动理论与可供性的结合，需要慎重对待，否则会产生一些对可供性的误读。

对于可供性理论来说，关系具有的实践客观性在设计领域的应用得到了体现。例如，设计师看到使用者进门放伞的行为痕迹后，在玄关靠墙的地面瓷砖上设计一条缝隙。设计者在设计中预设了使用者在其环境中，如何自然地撷取这个设计所蕴含的可供性。设计师不增加任何设施，自然地解决了放伞的问题。这就是设计师理解了这种关系性，将这种关系性在实践中实现的过程。这种可供性并不是被强加上去的，只是供使用者知觉到或“发现”这个使用价值，自然地引导他们使用。使用者“如约”使用，恰恰是关系性的再现，这一问题将在本书第六章进行专门的探讨。

参考文献

黑格尔. 1980. 小逻辑. 第二版. 贺麟译. 北京：商务印书馆.

① 1 英尺=0.3048 米。

王义. 2014. 特示理论对直接知觉论的启示. 科学技术哲学研究,（5）：49-54.

王义. 2016. 生态心理学尺度问题的哲学意义. 沈阳：东北大学博士学位论文：9.

王义，范念念. 2014. 基于特示关系的生态学信息及其认识论意蕴. 华东师范大学学报（教育科学版),（3）：99-104

佚名. 2013. 数字产品造就 21 世纪最大职业病. http://science.cankaoxiaoxi.com/2013/0930/280048.shtml.

G. 墨菲，J. 柯瓦奇. 1982. 近代心理学历史导引（上册）. 林方，王景和译. 北京：商务印书馆：347-348.

Beek P J，Turvey M T，Schmidt R C. 1992. Autonomous and nonautonomous dynamics in coordinated rhythmic movements. Ecological Psychology，4（2）：65-95.

Bonnet C T，Faugloire E，Riley M A. 2007. Motion sickness preceded by unstable displacements of the center of pressure. Human Movement Science，25：800-820.

Carello C. 2001. Affordances and inertial constraints on tool use. Ecological Psychology，13（3）：173-195.

Cesari P，Formenti F，Olivato P. 2003. A common perceptual parameter for stair climbing for children，young and old adults. Human Movement Science，22：111-124.

Chemero A. 2003. An outline of a theory of affordance. Ecological Psychology，15（2）：181-195.

Chemero A. 2009. Radical Embodied Cognitive Science. Cambridge：MIT Press.

Chemero A. 2010. Toward a Situated. Embodied Realism. Cambridge：MIT Press：17.

Chemoro A，Klein C，Cordeiro W. 2003. Events as changes in the layout of affordance. Ecological Psychology，15（1）：19-28.

Cole D. 2010. Anthony Chemero：radical embodied cognitive science. Minds and Machines，20（3）：475-479.

Cummins F. 2009. Deep affordance：seeing the self in the world// Proceedings of the 35th Annual Meeting of the Society for Philosophy and Psychology. Bloomington，IN.

Dotov D G，Nie L，Wit M M D. 2012. Understanding affordances：history and contemporary development of Gibson's central concept. Avant：Journal of Philosophical-Interdisciplinary Vanguard，3（2）：28-39.

Gibson J J. 1960. The conception of the stimulus in psychology. The American psychologist，15（11）：694-703.

Gibson J J. 1966. The Senses Considered as Perceptual Systems. Boston：Houghton Mifflin：16-20.

Gibson J J. 1979. The Ecological Approach to Visual Perception. Boston：Houghton Mifflin.

Greeno J G. 1994. Gibson's affordances. Psychological Review，101（2）：336-342.

Hacking I. 1982. Experimentation and scientific realism. Philosophical Topics，13：71-87.

Harvey C W. 1986. Husserl and the problem of theoretical entities. Synthese，66（2）：291-309.

Heft H. 1989. Affordances and the body：an intentional analysis of Gibson's ecological approach to visual perception. Journal for the Theory of Social Behavior，19：1-30.

Heft H. 2000. Are events and affordances commensurate terms? Ecological Psychology，12（1）：57-63.

Heft H. 2001. Ecological Psychology in Context：James Gibson，Roger Barker，and the Legacy of William James's Radical Empiricism. Mahwah：Lawrence Erlbaum Associates，Inc.

Heft H. 2007. Affordances and the body：an intentional analysis of Gibson's ecological approach to visual perception. Journal for the Theory of Social Behaviour，19（1）：1-30.

Jenkins H S. 2008. Gibson's "affordances"：evolution of a pivotal concept. Journal of Scientific Psychology，（2）：34-45.

Jones K S. 2003. What is an affordance? Ecological Psychology，15（2）：107-114.

Kamp J V D，Savelsbergh G J P，Rosengren K S. 2001. The separation of action and perception and the issue of affordances. Ecological Psychology，13（2）：167-172.

Kirlik A. 2004. On Stoffregen's definition of affordances. Ecological Psychology，16（1）：73-77.

Kyttä M. 2002. Affordances of children's environment in the context of citys，small towns，suburbs and rural villages in Finland and Belarus. Journal of Environmental Psychology，22：109-123.

Mantel B，Stoffregen T A，Bardy B G. 2008. Multisensory perception of whether an object is within reach. Journal of Vision，5：1-23.

Mark L S. 2007. Perceiving the actions of other people. Ecological Psychology，19（2）：107-136.

McClelland T. 2015. Affording introspection：an alternative model of inner awareness. Philosophical Studies，172（9）：2469-2492.

Michaels C F. 2003. Affordances：four points of debate. Ecological Psychology，15（2）：135-148.

Reed E S. 1996. Encountering the World：Toward an Ecological Psychology. New York：Oxford University Press.

Sanders J T. 1997. An ontology of affordances. Ecological Psychology，9（1）：97-112.

Sanders J T. 1999. Affordances：an ecological approach to first philosophy//Weiss G，Haber

H F. Perspectives on Embodiment: The Intersections of Nature and Culture. New York: Routledge: 131.

Scarantino A. 2003. Affordances explained. Philosophy of Science, 70(5): 949-961.

Shaw R, Turvey M, Mace W. 1982. Ecological psychology: the consequence of a commitment to realism//Weimer W, Palermo D. Cognition and the symbolic processes II. Hillsdale: Lawrence Erlbaum Associates, Inc: 159-226.

Stoffregen T A, Chen Fu-Chen, Manuel V, et al. 2013. Getting Your Sea Legs. PLoS ONE, (6): 1-16.

Stoffregen T A, Pagulayan R J, Bardy B G. 2000. Modulating postural control to facilitate visual performance. Human Movement Science, 19: 203-220.

Stoffregen T A, Riccio G E. 1988. An ecological theory of orientation and the vestibular system. Psychological Review, 95(1): 3-14.

Stoffregen T A, Riccio G E. 1991. An ecological critique of the sensory conflict theory of motion sickness. Ecological Psychology, 3(3): 159-194.

Stoffregen T A, Smart L J. 1998. Postural instability precedes motion sickness. Brain Research Bulletin, 47(5): 437-448.

Stoffregen T A. 2000. Affordances and events. Ecological Psychology, 12(1): 1-28.

Stoffregen T A. 2003. Affordances as properties of the animal-environment system. Ecological Psychology, 15(2): 115-134.

Stoffregen T A, Bardy B G. 2001. On specification and the senses. Behavioral and Brain Sciences, 24(2): 195-261.

Turner P. 2005. Affordance as context. Interacting with Computers, 17(6): 787-800.

Turvey M T. 1992. Affordances and prospective control: an outline of the ontology. Ecological Psychology, 4(3): 173-187.

Turvey M T, Carello C. 1985. The equation of information and meaning from the perspectives of situation semantics and Gibson's ecological realism. Linguistics and Philosophy, 8(1): 81-90.

Turvey M T, Gregory B, Christopher C P, et al. 1992. Role of the inertia tensor in perceiving object orientation by dynamic touch. Journal of Experimental Psychology: Human Perception and Performance, 18(3): 714-727.

Turvey M T, Shockley K, Carello C. 1999. Affordance, proper function and the physical basis of perceived heaviness. Cognition, 73(2): B17-B26.

Wagman J B, Taylor K R. 2005. Perceiving affordances for aperture crossing for the person-plus-object system. Ecological Psychology, 17(2): 105-130.

Warren W H. 1984. Perceiving affordances：visual guidance of stair climbing. Journal of Experimental Psychology：Human Perception and Performance，10（5）：683-703.

Warren W H，Whang S. 1987. Visual guidance of walking through apertures：body-scaled information for affordances. Journal of Experimental Psychology：Human Perception and Performance，13（3）：371-383.

第四章 可供性理论的认识论意蕴

物无非彼，物无非是；自彼则不见，自知则知之。

——《庄子·齐物论》

尽管吉布森不是一位哲学家，但是“吉布森对在心理学研究中解决哲学问题有着浓厚的兴趣，并且在他的心理学研究中，逐渐发现传统知觉理论的问题主要来自认识论的错误，因此有了将心理学的研究与哲学问题结合的思想”（易芳，2004）。近年来，哲学认识论从心理学中获益良多。同样，可供性概念也带来对许多哲学认识论问题的反思，哲学界不应因可供性概念不被科学心理学所广泛接受而忽略它的价值，争论越多的概念带来的冲击可能越激烈。

吉布森的生态心理学面世后，吉布森学派的科学哲学家E. S. 里德陆续出版的三本著作都与吉布森的理论有关。隆巴尔多（T. J. Lombardo）1987年出版的《知觉者和环境之间的交互性：詹姆斯·吉布森的生态心理学的演化》、赫夫特2001年出版的《背景中的生态心理学：詹姆斯·吉布森、罗杰·巴克与威廉·詹姆斯的彻底经验主义思想的影响》分别从科学哲学的视角对吉布森可供性理论背后的哲学传统进行了分析。

相比国际上的研究，国内对可供性理论的认识论和方法论意义挖掘十分有限。可供性的本质是人的知觉-动作与环境的协调性关系。什么是知觉？什么是协调性关系？这个定义本身既属于本体论问题，又属于认识论问题。“可供性研究不仅关乎知识是如何获得的，而且关乎所知是从什么开始的，因此它既是理论研究，又是应用研究。”（Dotov et al.，2012）特别是近些年来，神经生理学有关镜像神经元的发现，以及认知科学关于具身性的探讨，都使可供性理论的认识论价值逐渐显现。因此，从认识论角度解读可供性理论，不仅为解读进化认识论、具身认识论的一些问题带来新的视角，而且对于回应哲学基础主义认识论问题也具有特别重要的价值。

第一节　可供性是具身认知的一个奠基性成果

具身认知是认知心理学中一个新兴的研究领域，具身认知理论主要指生理体验与心理状态之间有着强烈的联系。认知过程进行的方式和步骤实际上是被身体的物理属性所决定的；认知的内容也是由身体提供的；认知是具身的（embodied），而身体又是嵌入（embedded）环境的（Niedenthal et al.，2005）。认知心理学中的这种具身思想有着深厚的哲学渊源。德国哲学家海德格尔曾试图以“存在”（being-in-the-world）的概念超越二元世界的划分。法国哲学家莫里斯·梅洛-庞蒂也主张知觉的主体是身体，而身体嵌入世界之中。可供性理论出现后，一些认知科学家对这一生态心理学理论感兴趣，将它引入认知科学中，用于改善认知科学的计算主义局限。但是他们和一些心理学家类似，由于受传统理论影响太深，在引入可供性理论时，常常是削足适履，并未将可供性理论最有价值的方面取精用宏。笔者认为，需要从可供性概念中充分挖掘其蕴含的具身性认识论意义。首先，可供性与身体动作密切相关的特质，揭示了动作先于语言的人类实践和认知事实。其次，认知尺度关系到人类认识自然的工具、手段和方法，并且决定了认识的界限和认识发展的规律。生态心理学有关身体尺度和动作尺度的提出，解释了认知与身体的关联，为具身认知理论增添了新的内容。

一、挑战身体被压制的认识论

（一）哲学传统排斥身体在认识中的价值

哲学排斥身体与负面的肉身观念有关。在西方思想体系中，居于支配地位的关于物质肉身的负面观点，可以一直追溯到古希腊。soma 即指躯体（corpse），随后开始指身体（body）。苏格拉底提出，能够持久的幸福并不来自（会腐烂的）身体，而得经由（不朽的）灵魂。这种区分后来发展成对应的“非理性激情”与“理性思维”之间的区分（克里斯·希林，2011：

8）。人类早期的哲学观念往往来自原始宗教。以大洋洲的原住民为例，他们将灵魂分为内部灵魂（internal soul）和外部灵魂（external soul）。内部灵魂指整个身体（即物质部分）；外部灵魂则指可以离开身体之外的部分，它会离开身体，并会停留在图腾上。

与此类似的思想在古希腊之后形成的宗教思想中得到发扬。许多宗教观点都认为，灵魂居于人或其他物质躯体之内并对之起主宰作用，大多数信仰都认为灵魂亦可脱离这些躯体而独立存在，不同的宗教和民族对灵魂有不同的解释。早期基督教将灵魂分作“灵”（希腊文为 pneuma）和“魂”（希腊文为 psyche）两部分：“魂”（即生命力）是血肉的，是所有生物都有的；“灵”（智慧或理性等人类的独特表现）则是来自上天的，只有人类才拥有。佛教本不说灵肉二元观、灵魂不灭论等，而当轮回转生之说被佛教采纳后，便呈现出一种犹如灵魂说般的色彩。

其实灵魂脱离身体只是一种幻觉。苏黎世联邦理工学院研究内觉的科学家简·阿斯佩尔（Jane Aspell）和卢卡斯·海德里希（Lukas Heydrich），以及奥拉夫·布兰克（Olaf Blanke）通过实验证实了人在外感知和内感知信号之间冲突的情境下会出现“灵魂出窍”的幻觉。这是研究人员首次创造外感知和内感知信号之间的冲突以诱发这种幻觉（Aspell et al.，2013）。这说明人类的自我意识深深受到了内感作用的制约，至今影响人们对现实的体验。普列佛（C. Pleiffer）和布兰克等还通过实验证实了自我感知的主要内容是有关空间的意识，即“我在哪儿”这一自我意识的形成是身体动作与外结合的结果（Pleiffer et al.，2014）。

负面的肉身观念还来自对欲望的嫌弃。身体的原始欲望令灵魂恐慌，理性的认知在某种程度上可抑制原始的欲望，因此身体与理性认知的对立加剧了对灵魂的崇拜。

（二）西方传统哲学割裂知觉-动作的身体整体性

早在 20 世纪 50 年代，艺术心理学家阿恩海姆（R. Arnheim）就认为，植根于西方文化传统中的偏见把感知与理智、艺术与科学截然分开给人类造成了不可估量的损失与危害。他强调，没有敏锐的感受能力，任何领域的创造性思维都是不可能的（鲁道夫·阿恩海姆，1987）。阿恩海姆受到格式塔心理学的深远影响，已经挑战了构造心理学有关所有复杂过程能够被基本感觉元素还原的分析主义传统。但是吉布森的观点较格式塔心理学更进一步，具身认知不仅涉及知觉与思维的不可分割，还涉及身体行为与思维意识的统一性，而协调的具身认知又将认知扩展到有机体与环境的关系，打破了物理科学与认知心理学之间的隔阂。

吉布森认为，知觉不是从感觉器官开始的，而是从整个有机体（人或动物）的动作开始的，有机体作为接收者，在与环境的接触过程中，知觉会显现出来。吉布森主张生态学事件在空间和时间尺度上展现嵌套关系。有机体和环境之间的嵌套关系十分重要，嵌套性思想与生态学的镶嵌格局、社会科学的嵌入性、哲学和认知科学的具身性等具有内在的相通性，这种关系容纳了认知的自然发生（王义，2015：2）。波兰尼从另一个角度得出了同样的结论："我们的身体是我们接收一切外部知识的最终工具。身体运行的时候，通过感知身体同外界事物的接触，来关注事物。我们的身体是唯一的，我们从未把它当作一个普通的物体来体验，而是通过身体体验来感知世界。"（Polanyi，1996）但是，波兰尼并未说明身体运动与环境的协调关系对知觉形成的影响，因此，吉布森的贡献在于揭示了"动物就是在移动中不断发现持续之物并加以利用，环境中的持续之物与我们身体变化之间的联系，结合了周遭不变性和进化不变性，造就了动物的存在"（Gibson，1979：26）。

（三）计算主义排斥认知中身体的参与

尽管认知科学发展迅速，但认知科学凭借人工智能解读人类认知具有一定的局限性。认知科学理论的建立就依赖于计算性的人工制品与心理学解释之间的关系概念的形成，而这种关系是以表述理论为中介的，不是以知觉动作为中介的。"现代科学无限地分解了时间……一切瞬间都在计算之列……我们唯有确定在任一瞬间中究竟是什么在发生变化，才能理解这种变化。”（昂利·柏格森，1999：285-286）所以，以认知科学所构成的现代认识论为基础，其计算主义的认识论和方法论对具身认知尚有许多偏见。

以天生的视觉缺陷者的认知模式为例，似乎“看”路将成为不可能的行为。然而实际情况并不是这样的。认知科学的解释是，盲人通过其他心理模块的替代性工作，比如触觉与听觉的协作完成了“看”路的过程，并且在这个过程中，盲人的触觉与听觉两种输入模块的功能还得到了一定程度的加强。问题是，认知科学的解读少了重要的一环：盲人通过身体运动产生触觉、听觉与环境的互动，是应对识路难题的关键。其中，整个身体的知觉是肢体的动觉、触觉与听觉形成的整体，并不是没有身体参与的大脑加工过程。“盲人无法形成可以快速表征的概念性经验，作为一种非概念性的经验还是可以形成的。”（李侠，2009）

切莫罗认为，在传统的认识论和认知科学中，一直统治着我们的观念就是这样的：把复杂的认知过程简单化地处理为将智力从大脑下载到身体和环境中。以这种观点来看，我们的身体只是一些设计精妙的工具部件，很容易被大脑控制。在这种情形下，环境就是一个框架，身体是被智力控制的。其实复杂行为并非是这样机械地发生的。“自然环境已经赋予其可供性来引导行为。就像海狸建造水坝的时候，它与环境发生相互作用并且改变之，动物从中提升了这些可供性。”（Chemero，2011）

（四）工业社会中目的性压制下的身体

无论身体多么重要，近代的一些思想家主要关注的还是现代工业社会。工业社会的目的性生产的巨大作用力，使任何生活于此的人都不能不受到影响。英国肯特大学的社会学教授克里斯·希林（Chris Shilling）认为，在现代社会的一些学者的著作中，身体有时依然身影朦胧，成为某种缺席（absent presence）（克里斯·希林，2011：19）。克里斯·希林所称的“缺席的身体”观念意味着，一旦我们投身于有目的的行动，身体常会“淡出”我们的体验，就此“不显”（disappears）；而当我们陷入疾病或苦痛时，又会作为关注焦点骤然复显（reappears）（克里斯·希林，2011：21）。例如，当脚受伤后，我们会更加感觉到脚的重要性。

人类制造人工制品只是模仿自然造物。制造是目的论的、无机的、机械的，而生命的创造是有机的、自组织的过程。多数人工制品由人的意识介入其中加以主宰，意识中完成的“想象—构造—设计”过程，通过媒介物表达出来。工人依赖工业生产线系统制造出工业产品，已经俨然是一个自组织过程。

亨利·柏格森描述了这个出于目的创造世界的心理逻辑：人类凭借智力获得对现实的直接、关乎利害的观念，便从自然的绵延当中抽出那些我们感兴趣的瞬间，并力图留住这些瞬间。于是人类产生了第一个错觉：“这种错觉就是以为我们能够借助稳定的工具去思考那些不稳定的东西，能够借助静止的工具去思考那些运动的东西。”（亨利·柏格森，2004：235）这样一种习惯，影响到思考自然的真实本质，因为我们只是按照人类实际利益的要求去考虑它，一叶障目，无法观察到自然的真正变化过程，因为那个过程既是细微即变的，又是长期演化的。

亨利·柏格森还分析了人类的第二个错觉产生的原因。由于人类陷入现实的存在不能自拔，于是开始寻找非现实的存在，也就是基于人类的目的，产生对现实不存在的事物的想象。于是产生了第二种错觉：利用空白（void）去思考充实。这个空白就是人类新的需求和目的。“规则填充了空白，而规则的实际存在，则叠置在它虚拟的不存在之上。依靠我们理解力的这个基本错觉，我们从不存在走向存在，从空白走向充实。”（亨利·柏格森，2004：236）规则就是形而上学的逻辑，科学和技术就是实现人类目的的手段，用机械运动去模仿有机运动，不断满足人类的需求。

工业社会的目的就是“造物”。现代工业社会依照人的目的制造了一个无比巨大的人工自然，吸引了人类的主要注意力，以致我们无感于身体在其中所起的作用。制造产品成功地使制造的认知模式成为一种社会观念和文化，甚至使人们产生了一种错觉：似乎无机世界已经取代了有机世界。但是亨利·柏格森提醒道：“制造产品是一回事，生成有机体则完全是另一回事。制造是人类独有的活动，就是将局部材料组装在一起，这些局部材料是我们按照这样的方式切割出来的：我们将它们配置在一起，能从它们当中获得一种共同的行动。”（亨利·柏格森，2004：77-78）人类造物的科学实体论和无机的计算机模拟的神经过程统领了认知科学的认识论，掩盖了有机体自然发生的认知过程。

在强大的社会目的性惯性下，身体的作用何在？在康德看来，我们的所有直觉都是感性直觉，所有直觉都是低于理解力的。倘若我们的科学证明了自然界所有的部分都具有相等的客观性，那么，我们的确就不得不接受康德的这个观点。但是，正如亨利·柏格森所说的，如果生命科学超越了物理科学所描述的世界，心灵科学又能解读生命科学不能解释的现象，即使科学仿佛逐渐失去了客观性，正在越来越象征化，那么会怎样？不承认存在一种生命的直觉，那生命与无生命又有什么区别？“虽然智力无疑会转移或翻译这种直觉，但这种直觉依然超越了智力。”（亨利·柏格森，2004：310）正是出于这样的考虑，亨利·柏格森要创立生命哲学，在这一点上，吉布森与亨利·柏格森的想法是相通的。诗人西川说得特别好，人类的智慧和语言是机械思维的机器无法替代的，机器人只能遵循逻辑去造句和作诗，人类却可以产生自相矛盾的意向和词句去创作，在特定的环境中身体产生的直觉和大脑创意是机器人无法得到的。

二、可供性阐释了动作先于话语语言的人类实践和认知

吉布森创立的生态心理学理论其实受到了当时学术界关注非语言行为的影响。20 世纪，动物行为学和生态学兴起，主要研究与自然环境有关的动物外显行为，认知作为科学概念已经扩展到非语言行为上。在认识论领域，一些学者以此为切入口，考察人类、语言知识和世界之间的关系，无论有机体是否有语言能力，有机体同环境发生的任何关系都要被解释成一种知识关系。比如，洛伦兹（K. Lorenz）作为“动物行为学之父”，强调了行为的认知主义进路的重要性，也涉及了外显行为。

（一）动作具有先于话语的实践优先权

如果关注吉布森的知觉立场就会发现，在运动中观察就是他的认识论核心观点之一，那么，对于动觉，他显然是默认而不予以阐释的。他阐释的是身体在动觉整合下的观察方式（探测、走动、摇头、不变量提取）和观察外部世界的内容（事件、可供性、不变量）。显然，吉布森的视角是以多知觉整合伴有的身体动作解释世界的。所谓多知觉整合，意味着伴有视觉、触觉、听觉等，它们的整合为知觉行为提供了情态基础。整合知觉与单个知觉的不同在于，整合知觉是一种默默地并即时起作用的本体与环境情态。所谓动，是历时性的，动的基础是情态即时发挥作用，为下一步的情态知觉提供基础，每一个下一步的情态知觉都历经了一个知觉的默默整合过程，历经了声音、方位来源、支撑感、在空间中的穿越感的整合。

动作具有先于话语语言的优先权，因为有机体动作直接作用于环境，与环境发生互动，促进探索。认知心理学假设认知来自大脑对外界刺激的思维加工，否认身体动作与知觉产生的直接作用，否认作为全身心的知觉动作获得认知的直接性。

徐献军梳理了认知科学发展进程的几个阶段，并分析了无身认知（认为身体不介入认知过程）阶段的心理学、认识论和本体论假设。其心理学假设是思维采用逻辑的方式来处理信息，大脑是一种遵循形式规则来加工信息的装置；这种信息加工过程是一种类似第三人称的客观加工过程，其认识论假设认为用特定的规则将人的智能行为形式化后，机器可以复制人的智能行为。本体论假设则来自文化："我们的习惯一直认为，智能存在于独立、清晰的元素之中，而我们可以把它称为意识、理解、洞察力、格式塔，或者其他随便什么……"（徐献军，2007）这些假设受到逻辑经验主义哲学的支持。这种心理学假设只承认认知来自大脑的思维加工，否认身体动作与知觉产生的直接作用，否认作为全身心的知觉动作获得认知的直接性。这种身体缺席的认识论假设以为复制了智能就是复制了人类。这种来自文化的本体论假设割裂了身体与大脑智能的有机整体性，是对动作语言具有的理解力、洞察力的忽略。

知觉产生一定与动作联系。吉布森在他学术生涯的早期就对传统的知觉研究产生了怀疑，认为以往的视知觉研究最大的缺陷是没有虑及知觉与观测者运动的联系。吉布森一直强调动物之所以是动物，是因为它可自主移动。在移动中，动物必须由表面支撑，运动中的位移，会产生环境媒介与实体关系的变化，如光阵列的光流反射角的变化，被动物知觉到，动物持续运动的维持一直依据可供性的知觉。这一观点挑战了传统的知觉实验，与传统的有关静态观测者的情境分析知觉理论不同，也与形成空间物体运动的动因基于情境分析的行动理论相区别。

（二）自然语言对话语类语言具有认知的优先权

动作具有先于话语语言的实践优先权，还因为动作是有机体自然发生的对环境的适应，也是有机体之间自然交流的方式。动作、行动又被吉布森称为自然语言，吉布森和他的追随者都主张要充分认识自然语言的价值。

一方面，语言的技艺首先是从身体语言的技艺开始的，人类的交流最初其实主要依靠面部表情和手势与简单的声音配合，因此可供性在其中所起的作用不容小觑。语言的能指所指关系也可用来解释有机体与物质环境的关系，所谓“指”即人类手指动作对世界的指向和确认。另一方面，作为抽象语言的图示和口语表达，都离不开动作。图的形塑和造型也与动作有关。最早的形塑来自对脚印的知觉，从动物的脚印到人的脚印，体悟到可以随意形塑，于是更灵活的手加入，陶器的发明与此有关。发现天然纹理与人类想表达的图示相似或许启发了人类，人类意识到如何做可以让岩石上的纹理不再消失，所以岩画出现了。口语又何止是发声，口语如何能离开嘴的动作和肢体动作的辅助呢？基于早期认知科学的认识论假设以为复制了大脑就是复制了人类，这是对动作这种自然语言在认知中的作用无知的体现。

从实践活动的角度，语言产生于实践活动。英国学者诺布尔（W. Noble）认为，吉布森没有依赖语言去讨论语境（背景），同时，吉布森对语言本身的立场和主张包含一些未经审查的观点（Noble，1993）。吉布森确实没有依赖语言去讨论语境，因为他认为应当反过来思考问题，从环境去理解语言产生的根源性。活动（主要指动作）作为自然语言的基础被确认是理解具身认知的重要方面。要提及的是，吉布森学派学者强调成功的活动来自对可供性的感知，频繁的感知成功实践源于人们的注意力受到普遍事实的吸引。可供性如此普通，因为活动的成功如此普遍。在活动中，每一个行为都具有认知的意义，特别是探索性行为，而这些普遍性在以往的语言学有关知觉的持续探索研究中常常被忽略。"正如乔姆斯基使用规律和自然语言表征上的容易性作为事实，去判断处理语言这种特殊主题的正当性，所以吉布森和他的追随者都主张充分发挥自然语言和有效的知觉价值的重要性。因此，如果追求与乔姆斯基的语言学工作相类比的一个适当的对应，吉布森学派学者强调普遍活动决定一种特殊主题的自然语言选择，而不是话语类型的出现频率。"（Turvey et al.，1981：239）

从认知发展角度看，可供性知觉具有的认知探索性是儿童认知模式进化的动力。吉布森所想的并非仅仅通过运动在环境中获取信息——表现式运动，而是进行一种探索过程的运动。为了与其他人分享环境中的部分，以及未来发现环境中变化和永恒的情况，吉布森假设了这种行动知觉对儿童认知成长的影响（Reed，1996：137）。吉布森的假设获得古斯塔夫森（Gustafson）实验的某些确证。古斯塔夫森将六个半月到十个月大的婴儿，根据其能够自主运动和不能自主运动的情况进行划分。此外，她让所有的婴儿体验步行机，这是一种帮助不能自主运动的婴儿能够立刻运动起来的设备。这个实验主要观察步行机引发的行为的变化。古斯塔夫森记录了婴儿们的探索性活动、交互行为及运动活动。观察结果显示，在未进行实验之前不能自主运动的婴儿，经过步行机的体验后，表现出一种探索行为和交互行为的显著重组，他们改变了其观察的模式（更多地扫视房间），婴儿的社会行为也增加了，比如姿势、微笑和声音都发生了变化（Gustafson，1984）。

产生这个变化的原因十分简单，运动的婴儿能够比非运动的婴儿接触到更多的物体、场所和事件。运动为环境创造了更多的冲突与合作的契机，并很有可能在很大程度上帮助儿童将以物体为导向的活动与社会交往整合起来。半岁以上的儿童的周围环境已经形成儿童、看护者、环境（物体）的三元互动模式。这种互动的交互延展特征进一步地拓展，成为环境可供性的分享。声音、手势可以用来指物体、事件或场所，而并非仅仅标志某种行为。“重要的是，这些技能之中包括与其他人分享周围环境中的物体、场所和事件——进入由文化建构的各种不同形态的动态三元模型。”（Reed，1996：138）儿童的认知发展与行为密切相关。能自主运动的儿童可以进行探索，可以获得更多环境中的可供性，他们逐渐学会将与非生命物体互动的技巧和社会交往的技巧进行整合，以此越来越适应复杂的环境。换句话说，环境（包括物质环境和社会环境）与人的互动，可以促进人的成长。

（三）用具身认知的机制解读语言产生的根源性

灵活使用语言思考，是人类智慧的象征，与其他动物具有身体活动能力却缺少灵活使用语言的机能相比，人类显得更为智慧。使用语言这种高级智慧与可供性是什么关系呢？

首先，可供性涉及语言的深层意义。豪泽（M. D. Hauser）等认为，如果运用乔姆斯基关于先天语言机制的定义，那么，可供性涉及语言的深层结构。乔姆斯基将语言的构成分为深层结构和表层结构。语言的深层结构是指要表达的意义，表层结构是指语言实际显现出来的形态，包括字词的排列、音节的组织等（Hauser et al.，2002）。环境属性与有机体的行为适宜性、契合性都对有机体适应环境并生存下去具有意义。因此，自然物、动作与语言的关系更为密切，语言中那些代表深层意义的内容都与可供性内涵的环境价值有关。

除此之外，可供性概念对“动作”的强调，带来对“动”的世界的理解，因此，可供性还涉及语言中动词的起源。人工制品构成了人类创造的新世界。近期一些研究者通过实验发现，可供性与人工制品的使用功能和操作词汇密切相关。实验中，他们让被试看位于近体空间和非近体空间的物体的三维照片，然后，要求被试用动词表达看到的物体。实验人员发现，当物体出现在可触及的空间中时，被试能更快地使用功能动词和操作动词。结果表明，人工制品首次构想出相应的可供性与操作和使用有关（Costantini et al.，2011）。可供性理论解释了动作语言与人工制品的操作关系。

可供性解释了提供多感觉通道的语言发展环境。希腊雅典大学认知系统研究院的瓦塔凯思（A. Vatakis）等通过实验探讨人们是如何运用触觉、视觉和语言来描述物体的。实验中，分别向参与者展示物体图片、人持有物体的照片及实际的物体，允许他们提供无约束的语言来描述看到的物体及这个物体的可能用途，实验中所用的刺激物是石质工具。实验中产生了大量语言数据库，遵循语言分析的基础规范分析这些数据，结果显示，虽然没有获得明显的有关这个石质工具的触觉材料、视觉样式和体积的物体特性（object features）信息，但出现频率最多的词是以视觉和触觉的输入来命名物体属性（颜色、状态、形状、尺寸、纹理、重量）。总的来说，人类确定相应物体的可供性时，运用多重感知输入（multisensory input）十分重要（Vatakis et al.，2012）。

可供性内涵的知觉-动作关联提供了图示语言的理解机制。知觉可供性的机制，其实也决定了从环境知觉到环境认知的图式形成。例如，认知地图[①]是大脑中形成的一种空间认知图示语言。城市空间认知地图的形成源于人在城市中四处走动和观看，对于经常在城市某一区域活动的人来说，因为他没有实地在其他区域走过，所以画不出城市其他区域的认知地图。即使因为看过地图，他可以画出大概形态，也不能画出细节。吉布森的生态心理学揭示了人类行为与环境关系的原生态描述。日本著名建筑师槙文彦在探讨地域和本土的建筑表现形式时，也力图从人的生物本性中去寻找线

① 认知地图（cognitive map）是指在过去经验的基础上，在头脑中产生的某些类似于现场地图的模型，是一种对局部环境的综合表象，既包括事件的简单顺序，也包括方向、距离，甚至时间关系的信息。最早由美国心理学家 E. C. 托乐曼根据白鼠学习迷宫的实验提出。美国城市规划教授凯文·林奇在 1960 年出版的《城市意象》一书中提出构成城市认知地图的五要素，即标志物、节点、区域、边界、道路。

素。他谈到动物本能地凭直觉利用场所达到进攻和防守的目的，联系到儿童的游戏中表现出来的对空间的本能反应——躲猫猫。他认为，如果能够发现人类共同的价值观，即一种无意识的集体灵感，并以这种价值观创造建筑，建筑就能成为超越社会地位、年龄、地区或种族的交流媒介，为更多的人所接受（槙文彦，2001）。

三、可供性内涵具身认知的度

吉布森用英文 complementarity 来表述协调，"协调"与新墨西哥大学的米勒（G. Miller）提出的"适宜"相近，也与日本学者提出的"相即的设计（相即=吻合）"（后藤武等，2008）是一致的。协调是一种适宜的状态，也是一种调和与限制机制；可供性引发了行为的发生，"从这个角度看，可供性是活动的前提条件。可供性被视为局限的条件"（Greeno，1994：339）。可供性理论一再强调环境属性与有机体动作的契合暗示可能性与限制性。可供性不仅提供利用的可能行为，而且提供了某些行为的限制性，因此限制的"度"就被提上议事日程。

（一）契合暗示可能性与限制性

所谓契合，即协调的具身性，不仅强调的是一种人的身体尺度与环境尺度之间的度的关系，也决定了动物的行为发生的可能性。吉布森明确地说过，可供性来自相对简单的脚下地面提供的支撑信息。"被现代物理学所强调的世界尺度层级——原子级和宇宙级——对心理学者而言都是不合适的。这里我们关心的事物都是生态级的，即动物和人的栖息地，因为我们都对我们能够看、摸、闻和尝的物及能听到的事采取相应的行动。"（Gibson，1979：9）与有机体在大小比例上足够接近的物体才构成有机体的接触环境，原子和太阳系就不构成环境。所谓不构成环境，指的是对动作不产生影响的环境。生态学意义上的具身性协调是全身心的，而非单一的感觉层次的协调。具身性协调的度，不是抽象的物理尺度，而是人与环境长期进化形成的，是动物可直接感知的可供性比率。

契合，也可译为情境（situativity）相配，因此，情境论与可供性的知觉机制是相通的，这也是情境理论（situation theory）为互动主义心理学（interactivist psychology）提供理论和形式支持系统的原因。限制在情境理论中发挥重要的作用。限制具有一定的规律性，这涉及情境类型。一种情境类型暗指具有与特定关系物体属性链接起来的情境。情境理论提出了“协调约束”（attunement to constraint）的概念，提供了一种怎样做事的思考方式。巴威斯（Barwise）将“协调”（attunement）思想归因于吉布森（Barwise，1989）。“协调约束”在分析技能活动中发挥着重要的作用。比如，司机在开车的时候，会协调微妙且复杂的约束，这种约束将汽车行驶方向的变化与车轮转动量联系起来。由此，笔者提出一种假设：那些经常开快车又总急刹车的司机，其协调能力是不是没有充分发展呢？或者说，他们对可供性的感知能力是低下的，他们的早期知觉行为发育不健全或是来自遗传。

可能性与约束性与当下的情境有关。吉布森学派学者关注动物是如何瞬间意识到环境客体为动物行为承载可能性的。米切尔斯明确地说：“我认为可供性必定与行动相关。”（Michaels，2003）美国明尼苏达大学的施托夫雷根教授把可供性看作是一种运动的动力机制，“不能只通过动物的动力机制或环境的动力机制确定”（Stoffregen，2003：124）。切莫罗认为行为承载可能性与能力有关，“可供性是生命体能力和环境特征之间的关系，因此可供性具有的结构是：特征、能力”（Chemero，2003）。生命体在小生境中的可供性要与一套能力机制联系起来。承载爬楼梯行为的相关变量是攀爬的能力。对于能力与环境特征的关系问题，很多学者通过实验来验证这一结论，发现这种关系并非理性的数理关系，而是更复杂的关系。

（二）可供性的定量表达——动作尺度

可供性将有机体自身的组织、功能、能量等内在属性作为尺度来测度或描述环境。在这种描述的方法转化下，环境具有一种价值维度上的物理作用，“需要注意，如果使用物理学中的尺度（scales）和标准的单位（units）来测量，那么这些属性，即水平的、平坦的、延伸的且坚实的就是平面的物理属性。但是，它们对于某物种的动物来说是支撑性的，它们必须相对于动物来测量。它们对于这些动物来说是独一无二的，不仅仅是抽象的物理属性。相对于动物的行为和姿势来说，它们有特定的单位。因而不能用物理学中的测量来测量可供性”（Gibson，1979：127-128）。

吉布森提出可供性概念将动物自身作为尺度去测量环境，环境就具有了一种新性质，而这种性质对于动物自身来说，具有一种客观的作用关系，它为有机体提供了潜在的行为可能和机会，是有机体进化的资源。与行为主义不同的是，它不是实效性作用，即不是能量刺激有机体构成元素后所产生的反应（即肌肉的收缩和腺体的分泌），而是宏观意义上物理环境对有机体的潜在作用，这种潜在作用关系可以阐述实效作用关系，而反过来则不能。“也就是说，只有通过可供性，心理学的生态学方法才能获得完整的表述，心理的生态学变量才实现了量化的表示。因而，可供性是生态心理学的一个分界点，经过将有机体自身作为测量单位或测量尺度后，生态学环境从独立于有机体的不变量转变为相关于有机体自身演化需求的变量，实现了质的变化。”（王义，2015：54）

手的表面、手持的工具表面，以及随它们改变的操作表面，所有这些都提供了环境变化着的形态，信息都被包含在两只眼睛看到的光阵列变化结构中。（Gibson，1979：121）说明自身知觉和环境感知并行，从而暗示了测量尺度与本征尺度之间有着内在的关联。

在吉布森之后，生态学方法逐渐融入自然科学之中，相互作用原理也获得了精确的内涵。楼梯攀爬实验最为经典且简洁地将可供性知觉应用于定量研究中。沃伦探讨了生态学方法与传统方法之间的差别，即生态学方法使用内在单位进行测量，并提出了身体尺度（body-scaled）和动作尺度（action-scaled）的概念。沃伦的实验为生态心理学研究知觉与行为的基础概念可供性奠定了量化描述的基础，为生态心理学的实验研究提供了工具和方法，即可供性量化为动作尺度。在不同的系统中，需要确定不同的身体尺度（Mark，1987）。

在由动物和环境构成的动力系统中，行为所对应的不是身体尺度，如腿长、肩宽等，而是动作尺度。研究者对棒球运动中用手接球进行了考察，一个球是否“可抓取”取决于接球手能够做出来的动作，而不是接球手的眼高、腿长、臂长等，仅当动作尺度发生的时候，环境的某些性质——可供性和动物的协调性——效应性之间才会出现通约性（Oudejans et al.，1996）。动作尺度是一种身体语言，身体语言还有另一个重要功能，即用身体度量外部世界。

动作尺度与身体尺度之间的差异是，动作尺度是潜在的行为可能，它与环境参数比形成无量纲量，因而动作尺度决定了某特定动力系统的行为模式。动物直接生存的环境是尺度交互意义上的物理环境。身体比是环境和身体交互作用而形成的本征或内在（intrinsic）尺度，它可以应用到心理学的研究中，是生态学方法的实质和内涵。从本体上说，承认本征尺度对从根本上弄清楚物质与意识哪个位居第一具有重要意义。同时，测量尺度的存在又决定了认识的内外关联（王义和范念念，2014）。

（三）双尺度协调的具身性认知

生态的具身认知理论特别指出了身体与环境互动的直接性、下意识性，即身体已经执行、自己却未知晓、动作对于环境的响应其实已经影响了心灵的学习过程。有机体与环境情境的天然生态联系，是生存的小生境；有机体与环境情境的当下联系，是通过将身体动作作为直接通道搭建起来的。因此，生态情境与通常理解的情境有所不同，前者研究天然联系构成当下联系的基础，后者只关注当下联系。

将可供性理解为自然资源，是可供性在质上的内涵，但可供性还包括量上的内涵。例如，某食物对某种动物来说提供单手抓握，而对另一种动物来说提供双手抓握，该食物在质上都提供了食用，但两种动物的手的特性在量上的不同导致提供了不同的行为，因而这两者的可供性是不同的。

施托夫雷根认为，环境特性只有相对于动物特性而言才成为可供性，也就是说，可供性的本质在于环境特性和身体特性之间可以建立起一种关联，而这种关联则提供了一种行为上的可能（Stoffregen，2003：123）。在吉布森的可供性概念中，有机体行为与环境的协调性是一种双方尺度的协调，暗指具身性的度。在这一点上，吉布森与认知科学从分析主义的理性认知转向现象学的具身性认知的发展动态暗合，也与莫里斯·梅洛-庞蒂的知觉现象学观点有许多相通之处。

莫里斯·梅洛-庞蒂认为，身体具有一种先天的“超越性”的“知觉”，可以使人在感知外在世界时，把内与外的关系打通交融，使人的内在与外物的存在形成一体。他将传统的“主体-客体”“形式-内容”对立的争论，用“身体—主体”的整合来取代。“自我与身体的关系不是纯粹主我与一个客体的关系。‘我’的身体不是一个客体，而是一种手段、一种知觉。‘我’在知觉中用‘我’的身体来组织与世界打交道。由于‘我’的身体并通过‘我’的身体，‘我’寓居于世界。身体是知觉定位在其中的场。”（杨大春，2005：167）“现象学的世界不是纯粹的存在，而是通过我的体验的相互作用，通过我的体验和他人的体验的相互作用，通过体验对体验的相互作用显现的意义上，因此主体性和主体间性是不可分离的，它们通过我过去的体验在我现在的体验中的再现，他人的体验在我的体验中的再现形成它们的统一性。”（莫里斯·梅洛-庞蒂，2001a：17）

莫里斯·梅洛-庞蒂的“主体间性”说明，我们对于任何事物的描述，永远不会是那种纯然的描述、本质的描述，而是在一种与以往的历史、他人和周围的情境交织下的描述，基于此背景，我们觅得一方向，这个方向就是我们在面对事物时的境遇，即行为意义上的给出。薛少华分析了作为坚持实证主义科学家的吉布森为什么与莫里斯·梅洛-庞蒂的观点那么相近。因为“我们知道，实证主义本身就是强调实证的精神，以注重经验的科学方法来研究问题，探求事实的本质。因此，这种特点也要求实证主义拒斥那种采用思辨方法来研究哲学的工作范式，从而拒斥传统的形而上学和主客二分等问题”（薛少华，2015）。

然而，吉布森的理论与现象学的最大区别是，吉布森强调可供性是人面对的事物的属性与人的属性的契合，而不是单纯由观察者抽象出来的属性。这个“面对”即客观存在的人与环境的关联，不以主观意志为转移。以胡塞尔开始的现象学思潮，则认为实证主义过度地强调了实证科学和实证方法的重要性，因此导致实证主义在原则上忽视了对人本身的研究。理由是人与动物的相似性并不能解释人的实践丰富性和复杂性，人的价值观、自主意识和能动活动都显示出独特的人格特征。在这方面，需要区分可供性理论解释力的界限，不能将所有的问题都纳入可供性理论的范围内。

第二节　可供性理论丰富了进化认识论

生态心理学是近年来发展较快的一个学科，其中有相当多的哲学认识论和方法论的问题值得探讨，吉布森的可供性理论与进化认识论的关系最为密切。很多人评价，在进化认识论方面，吉布森是一个绕不过去的重要人物，通过对他的可供性理论进行深入研究之后，笔者认为他是一个里程碑式的人物。

一、更强调认知连续性的可供性理论

“在人与动物的关系上，心理学中有两种代表取向，一种是强调人与动物连续性的取向，另一种是强调人与动物相区别的取向。”（秦晓利，2006：14）这种争论在认识论中的分歧就是：在认知能力（cognitive abilities）方面，人与动物是差异大于相似还是相似大于差异？吉布森的观点十分鲜明，可供性理论强调人与动物的相似性，即认知连续性，认为人与自然界的联系决定了在基本知觉和动作方面，人与动物的相似大于差异。

（一）知觉水平的人与动物的连续性

生态心理学坚持生态整体论的观点，在对动物性与人性关系的理解上，

认为动物与人都是环境总体中的一分子。动物与植物的区别，只在于活动性，作为生命物体，动物又与植物具有同一性。有关认知能力和多重认知机制的问题，在传统认识论中，认知能力仅指人脑加工、储存和提取信息的能力，即人们对事物的构成、性能与他物的关系、发展的动力、发展方向及基本规律的把握能力。这样的研究视角割裂了人与其他生物的关系，也是将心理活动与物理活动截然分开的分析主义方法在作祟。吉布森提出了有机体如何开始认知的疑问，而不是只讨论人的认知。“从一处移动到另一处被认为是‘物理的’，感知被认为是‘心理的’，这种一分为二的看法引起了误导。移动是由视知觉引导的，不仅仅是移动依赖于知觉，同时知觉也依赖于移动。”（Gibson，1979：223）吉布森的可供性概念是建立在具有普适性的生物-心理机制上的，坚持世界与由某种原因引起的自主心理过程在物质上是统一的。“吉布森的生态学理论在知觉水平上把人和动物等同了……吉布森及其他生态心理学家的解释让我们看到了知觉的智能共性：有机体对环境的知觉使有机体能够适应环境、控制自身的活动及对物体进行操纵。”（禤宇明和傅小兰，2002：16）

可供性理论是一种新的认识论，坚持认知能力的连续性观点和生态机制的重要性，还需要从生态进化的角度去说明。

（二）进化角度的认知连续性

可供性概念阐释了从进化认识论的角度理解人与动物认知的连续性，吉布森的观点最富有创新意义的就是，基于自然进化论去解读生命体的行为对环境的依赖性。吉布森强调可供性的形成是动物与环境之间长期相互作用的演化结果，因此理解可供性时，有机体与环境的相关性应该是前提，知觉和行为的相关性应该是基于这一点得到解释。生态心理学或生态路径确实包含着达尔文进化论的关键思想，也就是自然选择和行为适应。在吉布森看来，心理学并非是以思想、大脑或行为开始的，而是以有生命和无生命之间的区别开始的。他对可供性的解读是从人与环境的关系演化开始的：在过去的数百万年里，人类的活动改变了地表布局，虽然天然的山脉湖泊等依然存在，但是由于人为作用，天然物被改造成人工制品，从而使得可供性发生了变化。

知觉-行为发动的可供性是自动的、有效率的、有创造性的，是与环境最契合的，因此保证了有机体适应环境选择的机会。可供性理论还为进化心理学与生态心理学的理论整合提供了可能。米勒从进化的角度论述了可供性是行动能力与环境最适宜的状态。米勒试图将布伦斯维克（E. Brunswick）所强调的人与环境相互建构时知觉的主动性与吉布森的可供性相结合，引入适宜可供性（原刊载论文译为“可用性”，在此统一译成“可供性”）的观点来整合进化心理学和生态心理学的理论与实证研究。“适宜可供性的观点认为，生存与繁衍问题中的代价与利益分析，有助于特定种群的动物采取趋近或回避行为来保证潜在适宜性。”（Miller，2007：546）

笔者有感于米勒“适宜的内涵并不能由环境本身‘指定’，而是通过我们祖先与环境的互动历史所决定”的观点，但并不认同“他们不能‘直接地’接收适宜的意蕴，而是通过复杂的基于推理的心理适应性精致计算能力和令人敬畏的适合因果统计结构的环境自适应性来获得”（Miller，2007：553）的观点。我们的祖先首先直接获得了适宜的可供性，不过这种可供性更多地来自人作为动物与自然环境长期进化的互动，而后才是渐渐发展出基于推理的精致计算能力。米勒力图用适宜的可供性来说明人类的进化过程中提取适宜的机制是更技术化的，却忽略了即使自适应性在精致计算和适合因果统计结构的环境起作用时，也离不开直接知觉接收适宜意义的可能。

传统认识论经验论者和唯理论者都是以个体为“本位”来研究认识原理的，吉布森的可供性概念是以个体和“种系”的“双本位法”来进行的。吉布森的许多分析是从人这个种系与环境的关系出发去讨论问题的，说明人作为一个陆生物种在与环境互动的长期进化中，形成了与其他物种不同的适应环境的特征。实际上，认知的个体发生过程也好，认知的系统发生过程也好，都是选择与建构统一的过程。

赫夫特也持同样的观点，虽然自然选择在有机体的进化中发挥着更重要的作用，但生态心理学更强调有机体的活动在小生境的动态相互关系中的作用，更强调功能上有意义的环境属性及其变化和变异对有机体生存的意义。“但是我并不赞成‘功能意义’（functionally meaningful）这个词的运用，更倾向于使用‘环境可供性’来替代‘功能上有意义的环境属性’。”（Heft，2013）

（三）认知连续性的神经生物学基础

近年来，国外一些学者提出一个假说：肠道本身的神经元回路就是一个独立的大脑，称为肠脑（gut brain）或腹脑（abdominal brain），即人类的第二大脑（田在善等，2005）。

腹脑的概念最早出现在美国医学博士罗宾逊（B. Robinson）于 1907 年正式出版的《腹部和盆腔脑》中。罗宾逊认为：“分布在人体腹部和盆腔内的自主神经系统是一种继发性脑，它负责调节内脏功能（节奏、吸收、分泌和营养）。腹脑能够在无颅脑的情况下（如无脑儿）生活，相反，颅脑却不能在没有腹脑的情况下生活。”（Robinson，1907）1993 年，中国脑外科医生王锡宁在《医学理论与实践》上连续发表两篇论文——《论人体巨系统的解剖构成原理——结绳原理》《论生物波的数学形态和物理构造》。王锡宁认为：“传统意义上的人其实是由两个上下、内外反向对称的身体构成的，以颈部为界分别称为颈上人与颈下人。解剖分析证实，颈上人的身体构造为男、女双性体，颈下人的身体构造为男、女单性体。”当时王锡宁并不知道国外的相关研究，因此，在论文中，王锡宁用“第一中枢和颈上人”来描述头脑，用“第二中枢和颈下人”来描述腹脑。腹脑只是“第二中枢和颈下人”的神经组织学部分。这是人类第二次给“腹脑”画像（王锡宁，1993）。1998 年，美国哥伦比亚大学解剖学和细胞生物学教授迈克尔·格申（Michael D. Gershon）出版了《第二大脑》，他认为，人的腹部是一个非常复杂的神经网络，包含大约 1000 亿个神经细胞，与大脑的细胞数量相等，并且细胞类型、有机物质及感受器都极其相似。它就是人的第二个大脑，负责“消化”食物，同时感知外界刺激信息（Gershon，1999）。

尽管王锡宁的“第一中枢和颈上人”（头脑）与“第二中枢和颈下人”（腹脑）只是形象地区分了大脑与腹脑，还没有得到学术界的普遍认同，因为人类对大脑的崇拜根深蒂固，但是我们依然能够从中找到生物进化的逻辑联系。在长达5亿年的时间里，我们的祖先与栉水母拥有相同的生态学特征，拥有同样的滤食行为及有限的身体运动。所有的动物从低级到高级，都有类似于人类腹脑的感知功能，负责消化食物、获取环境信息、应对外界刺激。而只有高级的动物才具有第一中枢。大脑与腹脑又是相通的，整个身体构成了两个神经中枢，各司其职，又相互配合。

吉布森的特示理论说明，生物体在进化过程中已经形成了特定的器官对特定信息的对应。例如，生物体组织的收缩是由生物电决定的，生物体对外界刺激的感应及由此而引发的行为也必然是生物电的作用导致的。神经生理学家发现，对脑神经或脊髓施以光波或声波等外部刺激，其都没有任何反应，这说明有些感受器只对电刺激产生反应，感觉系统必然存在一种特化的感受器，负责将外界刺激转换为神经系统可以识别的生物电信号，不同于物理刺激信号。

吉布森的特示理论也是建立在直接知觉基础上的。“特示主张，任何能量阵列（光、声音、作用力等）的结构都是特定物理事实的结果，能量阵列的形态能够特定地指示该物理事实。如果对特示的物理学分析是成立的，就意味着信息的形成外在于知觉过程，这就引出了对可获得信息的探究，并进一步引发动物能否得到这种客观信息指引行为的知觉理论。对生态学方法知觉理论的批判与发展，必须以特示关系成立与否为理论源头。”（王义，2014）

可供性对有关特示性、直接感知，以及背部神经、腹部神经的功能讨论是具有重要意义的，暗含着对大脑的背侧和腹侧通路探讨的特示化争论和理论化。根据生态观念和直接感知的信息，我们最终认为可供性知觉和分类都是直接的（Withagen and Chemero，2012）。

（四）可供性与身体意向性

正是神经生理学的许多新成果，如镜像神经元和腹脑的发现，以及有关可供性的实验，加速了对可供性理论的争论，也促进其完善，卡亚尼说："经过多年的间断性的实证搁浅和理论研究，解决问题的时机已经成熟。"（Caiani，2014）他指的问题是有关"意向性"（intentionality）的理解。

布伦塔诺在《从经验立场出发的心理学》（1874年）中，为反对冯特而重新提出"意向性"的概念，对现象学和格式塔心理学都具有重大影响。他认为，全部现象可以划分为物理现象和心理现象两类。心理现象由听、视、触、判断、推理、爱、恨等现象所组成，这些现象的"类"的特征即在于其"意向性"。换言之，一切意识都是指向对象的意识，因此他认为，"我们可以将心理现象定义为有意向地把对象包容于自身的那种现象"（Brentano，1973）。布伦塔诺认为，所有心理现象都"在自身中意向地含有一个对象"，由此意识与意识对象是同一的。他认为，可以通过对意向性或意向内存在（inexistenz）的指明来区分心理现象与物理现象。意向性是心理现象所独有的一个基本特征。关于这一点，可供性又与现象学的身体意向相近。

意向性的含义之一是，意识具有指向对象和指向客体的能力。意识活动总是指向某个对象，意识总是对某种东西的意识。意向性的含义之二是，意识具有构造对象、构造客体的能力。但是，无论布伦塔诺还是胡塞尔，都不能解释意识为何指向对象和客体，以及意向性行为和身体行为又有什么关系，也不能解释物理现象与心理现象的联系交点是什么。因为他们都偏向于大脑的建构，而不是身体，如腹脑的直觉。吉布森的可供性恰恰回答了这个问题。这是由于生态学的方法论根本没将物理世界与心理世界截然分开。

莱考夫（Lakoff）和约翰逊（Johnson）把认知无意识（cognitive unconscious），即"思维大都是无意识的"，归为认知科学的三个重要发现之一（Lakoff and Johnson，1980）。身体通过可供性联结感知和行为与自然的关系，有人称之为身体的意向性。特维等也认为可供性不仅要关注使用者行为契机（action opportunities），还要关注使用者的“意向性”，这里的意向性指涉使用者的目标行为（goal-oriented behavior）（Turvey et al.，1981：290）。显然，如果没有（环境内）系统使用的意向性，系统承载使用者行为的意义就无从谈起，更不用谈及可供性的重要意义了（Michaels and Carello，1981）。

对可供性的领悟是无意识的，属于认知无意识，李恒威和黄华新认为，“情境具身性，可以从三个层面，即物理实现层面、身体经验层面和意识经验层面来研究心智和认知是如何具身的”（李恒威和黄华新，2006：97）。可供性概念与“我们上面对身体意向性的分析是一致的，它们都表述了一种‘我’和世界的相关性关系。不过，吉布森是在知觉层面阐释可供性直接获得，因此可供性所内含的具身性更偏向基础性。”（李恒威和黄华新，2006：96）因为视知觉对象是被光阵列特示所限定的，也就是说，对光阵列特示的分析意味着视知觉对象问题处在科学的领域中，不同于建构主义的意向分析。在使用“意向性”这个术语时，现象学只有身体意向的解释是与吉布森的观点类似的。吉布森的生态学知觉理论通过解决尺度问题上的贡献，使具身性认知不再是纯主观的意向世界，也不是纯物理的属性世界。

二、本能向智力跨越的可能性

基本的生命形式是一个进化的生物群体，是由许多相互作用的生态系统构成的生物圈，能以基本的灵活性适应系统。获取和察觉环境信息机制与自然选择有关，生物进化的不仅仅是复杂的感官，还进化了复杂的知觉系统，旨在利用可获得的信息。据此，动物开始有了意识能力，激活了相应的外显行为。低级的生命形式与高级的生命形式的差异在于，前者主要基于本能在活动，而后者有智力参与。本能与智力是两种不同的认知能力，发现两者之间的联系也是强调人与动物认知连续性的一个方面。在这个问题上，亨利·柏格森已经从哲学角度论证了本能与智力的联系，他称两者间有一个“中间地带”，但是他并没有给出在这个中间地带本能和智力是如何勾连的。可供性理论的出现可能有助于对此做出回答。

（一）柏格森论智力与本能的“中间地带”

早在100多年前，柏格森发表了《创造进化论》，崇尚创造的自发性，即创造性直觉。但是随着时间的流逝，人们仍然不能科学地解释创造性直觉是如何产生的，这也影响到对技术认识论研究的混乱。如果因技术强调目的性使技术创造带有充分的逻辑性，那么，技能的具身性又给技术创造烙上了鲜明的直觉性、非理性烙印。一方面，柏格森的直觉可用吉布森的直接知觉解释；另一方面，从本能向智力的过渡，可能涉及可供性内涵的关系形态演变到目的性的关系利用。

1. 认知中的本能和智力

柏格森的观点代表了一种生命哲学观，他的观点与众不同，意味深长。

首先，他认为认知中本能比智力存在更为普遍。在柏格森看来，本能是无意识的，本能的无意识分为两种情况：一种是不存在意识；另一种是意识被忽略了，意思是存在着不被注意到的状态，但并不是没有意识。行动的执行与行动的意念（idea）极为相似，也极为契合，这使得意识无法在两者之间找到存身之地，表现为意识被行动掩盖了。可以证明这一点的是：倘若行动的完成遭到一个障碍的遏止或阻挡，意识便可能出现。也就是说，处处存在着下意识的行为，人们对于使用智力过程中本能的参与并不知晓，其实“智力对本能的需求，比本能对智力的需求更多；因为使粗糙的材料成形的那种力量已经关系到了更高程度的器官化，而若不借助本能的双翼，动物便无法达到这个高度”（昂利·柏格森，1999：122）。由此可见，本能在认知中的作用要比智力更为根本，更为普遍，只是人类未意识到而已。

其次，他认为本能关乎有机工具，智力关乎无机工具。在柏格森看来，“完善的本能是一种使用，甚至构造有机体工具的能力。完善的智力则是制造和使用无机工具的能力”（昂利·柏格森，1999：120-121）。也就是说，身体的天然器官是有机的工具，靠本能使用有机工具，甚至还会挖掘有机工具的新功能；智力是技术人工制品的创造能力，技术人工制品是无机的，不具有天然自动的本能，因此人类至今未能创造出具有本能的有机智慧人工制品。

2. 柏格森的“中间地带”说

“中间地带”说也是柏格森对智力和本能密切相关关系的一种解读。“智力与本能最初是相互渗透的，并且保留了它们共同源头的某些东西。”（昂利・柏格森，1999：117）

柏格森认为，传统观念总是将本能与智力加以区分，但其实本能与智力并不能截然区分，有一个中间地带，“而总体的智力和总体的本能，则始终在这个中间地带上下徘徊”（昂利・柏格森，1999：118）。可理解为在中间地带，分不出本能与智力孰重孰轻。

也就是说，柏格森从生命的角度看待本能，并不排斥本能具有一定的智力成分，而智力也不是完全不利用本能的高级活动，从本能和智力的连续性角度去理解人类的心理活动，可以避免过于逻辑地理解这一生命过程。不过，这只是他基于生命绵延的一种观点，并没有解释是否真的有中间地带。

吉布森的可供性理论对进化认识论的贡献就在于跨越两种不同质的认知，前者代表动物水平（共性），后者代表人类水平（特殊性），彼此不是割断的。用可供性理论解读这个中间地带具有明显的优势。

（二）用可供性理论解读认知的跨越

进化认识论有三个公设：第一个公设是所有的有机体都具有一个天生的倾向系统；第二个公设是天生倾向是自然选择的结果，是选择机制的产物；第三个公设是不但人类系统（自我意识）中所固有的精神能力，而且亚人类世界中所有的心理现象都是以生物性结构和机能为基础的，生物进化一直是心理进化和精神进化的前提（李伯聪，1993：11）。

可以说，吉布森的理论与进化认识论以个体和“种系”（或者说个体发生与系统发生）为“本位”来研究认识在原理上是相通的。在深入探讨了可供性这一概念的内涵之后发现，可供性理论或许可以解释柏格森的生命的绵延与技术智慧二者之间如何过渡。

第一，生命的绵延并非只在当下，从生物进化的角度，当下人先天具有的认知能力不过是数百万年前人类与环境相互作用下形成的认知能力遗传给当下的人类。

第二，可供性是人类行为与环境属性的互惠关系，对于可供性的直接知觉是当下人类先天具有的认知能力。

第三，知觉可供性代表了智力与本能相互渗透的中间地带，一方面，其先天性与本能联结；另一方面，其知觉-行为又具有探索性，特别是对环境与人、人与人彼此契合的关系性探索，具有特别的价值。

第四，可供性蕴含的生态关系是智力建立目的性关系的基础。

康德的知性认识是人的主观能动性的体现，但是它不能解决这种先天性。吉布森的可供性代表了人与环境长期进化形成的一种契合关系，解决了认知具有先天性的问题。可供性的知觉-行为是直接获得的，已经成为与本能联系最密切的认知能力。人类使用本能的过程处于无意识状态，致使在技术认识论的研究中，始终忽视技术与本能的关系。认知科学对技术具身性的研究使这种状态部分地有所改变。但突破点也许在于，知觉到可供性，获得有机体行为与外界的关系信息后，智慧的飞跃才有了基础。

这就是动物本能和人类高级认知活动之间的中间地带。无视本能行为中蕴含高级活动，是对孩子智慧的低估；无视高级活动中蕴含本能行为，无法解释成人的高级创造活动为什么处处存在直觉，是对成人智慧的高估。其实，孰高孰低都是一种机械的区分。谈到有机体与环境的关系，进化认识论认为生命体应向环境学习秩序和信息。生命体学到了什么秩序呢？“秩序相叠”（order on order）原理。对于生命认知过程，这意味着任何物种的认知方式都必须以其祖先的认知成就为基础，任何个体学习都必须以一定的先天机制为前提。“秩序相叠”原理在整个进化史上规定了学习分层，认知始于构造（生物）结构的学习，始于最低水平的分子学习（李平，1994）。

从生命哲学的观点出发，生命在于运动。“我们不妨从行动入手，并且设定智力的目的首先是建构。”（Gibson，1979：131）所以忽略行为的建构性，仅从思维角度解读建构是狭隘的。柏格森与吉布森的相通来自从进化论的角度理解本能和智慧；但两者不同的是，柏格森更关注人本身，吉布森更强调有机体与环境的关系，因为可供性是动物与环境关联。

从另外一个视角也发现了可供性理论用于解读本能向智力过渡的价值。在人工智能的研究中，综合物理因素的描述来模仿人类智力虽然不可避免，却存在极大的问题。离开人的身体，不涉及人的本能，就不能很好地理解智力。智力最终是具身性，它必须以某种方式显示“参与的施动者”的本能与智力。所以，可供性“可谓时机成熟、恰如其分地为我们提供了一个相当特殊的概念工具，在具身施动者的实际理论构建和哲学的结论中具有价值”（Scarantino，2003）。

可以说，早在数十年前，柏格森就已经指出用数学分析主义的方式理解人的心理的局限性，过分清晰地区分智力和本能是一种僵硬的认识论，需要用生命的灵活性去理解人的心理。吉布森的可供性恰恰可以解读人们忽略的那个本能与智力的中间地带，即彼此相互渗透的地带，并提供了理解这个中间地带的机制——可供性原理和可供性机制。这一观点不仅深化了对技术的直觉性、非理性的理解，也有助于解释技术的理性逻辑。

由于达尔文已经有力地证明了人类是长期缓慢进化而来的，因此人类获得知识的能力也是可以用基本的生物学法则来解释的。但是毕竟传统认识论所主要关涉的知识确证问题并不是进化论能够解决的，因而在解读本能与智力的过渡时，需要两方面的观点来作参照：一方面，生物学法则可以解释本能的大部分，但不要忘记智力对本能的影响；另一方面，在用传统认识论讨论智力在知识确证方面的逻辑性时，也需要了解智力发挥作用时也需要本能的辅助。

三、与认知结构进化的研究互为佐证

（一）镜像神经元的发现

1996 年，意大利帕尔马大学的科学家贾科莫·里佐拉蒂（Giacomo Rizzolatti）和同事们发现，恒河猴的前运动皮质 F5 区域的神经元不但在它做出动作时产生兴奋，而且在它看到别的猴子或人做相似的动作时也会兴奋。他们把这类神经元命名为镜像神经元。里佐拉蒂根据经颅磁刺激技术和正电子断层扫描技术得到的证据提出，人类也有镜像神经元，而且有一部分存在于大脑皮层的布罗卡区（控制说话、动作和理解语言的区域）。他进一步提出，人类正是凭借这个镜像神经元系统来领会动作的意图，同时与别人交流的。2000 年，科学家发现布罗卡区是镜像神经系统的协调中心。2002 年，加利福尼亚大学洛杉矶分校的拉科博尼（M. Lacoboni）指出，在大脑皮层上，镜像神经系统与大脑的边缘系统是相连的，边缘系统是与产生情感及记忆的区域紧密相关的区域，说明镜像神经元涉及人的情绪反应。后来科学家鉴别出了一类镜像神经元：这类神经元能处理抽象的信息，比如特定动作的意义，以及与这些动作相关的声音或描述动作的语言。到了 2003 年，科学家又发现视听镜像神经元具有分辨不同动作的能力，特别是当两个动作同时具有听觉和视觉信息时，镜像神经元对它们的分辨率达到 97%。这说明镜像神经元系统是肢体语言和口头语言交流的共同基础，从而揭示了这一系统在语言从肢体动作到现代语言的进化中的作用。“镜像神经元系统已经成为进化‘升级’了，成为学习的重要组成部分，于是人类只靠观看就能掌握复杂的认知技能。”（贾科莫·里佐拉蒂等，2006：21）到了 2005 年，镜像神经元与某些心理疾病的关系被揭示出来，如抑郁症和孤独症，前者是情感不能控制，后者是对情感没有反应（维莱拉努尔·S. 拉马钱德兰和林赛·S. 奥伯曼，2006）。

（二）知觉-动作关联的神经生理基础

布兰迪（M. Bradie）认为进化认识论机制（evolutionary epistemology mechanism，EEM）纲领致力于将认知结构的进化解释为认知机制的进化。主观认知结构与世界契合是因为认知机制本身得到了进化。由于认知结构与现实结构的契合，所以生物能够适应和生存于外在环境中（Bradie，1986）。

首先，镜像神经元的发现为可供性机制中所强调的知觉-动作关联性提供了神经生理基础。人类的进化是自然选择的结果，而史前人类不仅在外形上与我们不同，更重要的是在认知能力上与我们也有很大的差异。人类认知能力的提升是选择的优势，并在人类世系中固定下来。大脑的感知和认知能力包括使用语言的能力、提出假设的能力及参与其他高度抽象推理活动的能力。人类所具有的想象能力、假设能力都与镜像神经元有关，但这些能力的基础是知觉。镜像神经元的发现证实了身体动作在认知中的重要作用，与可供性理论遥相呼应。看见"动作"就直接有反应是镜像神经元的特点之一，于是产生共感，人与人的知觉交叉复合，打破了内外界限。"正是由于有镜像神经元的存在，人类才能学习新知，与人交往，因为人类的认知能力、模仿能力都建立在镜像神经元的功效之上。"（周林文，2006：30）

镜像神经元的存在是人的大脑结构的变化，这种生理基础的变化与外部环境的契合，又带来了人的认知能力的提升。"实际上，镜像机制解决了两个基本的交流问题：同等理解和直接理解。同等理解需要的条件是，对于信息发出者和接收者来说，信息中的含义都是一样的；而直接理解是指双方相互之间的理解不需要提前的约定，比如一个符号，这种神经组织方式的一致性是与生俱来的。"（贾科莫·里佐拉蒂等，2006：22）希科克（G. Hickok）是一位坚信计算主义观点的认知科学家，对于计算性观点正朝着一种扎根于环境的具身观摆动不以为然，"猴子与人类的镜像系统之所以具有不同的性质，是由于它们被接入了不同的计算加工或信息加工神经应用程序”（格雷戈里·希科克，2016：53）。所以，他认为“镜像神经元虽然不可能是语言识别的基础，但通过调动产生运动的预测性编码机制，镜像神经元或许能有助于语言识别（如音节辨认）”（格雷戈里·希科克，2016：238）。可见，持不同学术观点的学者还是有一个共识的：镜像神经元的发现从神经生物学方面证明了身体动作的直接觉察对于认知的重要性。

其次，镜像神经元的发现不仅说明通过进化人类对动作知觉的认知机制和能力在提升，还可以解释为建立新的关系由知觉到可供性的演变是如何实现的。“非先天行为以及科学的猜测与理论层次，则是通过模仿与社会传统而代代相传。”（张华夏，2003）共感是想象的基础，共感的基础是动作。因为共感可以共同想象，特别是对一些无法解释的现象的想象，使人类“能够传递一些根本不存在的事物的信息”（尤·瓦尔赫拉利，2014）。原始人发明的一切，离不开动作-共感-想象。猜谜是一件令人着迷的事情。猜，需要想象和假设，也少不了动作想象和共感。

镜像神经元的发现不仅说明通过进化人类动作知觉的机制和认知能力的提升，还可以说明模仿动作是如何将直接获得的可供性转变成间接的人工制品的发明的，只要目的性加入。老鹰用利爪捕鱼，这是使用自然工具。人在观看鹰的动作时，两手会使人产生捕鱼的同感，同感产生模仿，于是潜藏了借用它者器官成为工具的意识。由此，动作的可能性转化为技术的可能性。2005 年，意大利帕尔马大学的莱昂纳多·福加希（L. Fogassi）、帕瑞坦尔（L. Parietal）在猴子的大脑皮层中鉴别出又一类镜像神经元——工具反应镜像神经元。当猴子看到实验人员手持工具，比如杆子或钳子时，这类镜像神经元的反应十分强烈；而当实验人员徒手做动作时，工具反应镜像神经元则没有之前那样强烈的反应。工具反应镜像神经元是在训练动物使用工具两个月后才频繁出现的，偏好细棒的镜像神经元更多地与实际训练中猴子更喜爱用细棒是吻合的（Fogassi et al，2005）。这说明了有机体的动作与物的契合对认知结构的影响。

（三）神经生理学与生态心理学的融合

镜像神经元研究成果的出现，促进了神经生理学与生态心理学的交融，使更多的学者开始重新审视过去受到批评的吉布森直接知觉理论。

镜像神经元的研究也证实，孤独症谱系障碍（ASD）患者的额下回区域（大脑运动区皮质的一部分）镜像神经元活性不足，这可能就是ASD患者不能理解人的意图的原因（Oberman et al.，2005）。荷兰学者海伦多恩（A. Hellendoorn）认为，“可供性概念在研究社会接触和解释社会参与ASD患者方面，提供了一个替代心智理论的方法。可供性是环境提供的行动的可能性。为了社会化，孩子必须最终感知环境的可供性”（Hellendoorn，2014）。她假设孤独症患者通常不能提取环境中的相应可供性，不认为需要和别人做一样的事情，同时感知他人的可供性有困难。这可能会导致人际关系的破坏行为。所以，对孤独症谱系障碍患者的训练可设置特定的空间环境和设施，增强他们对物和人的可供性感知。印度尼西亚学者阿蒂莫维乔（P. Atmodiwirjo）的研究深入ASD儿童的感觉集成疗程，在特定的场所配置中，空间、身体动作和ASD儿童的感官集成之间相互影响。研究发现，儿童面对空间和物体多重可供性设置可产生多感官相关的行动。儿童与空间、物体具有的可供性特征互动，有助于ASD儿童感官一体化能力发展。正如吉布森所强调的，环境的物理布局影响感官集成。“如果考虑设计物理空间的身体-环境系统功能的多重性，最终可以丰富孤独症儿童的适应性反应。”（Atmodiwirjo，2014）

刺激和反应之间的空间一致性是影响认知操作的重要因素之一，人们把这种效应命名为“西蒙效应”（Simon effects）。塔克（M. Tucker）和艾利斯（R. Ellis）发现，在刺激和反应实验中，手的反应速度与手的空间位置有关。例如，回答按钮与可抓握物体的把柄同侧时，手的反应要比面对把柄另一侧的反应速度更快、更准确。过去人们仅仅认为这是西蒙效应，而现在则认为这种效应部分要归因于物体可抓取的可供性（Tucker and Ellis，1998）。因此，艾利斯和塔克提出了“微可供性”（micro-affordance）

这个词。他们深入神经生理反应的层面，将微可供性定义为，观察到物体后，观察者的神经系统产生正电子，从而对动作产生影响，即在看到物体的基础上，物体与动作相关的属性会使观看者的神经系统产生与行为相关的活动（Ellis and Tucker，2000）。

不同于早期的吉布森学派学者通常所指的可供性是有机体与对象特定的简单交互作用，后吉布森理论化（post-Gibson theorization）特别关注了微可供性概念的含义（Filomena，2012）。德比希尔（N. Derbyshire）、艾利斯和塔克进而研究了微可供性效应与两个兼容性有因果关系：一是抓取一个物体的握力和精确把握的兼容性，二是抓取物体的方向及手的响应的兼容性（Derbyshire et al.，2006）。新的实验表明，西蒙效应与可供性协调产生的影响，需要物体信息传达出可捕捉的物体可供性，如物体的外部形状要足以引起一个可供性知觉（Pappas，2014）。以上这些发现都从大脑深层次机制探讨了可供性与认知科学的密切关系。

意大利博洛尼亚大学的神经科学家阿尼立德（F. Anellid）等研究了微可供性与西蒙效应。他们用儿童为实验对象做了一个实验，来检验人类观察对象时是否能激活微可供性，唤起自动反应。实验中分别给儿童展示男性的或女性的一只手，随后展示一个手能把握的物体或危险的物体，让他们在键盘上按两个键，区分人工物体或自然物体。实验发现，儿童能敏感地区分中性/能抓握的（可供性）与危险的对象。人类抓握的手作为控制刺激时，反应速度更快些。结果解释了安全隐患的梯度（女性的手最安全，机械手最差）和自动产生共鸣的梯度（最开始显示的手和参与者的手之间相似时，共鸣更高）（Anelli et al.，2016）。这种自动反应应归于微可供性的作用。

第三节　可供性对哲学基础主义认识论问题的回应

基础主义认识论源于笛卡儿，一直到康德，其认识论的主要特征是先把人与世界分开，再探讨两者统一的基础。可供性理论的提出，对于下述问题的解决或许有贡献：认知是由外部环境决定还是由内部认知决定？是否可以从根本上消除二元论？

一、认知的内在论与外在论统一

可供性理论的提出对解决传统认识论的局限性具有重要的启发意义，还体现在有关认知的内在论与外在论统一问题上。

E. S. 里德概括了 2000 多年以来西方认识论存在的两种不同的争论：一种为心灵复制了既有世界，另一种则是心灵建构了整个世界。所有的争论都有同样的逻辑缺陷，生态心理学认为这些争论都是错误的，认知既不复制也不建构这个世界；相反，认知是使我们保持活力的过程，在永恒变化的世界中改变自身（Reed，1996：13）。吉布森的可供性理论的提出也有助于解决仅从内部观点考察理性的哲学认识论缺陷，可供性在建立考察外部环境的选择和有机体适应的认知机制方面，有着重要价值。

（一）回到自然的原则与认知的内外统一

吉布森能够做到认知的内外统一，与他坚持回到自然的原则密不可分。吉布森遵循的方法就是问事实是怎样的。"我们如何看周边的环境？我们如何看物体的各个表面，以及这些表面的布局、颜色和质地？我们如何看出我们位于环境之中的什么地方？我们如何知道自己是不是在移动？如果是在移动，是去往何处？我们如何看出事物的用处？如何知道怎样处理事情？比如，如何穿针引线，如何驾驶车辆？为什么事物像它们看起来的那个样子？"（Gibson，1979：1）他一再强调自然的视觉，实验室里的静态照相视觉、物理光学分析的视觉都忽视了真实视觉的一些关键特征。视觉是在自然移动中产生的运动知觉。吉布森这个理论架构替代了认知科学主流架构。认知科学理论的基本出发点是，人与动物被视为能建构和理解其赖以生存的世界。在吉布森看来，人和动物与其所栖息环境中的其他系统相互作用，所以人与动物在活动时对应于可变与不变的信息（Greeno，1994：

336）。正因为吉布森的知觉观点具有一定的现象学色彩，所以很难被许多认知科学家理解。

按照现象学家科克尔曼斯（J. J. Kockelmans）的说法，胡塞尔的现象学还原（phenomenological reduction）包括三个部分：第一，现象还原在严格意义上被称作一种对“存在”“加括号”的步骤；第二，从文化世界还原到人们直接经验的世界；第三，先验还原引导人们从现象世界的“我”到“先验的主体性”（Kockelmans，1967）。

现象学后来的发展，海德格尔和莫里斯·梅洛-庞蒂都只遵循了第二条，还原即回到事物自身，而去除各种加在事物身上的解释和假设（沈克宁，2008）。吉布森以视觉这一人类最经常使用的感觉为例，分析天然视觉是什么样的，将实验室解剖下的视觉研究局限呈现在大庭广众之下，不仅恢复了视觉本来的面目，还揭示了天然视觉产生的全身整体性和运动性。因此在这一点上，吉布森的方法论与现象学是吻合的。

在此基础上，吉布森特别讨论了心理学科学实验的生态效度（ecological validity）问题。“视觉真是个奇妙而诡异的东西，我已被它的错综复杂困扰了 50 年。我原以为把它搞清楚的方法是去学习那些已被当作事实的光和视网膜成像的物理学，掌握眼和脑的解剖学和生理学，再与认知理论结合，就可以拿多种实验来测试。可是，我对物理学、光学、解剖学和视觉生理学了解得越多，就越深地陷入困惑。这个领域的科学家很自信，仿佛能最终澄清视觉的秘密。但是，我发现，那只是因为他们并不真正了解这种复杂性。”（Gibson，1979：12）

问题出在哪里呢？吉布森认为是传统心理实验的生态效度太低。

生态效度这一概念，最早由布伦斯维克 1965 年在《感知觉与典型心理实验设计》中提出，他把生态效度界定为预测某一刺激或提示线索是否可靠的指标。吉布森使用的生态效度指实验室研究结果对现实生活事件的可预测性，即实验的外部效度，指实验结果能够推论到样本的总体和其他同类现象中去的程度，指实验结果的普遍代表性和适用性。

心理实验需要设定自变量对因变量的影响。一般额外变量有3种，即环境变量、程序性额外变量与相互作用额外变量。控制额外变量的方法就是尽量消除无关变量的影响，实验研究基本遵循线性的因果关系。实验室力图消除无关变量的影响，以呈现特定变量的特性，但实验中的人为干预性使实验很难具有生态效度，即实验室所做的实验结果难以在现实生活中得到复制。因为现实生活是诸多无关变量融入的情境。“这种方法在物理、化学、生物学中取得成功，可是心理学所面对的是异常复杂的现象。”（秦晓利，2003）吉布森曾做过真实环境中的距离判断实验，让被试判断相距自己上百米远的两个物体之间的距离，最远的物体距离被试320米，发现被试都能精确地做出判断。还有学者让被试在日本海的海面判断岛与船的距离，被试判断得也很准确。这么远的距离，所谓的深度效应失灵了，证明光环境中的光阵列含有距离信息（禤宇明和傅小兰，2002：14）。

回到真实的环境中，一切都是联系的，而在实验室中，一切联系都被人为地分割了。尽管实验可以帮助我们确立新的认识，建立新的联系，但是，以人的认知为对象的研究，分割了内外联系，确实无法反映认知的本质。

（二）具身性认知打破了认知的内外界限

可供性描述的是一种人的行为与环境协调状态。这种协调状态是靠人的身体动作体验得来的，而不是靠思维逻辑地推导出来的。“吉布森挑战了笛卡儿的理论，即将身体描述为机器，将感觉-器官描述为将外在世界中的运动接收和传播到局部脑中枢的机制。”（Braund，2008）对于吉布森来说，知觉经验的顺序不是首先产生感觉，然后推理式地构成一个关于环境的心灵地图。相反，知觉是对环绕光阵列的信息流的探测，它们产生于知觉者在环境中的运动。

既然身体与外界的接触和身体的直接感受引发行为，认知的内外界限就被打破了。吉布森的具身认知观与知觉现象学的创立者莫里斯·梅洛-庞蒂的观点十分吻合，但又有所差异。莫里斯·梅洛-庞蒂用知觉现象学来解释身体、主体、世界三者之间的关系。在《知觉现象学》中，莫里斯·梅洛-庞蒂分析，传统的经验主义总是把身体看作纯粹物质性的，以至于忽略了除了作为物理性的身体实际上所处的在场性以外，身体也和“身体姿态的整体觉悟方式”有所关联，其不只是身体各部分的整体意识本身，还将其和外在的接触所形成的关系，以主动的方式内在地形成一个任务，以此任务而形成意向，因此有一种不在场的意向基础之“潜在身体”向在场性的身体占有，莫里斯·梅洛-庞蒂将这个身体意向作用称为“身体图像”(body image)，它是处于感觉间（ intersensory ）世界之我的姿态（ posture ）的整体觉悟，是一种完形（ forme ）心理学意义下的“完形”（莫里斯·梅洛-庞蒂，2001b)。莫里斯·梅洛-庞蒂也承认认识的身体不仅与社会互构，还具有生物进化作用下所生成的一些特征（克里斯·希林，2011：24)。

（三）从交互作用机制解读认知的内外统一

首先，建立在交互基础上的可供性理论强调外部与内部的相互依存和彼此嵌入。选择压力的存在预示着有机体在与环境的关系上，需要保持适应主义与非适应主义之间的张力，承认偶然性与必然性的同时存在，是一种更为辩证的观点。

其次，可供性所内含的互动更具有本原性。认知科学、感性工学、人体工效学、产品语义等，从不同切入点来分析使用者与物体之间的关系。认知科学主张使用者与物体的互动，主要是受个人的经验、学习、文化背景的影响，因而强调人类大脑的“信息处理”机制；感性工学主要通过分析人的感性来设计物体，依据人的喜好来制造产品；人体工效学着重于人类本质上能力的探求，包括生理和心理的能力范围；产品语义则强调产品象征意义的“符号编码与译码”。吉布森的可供性概念探讨物体与使用者“本质上的相互依存关系”对互动行为的直接影响，并强调可直接感知、不受经验文化影响的互动关系，来补充上述研究没有涵盖的部分。特别值得关注的一点是，吉布森认为生物所知觉到的环境特性是一种相对于自身属性的生态物理性质，而非科学物理上所说的科学物理性质。因此，可供性所探讨的是存在于生物与环境之间的这种“相对的”而非“绝对的”互动关系，因此带有更深刻的认识论意蕴。

最后，人与外界的交互性决定了认知既不是简单的外部复印，也不是纯粹的心理建构。交互作用机制不仅体现在人与环境的互动，还体现在人与人的沟通。著名语言学家平克在《语言本能：探索人类语言进化的奥秘》一书中假设，语言是人类特有的一种适应性功能，即人类的远古祖先出于生存的需要，相互之间的沟通显得尤为重要，而其中能够更好地理解别人同时更好地表达自己的个体具有更多的生存与繁衍机会，于是经历无数代自然选择，语言被塑造成为一种先天的、功能独立的领域特殊性机制。平克把它称为“语言本能”。如果语言机制是一种本能活动，那么它就应该具有本能所拥有的所有特征，如先天性、自动化反应、固定反应模式、生理结构对应、功能专属等（蒋柯，2010）。可供性所揭示的人的行为与环境的价值关系，为解释非话语语言的作用提供了基础，人与环境的沟通、人与人的沟通都建立在关系价值之上。

平克认为：“思想无需语言即可产生，例如，观察证实还没有学会语言的婴儿已经具有了思维能力；相反，语言决定思想的认识只不过是一个错觉。”（斯蒂芬·平克，2004）为什么婴儿在没有学会语言之前，就已经具有了思维能力呢？因为他们已经在用动作与世界互动。吉布森探讨了对可供性的知觉具有认知的探索功能。婴儿通过动作知觉探索环境，发展了先天就具有的知觉-动作能力，逐渐形成与环境互动的基础的认知能力。感知是一种身心行为，不是单纯心灵的或身体的，而是一个活着的观察者的感知。

（四）镜子中的自我——认知的镜像隐喻

很多哲学家都对镜子的隐喻情有独钟。能否从镜子中认知自我可以检验动物是否具有自我意识。自我的外在性是通过身体动作的工具属性实现的。贝尔纳·斯蒂格勒说：“镜子反射出一种格式塔完形，使它产生于左右颠倒的对称中。在这种对称中，主体迟于自身，追逐自身，在他静止不动的形象（照片）中找到他的机能。”（贝尔纳·斯蒂格勒，2010）

对于可供性理论来说，镜像神经元的发现为其认识论的内外统一奠定了神经生理学基础，可以说明基于身体动作认知的内外统一性。

认知的内在在于镜像神经元的存在，认知的外在就是外部的人或动物的动作，内在的镜像神经元之所以能够产生反应，正是种系世代在与环境的相互作用下产生的结果通过遗传传递给下一代，促进大脑发育中产生了镜像神经元（只在高级动物大脑中存在），使其具有这个能力。动物学家洛伦兹说过，“在个体发生上先验的东西在系统发生上是后验的”（李伯聪，1993：11），即没有一个个体的生命系统天生地是一块“白板”。可以说，神经元的发现证实了可供性知觉能力的预成性。“镜像神经元将基本的肌肉运动与复杂的动作意图一一对应起来，构建起一张巨大的动作-意图网络，使个体不需要通过复杂的认知系统，就能直截了当地理解其他个体的行为。”（贾科莫·里佐拉蒂等，2006：21）

同时，镜像神经元也保留了个体经验——通过探索环境，知觉新的可供性而直接获得的经验。法国学者安娜·何布勒（Anne Reboul）对切莫罗的彻底的具身主义、取消一切表征的观点提出批判，认为这是站不住脚的。她主要通过举出语言等途径产生的非情境的具身认知的存在，反驳了切莫罗的一个假设：所有的具身认知都是情境的（situated）（安娜·何布勒，2011）。安娜·何布勒的论证也许有一定道理，但结合镜像神经元的发现就会知道，所谓的非情境的具身认知，也一定是建立在情境的具身认知基础上的，如果动物自己没有接触过高温物体的情境，当看到别的动物接触火时跳开，不会产生同感，即使它的肢体镜像神经元会有反应，但它的触觉镜像神经元也不会启动，除非另一只动物对皮肤有反应性表情和发出危险信号的声音。即使这只动物本身还未有体验，但它的祖先的体验在镜像神经元的形成中也可能已经遗传了这种动作反应机制，激发过它的动作神经元，使它在接触火的过程中比较小心，因为它看到了其他动物的反应。经过情境的具身认知，或者看到其他动物经历过的情境，都会影响到下一次的行为——在听到词语描述或看到画面（只有人类才具有的）非情境具身认知中做出反应，可以解释可供性知觉-行为的关联机制。镜像神经元的发现也揭示了人与环境其他有机体互动的直接性，镜像神经元的存在解决了两个机制：同等理解和直接理解（贾科莫·里佐拉蒂等，2006：22）。

知觉与动作的关联只有在有机体中才能自动产生，而且知觉和动作都是全身心的整体活动，所以动物或人类知觉到有机体的动作会唤起直接知觉的印迹，产生类似的神经反应。舍甫勒等的研究显示，人在观察机器人的动作时，不会有观察人类动作时产生的那种大脑皮层反应，这表明镜像神经系统偏好动物的运动。为什么偏好动物的运动？这是生物进化的结果，与社会进化无关。正是因为镜像神经元的作用，人类才可以根据自己的经验“将心比心”，发现动物行为与环境的可供性，才有可能利用有机的动物作为能源，形成人-牛（或马）-工具系统。21 世纪，人类已经开发出类神经的微芯片，以人脑的神经系统为基础，研制出高效率的集成电子元件，能制成可植入眼内的硅视网膜以帮助盲人恢复视力，也可用作机器人眼和其他智能传感器。如今，对镜像神经元的研究成果也已经被应用于人工智能的开发，让机器人能模拟镜像神经元工作，促进机器人对动作的识别和协调中的突破性进展。

二、消除二元论的尝试是否成功

秦晓利指出，“在深深影响西方几个世纪的笛卡儿的思想中，心身是二元对立的，这造成了最基本的心与身的分裂。科学的分裂也源于这一对立，人文科学专门研究‘我思’，自然科学专门研究‘我在’”（秦晓利，2006：13）。吉布森明确地提出反对笛卡儿-牛顿的机械世界观与二元论，他宣称：正如我所说的那样，可供性指出了两条路径，一条指向环境，另一条指向观测者。

（一）动物与环境、心灵与身体统一的一元论

吉布森的可供性是建立在直接知觉理论基础上的，直接知觉具有更深层次的理论指向，它不仅强调身体和灵魂的关联、认知和行为的关联，而

且从本体论的意义上取消了任何形式的心灵表征。

第一步，吉布森解决了感觉与知觉的统一，摆脱了结构主义和行为主义所持的感觉与知觉两段分离的看法。第二步，解决了身心的统一，即知觉与行为是统一的。他一再声称视觉是“走动视觉”（ambulatory vision），可供性知觉承载走动。第三步，吉布森解决了知觉身体信息与知觉环境信息是统一的；可供性表明环境有效信息与观测者身体信息两者是相伴的。这些观点重新强调了外在感受和本体感受是相伴的，对于世界的感知就是对于自我的感知。第四步，有机体的知觉-行为与环境是统一的。吉布森解决了环境不仅是认知对象，更是认知和行为的支撑的问题。智能体的生存适应性策略不是抛开而是借助和依赖于环境本身给予认知和行为支撑的某些特有结构和持久特征（李恒威和黄华新，2006：96）。后来的研究者通过实验证实，1 岁左右的儿童能够知觉物体表面能否支撑自己的运动，他们选择坚硬结实的表面爬向或走向父母，而不会选择水床，他们对环境支撑行为的知觉影响了行为（Gibson et al.，1987）。

可供性理论提供了人与世界不可分的认识的生物学基础。生物在进化过程中所显现的行为均与环境有着必然联系，获得可供性机制本身也被解释为对环境的适应和非适应的统一，对外部的知觉与对身体行为的知觉的统一构成了自身的知识。这种观点虽然有自然主义的倾向，却达到了人与世界两者的科学知识统一。这种思想与任何形态的二元论，无论是精神-物质还是精神-身体，都是完全不一致的。对于世界的意识，对于自我与世界补充关系的认识，两者之间不是分离的。李平说：“康德的先验演绎具有重大认识论意义的地方在于，它表明了人具有整理感性材料的知性能力。但是，康德没有认识到这些先验知识本身是自然选择的产物。如果他进一步承认人及其先天认知结构是进化的产物，是这个世界的有机组成部分，他的哲学就不会做出现象与实在的分割。”（李平，1996）哲学史上的实体二元论和属性二元论都有无法解决感知觉的、意向的世界与实在的世界之间的真实性问题。根据吉布森的理论，人的认知是通过环境中的人全身心的知觉-行为建立起来的，没有脱离行为的思维，也没有脱离环境的行为。现代哲学解决传统哲学认识论难题的关键在于要在实践的、生存的、生活的世界中来沟通人类和世界之间的认识关系，即在实践关系中解决认识关系。

（二）建立在生态自我基础上的一元论

“生态自我”是深层生态学家奈斯（A. Naess）提出的一个重要概念，强调人类最大限度的（长远的、普遍的）自我实现是生态智慧的终极性规范，即“普遍的共生”或“（大）自我实现”，是其“自我实现”理论得以确立的基础（Naess，1986）。与生态自我的概念建立在生态整体观的基础上类似，可供性阐释的一元论可以扩展生态自我概念的内涵，以一种新的定义来解读人与自然的认知关系。探讨“生态自我”，首先要回溯“自我”这个概念的起源。

1. 詹姆斯的“经验自我”和“纯粹自我”

威廉·詹姆斯，美国心理学家、美国实用主义哲学家的先驱、自我概念的创始人，在著作《心理学原理》中对“自我”概念进行了详尽的阐述。威廉·詹姆斯认为，“个体的自我是他所能称为他的（his）总和，不仅限于他的身体和他的心理力量，还包括他的衣服和他的房子，他的妻子和他的儿女，他的祖先和他的朋友，他的名声和成果，他的土地和马匹、游艇和账户”（James，1890）。

詹姆斯用术语“经验自我”来指代人们对于他们自己的各种各样的看法。他将经验自我又分为物质自我（material self）、社会自我（social self）和精神自我（spiritual self）三种（乔纳森·布朗，2004：17-18）。

詹姆斯建议“使用不同的术语主我（I）和宾我（me）来区分自我的这两个方面。用主我来指代自我中积极的知觉、思考的部分，用宾我来指代自我中被注意、思考或知觉的客体”（乔纳森·布朗，2004：2）。

2. 精神分析理论和人本主义关于自我的定义

弗洛伊德的本我（id）、自我（ego）和超我（superego）三部分组成的人格结构理论，对自我的定义具有特别的含义。弗洛伊德所谓的本我，其实也就是指生物本性的我，或是所谓天赋的原始性本能（或性冲动）的根源所在，他也称之为“力比多的大量储存器”（西格蒙德·弗洛伊德，1986）。自我是从本我发展出来与外界现实直接接触的部分。超我则是指受社会道德，首先是受父母行为的影响，从自我中通过“升华作用”而分化、发展出来的“自我典范”。

人本主义心理学家的自我实现理论对生态自我影响很大。“需要层次说”认为，人乃是有组织且总有不断需求的完整机体，其基本需要在潜力相对原理基础上按相当确定的等级排列，或组成一个相对的优势层次系统。由此，则可将其区分为在种系和个体发展上较早的“低级需要”与较晚的“高级需要”。它们从低到高有五个层次，即生理需要、安全需要、归属和爱的需要、自尊和受尊重需要、自我实现需要（马斯洛，1987）。健康人基本需要的最高层次便是自我实现需要，自我实现即一个人对潜能的自我发挥和愿望的自我完成的一种倾向性；具体而言，则是指一个人使自己越来越成为自己期望的那种人，能够完成一切与自己能力相当的事情。

3. 深层生态学有关生态自我的定义

深层生态学的生态自我是在自然生态层面研究自我。生态自我将自我的意义扩展到了生态，是自我向自然的延伸，自然成为自我的一部分。生态认同、生态体验、生态实践构成生态自我的三重结构。生态自我是自我概念与所有众生的同一，突破了西方传统的人类中心主义的观念，将自我的意义从个体扩大到生态，“无论美丽或丑陋，大或小，有感情的还是没感情的”（Naess，2005）。

我国学者吴建平从生态保护的视角讨论了生态自我建立的价值，认为“生态自我超越了现代西方哲学主客二分的观点，既涉及环境对自我认同的影响，也包含自我对环境行为的影响，从而体现了主体客体化和客体主体化的主客一体性的思想”（吴建平，2013）。就其现实意义来说，若个人损害生态环境也就意味着损害人自身，那么只有实现生态与自我的完美统一，才能实现生态文明的建设。

也有人讨论了“生态自我”的概念与东方的“物我观”有着紧密的联系。从万物同一的自然本源出发，庄子哲学中的物我观体现了丰富的生态智慧，与生态自我的理念有着内在的一致性，可以丰富和深化深层生态学的哲学基础（马鹏翔，2013）。

4. 吉布森对自我的观点

虽然吉布森没有直接提到生态自我的问题，但是他运用生态学的整体观，将有机体的知觉-行为的统一性建立在有机体与环境的统一性上。从认识论角度看，已经形成一个统一的基于知觉和行为的生态自我。所以吉布森的夫人伊琳诺·吉布森对于讨论生态自我的概念十分欣慰，她曾经评价生态学家奈斯“提供了一种理解问题的发展性取向，始于个体的生态背景，一个真实的世界。这五种自我知识包括生态自我、人际自我、概念自我、临时的延展的自我、私我。这囊括了自我从在地球环境中活动的物理性存在到社会性自我”（秦晓利，2006：158）。

吉布森曾说过，感知的持续行为也关涉关于自我的共同感知。至少，这是一种处理它（自我意识）的方式，必须重新定义“知觉”这个术语来容纳这个行为，而词语“本体感知”也必须在谢林顿给定的意义以外具有另一种不同的意义（Gibson，1979：240）。行为的自我多是利用身体器官的自然技术形成的自我意识。

弗洛伊德的三个自我的分类更多的是从人的生物性与社会性的关系层面对人性的解释，超我实际上并不存在于个体之中，只是存在于社会之中，社会建构了超我，人反映了社会的超我。而生态自我要比弗洛伊德的本我内容更丰富，弗洛伊德的本我是主客体二分的主观的自我，同时局限于性本能的生物性，生态的自我把“我”与环境联系起来，有着更广泛的内涵。

（三）生态自我的重新阐释

根据建立在有机体知觉行为与环境上的生态关系，笔者重新定义了生态自我，即主动知觉生态关系的有机体，自动利用可供性的价值与行为、与环境协调相处的自我。

从动物与环境（包括自然环境）的层面上理解，生态自我可分为："行为的自我"，包括行为上的"模仿学习和初级情感介入的自我"；"丰富情感和思考的自我"，即运用表象（包括具象的图或抽象的概念）思维和想象的自我；"制造的自我"，即将自我外化为物的自我。每个上层次的自我都包括下层次的自我，而下层次的自我不包括上层次的自我。生态自我是整体的，发展出高层次自我，并不意味着与下层次的自我截然区分，只有人类是发展了四个层次的自我的动物，任何高级的自我都离不开行为的自我。

1. 行为的自我

行为的自我建立在身体的自我基础上，动物多是遵循行为的自我，越是高级的动物越能发展出高层次的自我。从种系演化方面来说，"人类至今仍然依赖身体形态进行身份鉴别。从种系演化和个体发育来看，自我首先是身体自我。我们在婴幼儿期间形成的自我区分是基于与其他物体不同的我们的身体的感觉运动经验"（李恒威和黄华新，2006：94）。

2. 模仿学习和初级情感介入的自我

通过生态自我中的"行为的自我"领悟可供性，在具身认知的基础上能够直接导致学习模仿和初级情感介入，第二层次的自我就出现了。一些高级动物已经具有第二层次的自我。这一层次的自我，具有在镜像神经元作用下的肢体反应和情感反应，可以反身了解自己，理解镜子中的自我；可以灵活使用有机工具，偶尔出现使用外在工具的行为。

3. 丰富情感和思考的自我

既有抽象逻辑的思维，又有想象的情境再现，可以通过类比智慧直接把握，或通过归纳智慧间接把握。只有人类可以达到这一层次，无机技术出现，技术超越本能。这一层次的自我使身体技术向身体与工具融合的技术演化，如由长牙或长爪抓取食物，演变为用长棍够取食物，并将人的身体技术强化成为技能，如某些人的手特别灵活，成为分工合作的前提。

4. 制造的自我

利用可供性，大规模地创造人工制品的可供性，演变为生活在与天然自然镶嵌的人工世界里。

人类进化过程经历了自我的逐次演进。个体发育再现了种系进化过程。正常的成人已经同时具有四个层次的自我。以可供性机制为核心的“行为的自我”构成了自我层次的基础。由于镜像神经元的作用，行为的自我产生身体的反应和对可供性的知觉，会激活“模仿学习和初级感情介入的自我”。“丰富情感和思考的自我”可以去伪存真，去粗取精，将思考的结果交于“制造的自我”重新设计加工，安排结构和功能，由己及彼地领悟自然界与其他动物之间的关系价值，并通过构思，建立新的关系为人所用，是人类进化的关键点。

（四）人工世界的一元论

恩格斯认为，将人与自然、灵魂与肉体对立起来的观点都是反自然的，他说：“事实上，我们一天天地学会更加正确地理解自然规律，学会认识我们对自然界的惯常行程的干涉所引起的比较近或比较远的影响。”（马克思和恩格斯，1995）特别是自 20 世纪自然科学大踏步前进以来，我们就越来越认识到，因而也能够支配至少是我们最普通的生产行为所引起的比较远的自然影响。恩格斯是从人类总体来论述的，那么个体呢？总体的认知是个体的积累，通过生理遗传和文化基因传播积累沉淀。文化基因是显现的，现存的一切、考古学的发现和有记载的文献都可以证实这一点，而更深层次起作用的生理遗传，目前的研究既是非历史性的，也是非整体性的。生物学家只是从纯生物学的角度去理解，并未从心理发展的历史去理解；心理学家切割人与自然环境的关系来研究心理，并未从人与自然相互作用的历史角度去理解这样的后果，是非历史性的遗传。笔者认为生态自我的观点有着更广阔的基础和背景。

人类通过设计创造了人工环境和人工制品，人工环境与人、人工制品与人也形成了新的可供性。由于这种关系是非自然发生的，人面对人工制品，在行为上需要经过筛选。"行为的自我"会自动地利用符合人-天然世界的可供性，会自然而然地领会人工制品和环境的某些特征或功能。而那些与此不匹配的东西，人类必须经过艰苦的学习过程才能把握，如人通过专门的训练掌握操纵机器的知识和技能。因此，人工环境的设计如果接近人与天然环境的可供性，人就容易领悟和把握，产生正确的环境使用的诱导。如果人工环境的设计无法达到这一点，就需要第二信号系统（文字）提示才能让使用者明白，由此给使用者带来负担。因此，生态自我的确立使我们重新看待人与自然的联系，重新审视人创造的人工世界存在的生态问题，不仅是环境问题，还有更深层的问题。生态自我概念的新定义，深化了一元论的理论基础，可以更好地解读技术人工制品的发展进程以及发展趋向。

朴次茅斯大学哲学系的考斯陶尔（A. Costall）认为，吉布森有关可供性的概念定义是有局限的，虽然强调了关系，但关系仅限于一个行动者与客体的二分体。他建议要由"一般的可供性"发展一个"标准的可供性"的概念。因为规范的概念本身提醒我们在那些重要的情况下，确定相应的一些事情不仅仅是人与人之间的共享，也涉及普遍认同和预先定义。"标准的可供性"是与初始的人工制品连接的。因为"任何人工制品的可供性并不局限于孤立的对象，而是取决于一个'荟萃'（Keller and Keller，1996）或'器具-总体'（Gurwitsch，1979：82-83），不只是其他对象也是事件。人工制品可供性通常不能自我包含，而取决于一个更大的环境中其他人工制品（如一套工具装备），也包括使用这些工具的实践"（Costall，2012）。

参考文献

安娜·何布勒. 2011. 对激进的具身认知科学的一个批判. 陈虹译. 华东师范大学学报（哲学社会科学版），（6）：1-5.

昂利·柏格森. 1999. 创造进化论. 肖聿译. 北京：华夏出版社.

贝尔纳·斯蒂格勒. 2010. 技术与时间：2. 迷失方向. 赵和平，印螺译. 南京：译林出版社.

槙文彦. 2001. 建筑与交流. 世界建筑，(1)：17.
格雷戈里・希科克. 2016. 神秘的镜像神经元. 李婷燕译. 杭州：浙江人民出版社.
赫伯特・施皮格博格. 1995. 现象学运动. 王炳文，张金言译. 北京：商务印书馆.
亨利・柏格森. 2004. 创造进化论. 姜志辉译. 北京：商务印书馆.
后藤武，佐佐木正人，深泽直人. 2008. 不为设计而设计 = 最好的设计——生态学的设计论. 黄友玫译. 台北：漫游者文化事业股份有限公司.
贾科莫・里佐拉蒂，利奥内多・福加希，维托里奥・加莱塞. 2006. 镜向神经元，大脑中的魔镜. 环球科学，(12)：14-22.
蒋柯. 2010. 从《语言本能》到进化心理学的华丽转身——平克的语言模块性思想述评. 西南民族大学学报（人文社会科学版），(7)：80-84.
克里斯・希林. 2011. 文化、技术与社会中的身体. 李康译. 北京：北京大学出版社.
李伯聪. 1993. 关于进化认识论的几个问题. 自然辩证法通讯，(1)：8-15.
李恒威，黄华新. 2006. “第二代认知科学”的认知观. 哲学研究，(6)：92-99.
李平. 1994. 生物进化认识论概述. 自然辩证法通讯，(1)：9-16.
李平. 1996. 门茨的哲学达尔文主义. 哲学研究，(11)：60-69.
李侠. 2009. 盲人如何“看”路？——从知觉缺失情况看认知问题. 科学技术哲学研究，(5)：18-27.
鲁道夫・阿恩海姆. 1987. 视觉思维. 滕守尧译. 北京：光明日报出版社.
马克思，恩格斯. 1995. 马克思恩格斯选集（第四卷）. 中共中央马克思恩格斯列宁斯大林著作编译局编译. 北京：人民出版社.
马鹏翔. 2013. “生态自我”与庄子的物我观. 哈尔滨工业大学学报（社会科学版），(1)：137-140.
马斯洛. 1987. 动机与人格. 许金声，程朝翔译. 北京：华夏出版社.
莫里斯・梅洛-庞蒂. 2001a. 知觉现象学. 姜志辉译. 北京：商务印书馆.
莫里斯・梅洛-庞蒂. 2001b. 哲学赞词. 杨大春译. 北京：商务印书馆.
乔纳森・布朗. 2004. 自我. 陈浩莺，薛贵，曾盼盼译. 北京：人民邮电出版社.
秦晓利. 2003. 面向生活世界的心理学探索——生态心理学的理论与实践. 吉林：吉林大学博士学位论文：77.
秦晓利. 2006. 生态心理学. 上海：上海教育出版社.
沈克宁. 2008. 建筑现象学. 北京：中国建筑工业出版社.
斯蒂芬・平克. 2004. 语言本能：探索人类语言进化的奥秘. 洪兰译. 汕头：汕头大学出版社.
田在善，吴咸中，陈鲳. 2005. 有关“腹脑（第二脑）”之说. 中国中西医结合外科杂志，11（5）：454-457.

王锡宁. 1993. 论生物波的数学形态和物理构造. 医学理论与实践，6（10）：46-49.
王义. 2014. 特示理论对直接知觉论的启示. 科学技术哲学研究，（5）：49-54.
王义. 2015. 生态心理学尺度问题的哲学意义. 沈阳：东北大学博士学位论文.
王义，范念念. 2014. 基于特示关系的生态学信息及其认识论意蕴. 华东师范大学学报（教育科学版），（3）：99-104.
维莱拉努尔・S. 拉马钱德兰，林赛・S. 奥伯曼. 2006. 自闭症：碎镜之困. 环球科学，（12）：23-29.
吴建平. 2013."生态自我"理论探析. 新疆师范大学学报（哲学社会科学版），（3）：13-19.
西格蒙德・弗洛伊德. 1986. 弗洛伊德后期著作选. 林尘，张唤民，陈伟奇译. 上海：上海译文出版社.
徐献军. 2007. 身体现象学对认知科学的批判. 科学技术与辩证法，24（6）：55-64.
禤宇明，傅小兰. 2002. 直接知觉理论及其发展. 北京：第二届虚拟现实与地理学学术研讨会论文集（Ⅱ）：12-19.
薛少华. 2015. 生态心理学概念为何会具有现象学特征. 自然辩证法通讯，37（1）：128-133.
杨大春. 2005. 感性的诗学：梅洛-庞蒂与法国哲学主流. 北京：人民出版社.
易芳. 2004. 生态心理学的理论审视. 南京：南京师范大学博士学位论文：31.
尤・瓦尔赫拉利. 2014. 人类简史. 林俊宏译. 北京：中信出版社.
张华夏. 2003. 波普尔的证伪主义和进化认识论. 自然辩证法研究，19（3）：10-13，22.
周林文. 2006. 镜像神经元研究简史. 环球科学，（12）：30-31.
Squire L，Berg D，Bloom F，等. 2009. 基础神经学系列 3：感觉和运动系统. 北京：科学出版社.
Anelli F，Nicoletti R，Kalkan S，et al. 2016. Human and robotics hands grasping danger//International Joint Conference on Neural Networks，IEEE：1-8.
Aspell J E，Heydrich L，Marillier G，et al. 2013. Turning body and self inside out：visualized heartbeats alter bodily self-consciousness and tactile perception. Psychological Science，24（12）：2445-2453.
Atmodiwirjo P. 2014. Space affordances，adaptive responses and sensory integration by autistic children. International Journal of Design，8（3）：35-47.
Barwise J. 1989. Studies in Logic and the Foundations of Mathematics. North Holland：Elsevier.
Bradie M. 1986. Assessing evolutionary epistemology. Biology and Philosophy，1（4）：401-459.
Braund M. 2008. From Inference to Affordance：The Problem of Visual Depth-Perception in

the Optical Writings of Descartes, Berkeley and Gibson. St. Catharines: Brock University: 10.

Brentano F. 1973. Psychology Vom Empirischen Standpunkt. Hamburg: Felix Meiner Verlag.

Caiani S Z. 2014. Extending the notion of affordance. Phenomenology and the Cognitive Sciences, 13（2）: 275-293.

Chemero A. 2003. An outline of a theory of affordances. Ecological Psychology, 15（2）: 181-195.

Chemero A. 2011. Radical Embodied Cognitive Science. Cambridge, Massachusetts: MIT Press: 6.

Costall A. 2012. Canonical affordances in context. Journal of Philosophical-Interdisciplinary Vanguard, 3（2）: 85-93.

Costantini M, Ambrosini E, Scorolli C, et al. 2011. When objects are close to me: affordances in the peripersonal space. Bulletin and Review, 18（22）: 302-308.

Derbyshire N, Ellis R, Tucker M. 2006. The potentiation of two components of the reach-to-grasp action during object categorisation in visual memory. Acta Psychologica, 122（1）: 74-98.

Dotov D G, Nie L, Wit M M D. 2012. Understanding affordances: history and contemporary development of Gibson's central concept. Avant: Journal of Philosophical-Interdisciplinary Vanguard,（3）: 28-39.

Ellis R, Tucker M. 2000. Micro-affordance: the potentiation of actions by seen objects. British Journal of Psychology, 91: 451-471.

Filomena A. 2012. Social Cognition: New Insights From Affordance and the Simon Effects. Bologna: University of Bologna.

Fogassi L, Ferrari P F, Gesierich B. 2005. Parietal lobe: from action organization to intention understanding. Science, 308（5722）: 662-667.

Gershon M D. 1999. The Second Brain. New York: Harper Collins.

Gibson J J. 1979. The Ecological Approach to Visual Perception. Boston: Houghton Mifflin.

Gibson E J, Riccio G, Schmuckler M A, et al. 1987. Detection of the traversability of surfaces by crawling and walking infants. Journal of Experimental Psychology: Human Perception and Performance, 13: 533-544.

Greeno J G. 1994. Gibson's affordances. Psychological Review, 101（2）: 336-342.

Gurwitsch A. 1979. Human Encounters in the Social World. Kersten F（trans.）. Pittsburgh: Duquesne University Press: 82-83.

Gustafson G E. 1984. Effects of the ability to locomote on infants' social and exploratory behavior：an experimental study. Developmental Psychology，20（3）：397-405.

Hauser M D，Chomsky N，Fitch W T. 2002. The faculty of language：what is it，who has it，and how did it evolve? Science，298：1569-1579.

Heft H. 2013. An ecological approach to psychology. Review of General Psychology，17(2)：162-167.

Hellendoorn A. 2014. Understanding social engagement in autism：being different in perceiving and sharing affordances. Frontiers in Psychology，5（7）：850.

James W. 1890. The Principle of Psychology. New York：Holt.

Keller C M，Keller J D. 1996. Cognition and Tool Use：The Blacksmith at Work. Cambridge：Cambridge University Press.

Kockelmans J J. 1967. Phenomenology：the philosophy of Edmund Husserl and its interpretation. Review of Metaphysics，（2）：387.

Lakoff G，Johnson M. 1980. The metaphorical structure of the human conceptual system. Cognitive Science，4（2）：195-208.

Mark L S. 1987. Eye-hight information about affordances：a study of sitting and stair climbing. Journal of Experimental Psychology：Human Perception and Performance，(3)：361-370.

Michaels C F. 2003. Affordances：four points of debate. Ecological Psychology，15（2）：135-148.

Michaels C，Carello C. 1981. Direct Perception. Englewood Cliffs，New Jersey：Prentice Hall.

Miller G. 2007. Reconciling evolutionary psychology and ecological psychology：how to perceive fitness affordances. Journal of Psychology，39（3）：546-555.

Naess A. 1986. The deep ecological movement. Philosophical Inquiry，8（1）：10-31.

Naess A. 2005. Self-realization：an ecological approach to being in the world//Drengson A. The Selected Works of Arne Naess. Dordrecht：Springer Netherlands：2781-2797.

Niedenthal P M，Barsalou L W，Winkielman P，et al. 2005. Embodiment in attitudes，social perception，and emotion. Personality and Social Psychology Review，9：184-211.

Noble W. 1993. What kind of approach to language fits Gibson's approach to perception? Theory and Psychology，3（1）：57-78.

Oberman L M，Hubbard E M，Mccleery J P，et al. 2005. EEG evidence for mirror neuron dysfunction in autism spectrum disorders. Cognitive Brain Research，24（2）：190-198.

Oudejans R R D，Michaels C F，Bakker F C. 1996. The relevance of action in perceiving affordances：perception of catchableness of fly balls. Journal of Experimental Psychology：

Human Perception and Performance，22（4）：879-891.

Pappas Z. 2014. Dissociating Simon and affordance compatibility effects：silhouettes and photographs. Cognition，133（3）：716-728.

Pleiffer C，Serino A，Blanke O. 2014. The vestibular system：a spatial reference for bodily self-consciousness. Frontiers in Integrative Neuroscience，18（4）：1-13.

Polanyi M. 1996. The Tacit Dimension. Garden City：Anchor Books Doubleday & Company，Inc：10.

Reed E S. 1996. Encountering the World：Toward an Ecological Psychology. New York：Oxford University Press.

Robinson B. 1907. The abdominal and pelvic brain. British Medical Journal，2（2449）：1652.

Scarantino A. 2003. Affordances explained. Philosophy of Science，70（5）：949-961.

Stoffregen T A. 2003. Affordances as properties of the animal-environment system. Ecological Psychology，15（2）：115-134.

Tucker M，Ellis R. 1998. On the relations between seen objects and components of potential actions. Journal of Experimental Psychology：Human Perception and Performance，24（3）：830-846.

Turvey M T，Shaw R E，Reed E S，et al. 1981. Ecological laws of perceiving and acting：in reply to Fodor and Pylyshyn. Cognition，（9）：237-304.

Vatakis A，Pastra K，Dimitrakis P. 2012. Acquiring object affordances through touch，vision，and language. Seeing and Perceiving，（25）：64-64.

Withagen R，Chemero A. 2012. Affordances and classification：on the significance of a sidebar in James Gibson's last book. Philosophical Psychology，25（4）：521-537.

第五章 技术产生和发展的生态逻辑

三十辐共一毂，当其无，有车之用。埏埴以为器，当其无，有器之用。凿户牖以为室，当其无，有室之用。故有之以为利，无之以为用。

——《道德经》

可供性与技术的关系是特别值得深入挖掘的富矿。如若追溯设计界欣赏可供性理论背后的缘由，则必须深入技术之中才能找到，因为设计是技术现实化的过程。笔者认为尽管技术哲学正在向经验转向，但技术认识论的理论突破，还是需要有新理论的建构，除了向认知科学和脑科学的进展汲取营养外，从生态心理学的生态整体观寻求启发也特别重要。

第一节 从人与自然关系的本原性解释技术起源

什么是技术呢？对应于英文 technology 的中文“技术”一词出现较晚，来自日制汉语（又称和制汉语）（汉语大词典编纂处，2002）。早期的文本中较多的是对“技”与“术”的分别解释。在《汉语大字典》中，偏旁“扌”即手。对“技”最早的解释见《说文解字》：“技，巧也，从手，支声。”技，既指才艺、技能、技巧，又指有才艺的人、工匠。《荀子·百国》中说：“故百技所成，所以养一人也。”（汉语大字典编辑委员会，2006：1834）“术”，古汉语为“術”，《说文解字》：“術，邑中道也，术声。”“邑中道”也泛指道路。“術”的内涵还包括技艺、法律、办法、学说、实践等。《正字通·行部》中说：“術，道術。”《广韵·术韵》：“術，技術。”（汉语大字典编辑委员会，2006：826）即“技”与“术”合在一起，有技艺和方法之意。

哲学家对技术的解释高度概括。东北大学技术哲学的创始人陈昌曙教授和远德玉教授认为，“技术（特别是现代技术）不仅包含相关知识体系，还需要物质手段，不仅有技能要素与实体要素，同时是它们的结合，而且是这些要素结合起来的动态过程，或者说，我们不能把技术归之于是设计、制造、调整、运作和监控人工过程或活动的本身，简单地说，技术问题不是认识问题，而是实践问题，实践当然离不开认识，但不能归结为认识，在技术的活动中有知识，但不能归结为知识”（陈昌曙和远德玉，2001）。吴国盛认为，“一言以蔽之，技术是人类存在的方式，技术是人类自我塑造的方式，技术是世界的建构方式，技术是世界和人的边界的划定方式。当人和世界融为一体的时候，技术隐而不显”（吴国盛，2009：32）。人作为一个靠技术塑造自我的生物，与其他动物相揖而别，存在于天然自然和人创造的人工自然的时空中。那么，最早的技术是如何发生的呢？

考察技术是如何发生的，需要从人与自然关系的本原性论起。吉布森从生态学的视角，论述了人生存的小生境就是一系列嵌套的可供性，可供性关乎动物的生存，那么利用可供性是否构成了技术认知的起点呢？可供性暗含人与环境的契合及行为可能性，发现并建立事物之间的新联系是理解人类智慧的关键，技术中显示出人类超出动物的智能，那么，可供性是否介入智慧产生的过程机制中呢？人创造并使用无机工具，始于使用身体的有机工具，无论使用何种工具，都与动作有关，那么，可供性是否也提供了工具起源的具身说呢？再者，技术的进化也源于认知冗余产生的认知革命，可供性原理蕴含了有机体提取环境信息的基本机制，可供性与认知革命是否也相关呢？

一、可供性内涵的价值与技术起源于生存需要

按吉布森的界定，利用可供性是生物与环境相互作用中唤起的有效利用环境的行为，而利用技术的原始目的就是获取能量和省力，更有效地生存，因此可供性与生存的路径和有效手段有着不解之缘，可作为解释技术目的的“人-环境”起点。

（一）生存本能与可供性提供的生态价值

认知能力是自然进化的产物。那么认知的旨趣是什么？乌克提茨（F. Wuketits）的回答是，“为了改善生物的行为模式以及促进生物生存繁衍”

（Wuketits，1986）。由此看来，为了生存繁衍，生物进化了认知能力。如果说自然选择是推动进化的主力，那么其他要素的作用也同样锐不可当，如突变、随机遗传漂移以及心灵的建构等。波普尔（K. R. Popper）在《客观知识：一个进化论的研究》中回应："生物进化的功能特别指涉意向性和目的性与动物行为的关系，服务于生物的生存和繁衍。"（Popper，1972：227）波普尔看到了认知机制进化的最终指向：生存与繁衍。生物学家洛伦兹在其 1977 年出版的《镜子背后》一书中表达了相同的看法："我认为，人类理解的方式类似于其他种系发生进化的功能，旨在生存；换言之，作为自然物理系统与一个外在物理世界之间交互作用的功能。"（Lorenz，1977：4）所以，综上所述，生物的进化并非被动地适应，更重要的是为了繁衍而积极建构内在机制和外在环境。也就是说，"不知道人这样做或那样做的理由，我们就无法理解人的行为"（陈嘉映，2012：90）。

人类认知进化的动力指向生存和繁衍，认知系统的复杂性来自与环境互动中的建构。人类认知系统复杂化又决定了知识习得功能的特殊机制。技术是人类更有效地生存的路径和手段，技术的产生与人类认知功能的特殊机制有关。

吉布森特意区分了生态的环境与物理的环境的不同。通常情况下，人类感知的不是物理的和数学的环境——抽象的空间和平面，所以生态的环境预示了动物在其中怎样生活，而不是它们在哪儿生活。在吉布森看来，"对可供性的感知并不是一种对价值缺失的物理物体的感知过程，对于这种物体而言，含义是通过人们设法达成共识的某种方式被加上去的；对可供性的感知是一种能感知价值丰富的生态物体的过程。任何物体、任何表面、任何形态都对某个个体具有有益或有害的可供性。物理可以是价值缺失的，但生态不是"（Gibson，1979：140）。

E. S. 里德总结了原始社会人类环境的基本可供性，即使是在旧石器时代，人类也会寻找特定种类的石头和木材，他们知道这些石头和木材对于具体的工作是最适合的。这样选择材料在大约 3 万年前的考古学记录中是普遍存在的，成为获取生态价值以利于生存的典型案例。

表 5-1 展示了事物的属性承载的潜在利用行为，那就是环境的基本可供性，如利用有锐度的东西打孔、切割（Reed，1996：119）。

表 5-1　人类环境的基本可供性（包括食物）[①]

项目	属性	可供性的潜在利用
特性	耐用性	重击、砍
	大体量	破碎、断裂、切
	薄度	塑造、凿、削尖、锯齿形
	锐度	抓、缩进、打孔、切割
	着色性	装饰、形成表面
	吸收性	吸水、洗涤
	坚硬	挖掘、戳、打、伸出、扔
形状	长+可塑的	成型、绑定
	长+刚性	把握、触及、推动或抛出
	凹	保存液体、发出声音
	边缘	切或捣烂
表面	光滑-粗糙	擦、磨光
	柔软-坚硬	塑形、分割、开裂、粉碎

可以说，技术起源于人类感知到环境物质中存在着大量的潜在可供性，直接决定了动物用耐用的大石块去重击果核、骨头，用具有吸收性的海绵去擦拭身体……如此这般的行动，使生存更有效，就产生了技术。人类从本能地提取自然的生态资源（如狩猎、直接吃生肉）到选择性地利用自然（吃火烤过的肉），从无意识地提取自然信息资源（火烤熟的肉更香）到有意识地利用自然（架火烤肉）的转化，从直接利用身体技术（用手剥开坚果）到间接利用身体技术（用手握石头敲开坚果）的转化，归根结底都是出于生存的需要直接提取可供性，并利用可供性达到更好生存的目的。

人的生存需要使人在适应环境的过程中主动地选择。在架火烤肉、手握石头敲开坚果的过程中，用石头或木头垒成的生火区，以及手里的石块都具有人工制品的雏形。通过技术，人类将自然可供性转化为人工可供性。在这个过程中，人类认知功能的进化已经完成完全由自然选择变为自然选

① 此表译自 Reed E S. 1996. Encountering the World：Toward an Ecological Psychology. New York：Oxford University Press，表 8.3。

择与人工选择的结合、适应与进化（主要指技术的进化）的结合。“自然界的生物更多的是适应，不关乎进化”。（彭新武，2007）这种观点是指动物主要是适应环境，而人类可以凭借技术介入自然的进化。

（二）可供性知觉与保证消耗能量的原则

处于远古的自然环境中，对死亡的恐惧始终伴随着原始人类。在生存竞争中，具有最大的优势、体力消耗最少的物种存活的希望最大，“植物与动物分开的第一个岔口是积累能量的趋向与消耗能量的趋向的差别”（让-伊夫·戈菲，2000：98）。第一，为了达到有效获得能量和省力的目的，动物一直在借助技术与能量消耗做斗争。人类知觉到身体与环境最适宜的可供性，减少误判所导致的行为中的能量消耗，是保存体力、在物种竞争中胜出的前提。技术是人创造的一种非自然发生，但又是利用自然物质和能量的方式。这种发生方式的特点是在人工制品中预先嵌入与特定行为相契合的可能性，以利于人类更好地适应环境，提高生存可能性，逐渐创造天然自然与人工自然融合的小生境。

第二，可供性保证最佳觅食的实现。“最佳觅食理论”（optimal foraging theory）是从对动物觅食行为的解释中发展出来的。古生物学家在乌兹别克斯坦发现了一个暴龙类的新物种——体型如马一般大小的帖木儿龙。小体型的暴龙是怎样从灌木丛中的“三流猎手”，一跃成为我们噩梦里的巨大爬虫的呢？通过计算机断层扫描发现，帖木儿龙具有与霸王龙这类大型暴龙同样类型的大脑和听觉结构。科学家推断，高超的智力及敏锐的感官让暴龙以势不可挡的姿态加入了顶级捕食者的行列。很快，这种体型介于人类和马之间的暴龙成长为骇人的怪物，变成长 13 米、重达 7 吨的霸王。所以科学家说“先有智慧，再得力量，霸王龙才能成为霸王”（斯蒂芬·布鲁斯特，2015：32-39）。霸王龙对环境价值的“领悟”能更好地保证其实现最佳觅食。可供性原理说明身体尺度、能力与环境-行为的契合多么重要，霸王龙的捕食策略可能与它成功的知觉可供性、灵活运用可供性有关。

第三，可选择策略让动物尽量减少能量消耗。一些学者专门研究动物的能量消耗量与动物捕食的关系。在史前生物中，霸王龙何以称霸成为解释这一问题的关键。以前的研究者认为霸王龙以捕食肉类动物为生，因为它的牙齿具有850磅[①]以上的咬力，比鳄鱼的还强大。有人研究鸭嘴龙，发现了鸭嘴龙椎骨的残缺，上面的咬痕与霸王龙的牙齿吻合，说明霸王龙是捕食动物的。但是杰克·霍纳（Jack Horner）分析三角龙身上的霸王龙牙齿咬痕，发现三角龙已经死了，霸王龙才来吃它，因此认为霸王龙也是食腐动物。霸王龙每天只吃与人的体量大小相当的动物，就可维持一天的能量消耗。可见，霸王龙捕食与食腐不分界限，是复合性摄食者（斯蒂芬·布鲁斯特，2015）。霸王龙有出色的视力去寻找腐食，部分地选择吃腐食可少消耗能量，这大概是霸王龙凭借能量消耗策略逐渐称霸的秘密。

第四，技术的主要目的是减少能量消耗，能量消耗越少的种群和个体越容易生存下来。“动物本质上是一个服务于感觉运动系统的器官系统”。（让-伊夫·戈菲，2000：98）器官也是工具。与其他动物相比，人在体态上既有一定的优势也有劣势。人前肢长，手指灵活，手等器官容易获取想得到的东西，具有最灵活的把握和控制能力，人自生下来，在获得环境感知的同时获得手的感知，掌握了物与手相匹配的可供性。人的腿部力量不够强，靠手抓握东西，借助其他肢体去帮助捕食，保卫自身安全。这种身体能力与头脑的预见性（表象、想象）两者结合，是技术产生的主观条件。

最佳觅食和可选择策略对人类繁衍成功的影响和延伸，往往难以在人类学家田野观察的时间跨度内衡量。“对觅食行为进行评估的前提是谁能最有效地获得食物，以繁衍成功。”（罗伯特·莱顿，2005）最佳觅食根据个体行为对自身的意外消耗与利益进行评估。环境的生态信息与人的行为的最佳相配，这是人与自然关系长期进化的结果，也保证了动物能够按此线索寻找到最佳的觅食动作。人类之所以能占据动物界的顶端，当然与人类智慧有关，发现更多可吃的食物，杂食策略扩展到了更广阔的地域，适应了更严酷的环境。当人类靠技术的功效性有了生产剩余时，最佳觅食在文

① 1磅≈0.45千克。

化观念影响下改变，不同种族对于食物的禁忌开始出现。

（三）可供性预示安全环境

1. 对消极可供性的知觉与安全性需要

吉布森曾提醒人类，消极的可供性会给我们带来麻烦和危险，因此对消极可供性的知觉是生存的秘籍。消极的可供性即一种对行为的限制，需要加以避免。对支撑表面的感知错误对于陆生动物来说后果是严重的。如果把泥潭、沼泽误以为是草地，就会深陷困境，甚至有生命危险。"一个成年人可能对一块玻璃板的可供性做出错误感知，会误以为一扇关闭的玻璃门是一个通畅的门洞并且试图步行穿过它，他就会撞在障碍物上并且受伤。碰撞的可供性没有通过所呈现出的视觉纹理排列被识别出来，或者它没有被充分识别。他误以为玻璃门是空的。当他到来时，通道的围合边缘被识别出来，空间的立体视角像通常那样对称地展开，所以他想当然地安排了自己的行动。如果玻璃门表面上有一点儿灰尘，或者是闪亮的光点都能够使他避免做出错误的判断。"（Gibson，1979：142）

对于保障安全来说，空间知觉和空间认知都非常重要。莫里斯·梅洛-庞蒂很深刻地指出，"在……之上"和"在……之下"这些空间认知都是以身体作为尺度来衡量的（莫里斯·梅洛-庞蒂，2001）。特别需要明白的是，不是静止的身体，而是运动中的身体，手向上可以取到什么与手向下可以抓到什么才构成了空间的方位认知。方位知觉提供发现天敌如何躲避的技巧，方位认知保障一个动物能找到回家之路。

2. 利用可供性解决安全难题

1965～1978 年，考古学家江宁生等在云南的沧源县勐省、勐来两地发现了古老的崖画，崖画产生于 3000 多年前的新石器时代晚期，系当地佤族先民所作。有些崖画反映当时的居住建筑形式，既有洞穴居、干栏式住房，也有架设在树上的巢居。"沧源崖画上有些房屋建在地面上，底层有数根木桩支撑，很明显是一种干栏式建筑的早期形式。"（张增祺，1999）

巢居与人类早期在树上生活有关，也出于对鸟类生活的模仿。架设在树上的巢居是利用了什么可供性呢？具体如下：①避免发大水时导致溺水的消极可供性发生——防水；②树为那些不会上树的天敌提供了一种消极可供性——为人类或动物提供了积极可供性，可躲避天敌；③树枝提供了动物遮阳或防雨行为的可供性——舒适。树枝组合成巢，再进一步发展成干栏式建筑。同样，洞穴则可能是石屋、泥屋的前身。

柏格森认为，原始的生命出于安全与平衡需要进行创造。科学或技术（或艺术）的发现或创造很少是受安全与平衡需求所驱使的，而是源于人类的一种特殊欲望——生命冲动，任何成功都不会使它满足，也不会使它停步（让-弗朗索瓦·利奥塔，2000：48）。柏格森的这一判断出于科学认知活动较少直接受到功利目的影响的特点，并把技术归于艺术。他片面化地理解了人类的高级活动，难道高级的科学技术活动只是出于欲望——生命冲动，没有安全需求吗？其实安全需要始终在暗处较劲，绝对不可放松，“技术把那些不能自身生产和尚未出现在我们面前的东西展现出来”（贝尔纳·斯蒂格勒，2000：12），正是为了更安全地生存。

（四）察觉安全可供性的性别差异

或许是女性在生理上与男性相比处于弱势，因而在安全方面需求更为强烈。有研究表明，在选择避难所方面，女性比男性更多地认为她们可以安全地在树上躲起来。当通过一个狭窄的地方时，女性比男性能更好地知觉她们的手臂应当保持何种姿势。

美国加利福尼亚大学的理查德·科斯（Richard Coss）和以色列理工学院的迈克尔·摩尔（Michael Moore）做了一个躲避捕食者的模拟实验。实验对象为学龄前儿童，他们几乎没有爬树的经验。首先，实验的目的之一是检验他们的避难判断：树的形状是否能够承受他们爬上去的动作？其次，他们想检验一下，是否存在着选择上的性别差异（sexual dinichism）。因为人类学的研究认为，原始人类使用树木发生在200多万年前，女性的身体比男性更轻盈，因此女性是更敏捷的攀树者。男性和女性在树栖或陆地保护区的选择上存着性别差异。科斯和摩尔预测学龄前女童为寻求庇护，更多地选择到树上来躲避捕食者；预测男童更多地寻求地面当避难所；预测女童比男童更多地认识到，树冠边缘附近（如树顶）是安全的庇护处，以逃避巨大的捕食者。在实验中，他们向美国、以色列 3～6 岁的儿童展示了一系列电脑图片，有树的图片，也有位于东非草原上露头的巨大砾石（小丘）。实验者向儿童讲述进入和离开的场景，然后展示雄狮的图片，并下达在每个地点躲避狮子的随机命令，并要求他们指出躲避狮子最安全的地方。实验结果显示，性别差异是明显的，女童选择金合欢树的比例明显大于选择砾石的缝隙和顶端的比例；4 岁女童选择的避难地点明显比男童更接近最宽的洋槐冠的边缘，以逃避巨大的捕食者（Coss and Moore，2002）。

分析早期人类爬树的生态基础和躲避狩猎者的行为模式就会发现，人类对于树的可供性的知觉起到重要作用，女性选择树作为避难所，因为树与女性身体的纤细灵巧契合；男性选择地面作为避难所，因为男性的身体特征更适合于在地面活动，如狩猎。人的身体机能、动作与环境属性完美地契合。

人类进化通过时间增强地面运动性能，从树上来到地面，则是因为总体来说，攀登需要消耗更多能量来克服地心引力，地面的水平运动相对于垂直攀登来说只需要消耗较少的能量，特别是对于体型较大的男性来说。加利福尼亚大学伯克利分校的格利高利·波顿（Gregory Burton）认为，科斯和摩尔的研究揭示了一个祖先的行为模式可以在现代人的行为中隐而不表。这一模式可以更简明扼要地解释男童和女童具有不同的爬树可供性知觉，需要正确地看待这种差异（Burton，2004）。

二、可供性的关系属性解释与建立关系倾向的智力说

技术哲学界有关技术定义的讨论众说纷纭，如果我们暂且不去讨论技术是什么，先讨论技术是在哪里发生的、最初的技术是怎样起源的，可能更有助于了解技术的定义。

由于技术考古学以实物说话，所以自人类学建立以来，讨论技术的起源都过分地将注意力集中于技术人工制品，如石斧这些物化的技术，即使

这些外部技术的呈现是不完整的，因为有些人工制品不易保留，只有石器被保留下来。然而，这种把技术的起源与人分开的倾向在近些年得到修正。柏格森在《创造进化论》中运用逻辑推测出技术起源与智力建立关系的倾向有关。既然谈到关系，就有必要讨论可供性内涵的关系范畴与柏格森的观点是否有相通之处。

（一）智力是建立关系的倾向

柏格森认为，“从根本上看，智力指向既定环境与利用这个环境的手段之间的关系。所以说，智力中那种先天的东西，就是建立关系的趋向。而这种趋向意味着有关某些非常普遍的关系的天然知识，它类似于一种材质，而每个具体智力的活动都会将它再分成一些更具体的关系，因此，活动一旦被指向制造，知识便必然指向关系。但是，与本能对材料的知识相比，智力这种纯形式的知识却具有巨大的优越性”（昂利·柏格森，1999：129）。

这段话包含着几个观点：①既定环境指的是物质环境；②利用环境指的是可供性；③手段指的是技术；④智力的结果产生纯形式的知识。吉布森认为，可供性知觉是动物在自然中直接提取的对行动有价值的信息。因此，可供性的关系属性中内含的价值性成为探讨技术起源的一把钥匙。首先，这种价值性是由物质的客观属性决定的，这种解释要比“既定环境”深刻得多。其次，这种价值属性又是与知觉到的动物行为相对应的，对于蚂蚁有价值的物质属性，如一根1毫米直径的细木棍，为其提供了爬上去的可能，对于人却可能毫无价值。动物与环境关系属性的对应性决定了动物如何适应自然，并应对自然的挑战。这个解释远超出泛泛地讲“利用环境”。最后，探讨人如何将“自然环境属性-行为”的可供性转化为“人工环境属性-行为”的可供性，创造了一种非自然的存在，是解释技术目的性的关键。

至于智力产生的纯形式知识，柏格森的观点可概括为“本能是以某些物或物质为基础的，而智力是以某种关系或形式为基础的”（让-伊夫·戈菲，2000：100）。智力的功能是建立关系，让我们更精确地确定这些关系的性质。从方法论的角度来说，柏格森认为，本能与智力代表了对同一个问题的两种不同的解决方式。“智力就其是先天智力而言，本质是对形式的知识，而本能则意味着对材料的知识。”（昂利·柏格森，1999：127）即智力最终会建立亚里士多德所定义的抽象的数理关系和概念，因此并不能用可供性理论去解释那些形式上的关系性。但是，这些抽象关系的建立能离开生态的关系性吗？

“本能可以确保直接成功，但其效果有限；而智力则要冒最大危险，才可能取得最大的成功。”（昂利·柏格森，1999：123）柏格森的这个观点十分重要，也与下面要讨论的可供性密切相关。可供性的直接获得确保了直接成功，具有生态价值，表面上，相对于技术效率确实不高；技术的根本目标之一就是追求效率，因此智力宁可冒险、不断失败也要达到效率的最大化，但其对生态价值的破坏也许会让人类反思追求效率的代价。

（二）建立关系倾向与可供性

1. 可供性内含的关系范畴提供了建立关系倾向的生态依据

大多数动物依赖于本能面对环境生存的挑战。人类在充分运用本能的基础上，还运用智慧。柏格森指出了人先天可能有这种建立关系的倾向，但是他没有解释这种倾向来自哪里，吉布森则用可供性解决了这一问题。可供性就是人与自然长期相互作用后形成的“环境-动物”系统的关系特质，既非纯主观知觉，又非纯环境特质。可供性的技术性利用则类似于柏格森所讲的智力。“毫无疑问，凡能够做推论的动物都具备智力；不过推论是沿当前体验的方向变换地利用以往的经验，它已经是发明的肇始了。”（昂利·柏格森，1999：119）正因为人具有知觉可供性的能力，为建立性质和形式抽象关系的倾向做出引导，所以才可能过渡到运用其他动物与环境的可供性，从而使本能的人体技术跨到智慧的技术，创造了人工环境的可供性。

2. 可供性解释了技术产生于“注意”的机制

人与自然的互动过程让人获得了对于有利的环境价值的自然关注，过程的无意性让人常常忽略它的存在。哲学家更多地看到的是有意注意，如李泽厚认为，“是感性直观的联结还是非感性直观的联结，都是一种知性的行动，我们把综合这个普遍的称谓赋予这种行动，以便由此同时表示，任何东西，我们自己没有把它结合起来，就不能把它的表象在客体中结合起来，而且在所有表象中，联结是唯一不能通过客体被给予的，而是由主体自身确立的表象，因为它是主体的自发性的一个行动”（李泽厚，2008：117）。这种自发的行动是为了在某个现存领域中获得创造性，就必须有多余的注意力。技术的“注意”是由生物进化的机制与文化进化的机制共同完成的，前者由知觉引出，后者由注意力引出。

3. 可供性内涵的可能性指向技术的预期

技术逻辑就是建立新的关系性。技术是自觉注意、规范行为，但内含本能，早期偏向本能多些，后期则偏向本能少些。运用人与环境的协调性就是为主动地建立一种关系的倾向打下基础。顺风跑得快，逆风跑得慢，人与风的互动也让人体会到一种可供性；手扶粗大的树木向上攀登，树木不倒，都是发现物与人之间的可供性。对动物与物之间的关联性有领悟，潜藏了利用身体与物之间的关系的智慧。由此，借用自然形成的可供性，从无意识到有意识地发现关系，再到有意识地将其应用到其他场合，实现了从模仿动作中领悟，再到从模仿关系中创造，则是一种飞跃。这些可供性（无论好与坏）的技术性应用都是柏格森所讲的发现关系的智慧。“因为在柏格森看来，想要（vouloir）某种东西，就已经包含着对将来的预期，就好像这种东西存于某处——不是实际地存于现在。”（赵伟，2011）

4. 可供性说明了人与物的耦合规律

柏格森在《创造性进化》一书中关于有机物与无机物关系的分析，进一步确证了以人与物质的耦合为特征的技术趋势概念已经包含在他的物质趋势的概念之中。勒鲁瓦-古兰受到柏格森的影响，在《人与物质》一书中提出了技术的体系性建立在“动物的技术学”上，“由于这种关系的一方（人）具有动物的属性，所以耦合的现象必须从生命历史的角度来考察”（贝尔纳·斯蒂格勒，2000：55）。笔者认为，吉布森的可供性理论恰恰从生命历史的角度说明了如今这种耦合关系。技术人工制品如果能供应人的行为，那么它必须在尺度方面与人的身体器官具有可比性。有可比性的人工制品可以被加工和操纵。有些物是轻便的，一个人就可以把它运走，有些则需要两人搬运，无论前者还是后者，这个人工制品都得有供人手完成“抬”这个动作的结构，如一个耳柄。这个结构与人的手的尺寸耦合，是便于抓握的。

5. 可供性也是技术展现的自然逻辑

海德格尔运用“座架”（gestell）一词来讨论技术，含有把人与存在物放置在一起、展现自身的存在、促使它去除自身遮蔽的意思。创造技术逻辑的过程是展现利用可供性的过程，是自然界（人与自然的关系包含其中）的展现。建立关系的倾向已经将人与自然关系的价值呈现，人工制品的原型显露。让-伊夫·戈菲认为，智力要使“无机物质本身，通过生物的技艺，转化为一个巨大的器官”（让-伊夫·戈菲，2000：100），但这种无机的人工制品缺少灵魂，所以“技术是与智力联系在一起的，而这正是其局限所在”（让-伊夫·戈菲，2000：101）。但笔者认为，无机的人工制品不仅缺少灵魂，而且缺少本能。

（三）技术文化的创造——建立新的关系

动物利用自然的可供性达到生存目的是一种本能；人超出了这个层次，打破自然时空限制，创造出人工的可供性，呈现出技术文化的价值。不过，这一过程是相当缓慢的，一开始，可供性更多地被赋予一个自然物上，自然物只是被少量的人为加工所改变，以使可供性（如可坐性）更加鲜明；然后越来越多的人为加工改变了那些并不理想的自然物，逐渐地，一个人工制品诞生了。它提供了人工创造的可供性。不过，所有的人工的可供性都建立在自然的可供性的基础上。人创造人工制品，就是为这个人工制品预设了各种可供性，使用者才能在使用中直接感知各种可供性，产生使用行为。

一个人可以在自然中看到一个与自己身体体量协调、与坐高相当的石块，其可供性引导他坐下；人有意识地创造一个座椅，这个技术人工制品就预先设计了未来的感知和行为。海德格尔的“座架”，更能解释这种技术人工制品对行为的无意识引导和束缚，那种潜在不可言说的力量和规则，就是自然的、生态的力量。吴国盛曾说：“人之所是、人的存在，是由人自己通过技术造就的。技术是人之本质构成的基本要素。”（吴国盛，2001）人的本质包含自然性和社会性，可供性的知觉就是自然性的体现，人的部分本质就是通过利用可供性的方式进行自我塑造。

为了生存下去，在恶劣的自然环境威迫下，某些高级动物也会利用环境信息，将物转化为工具，但这些动物使用工具只是个别的偶发行为，由于动物不会保存工具，所以，动物不会创造技术文化。人创造了物化的人工制品，并随身携带，这对人的意义大于一切。中国学者张祥平在他的著作《〈易〉与人类思维》一书中，提出人与动物的根本区别不是会不会制造工具，而是会不会“化物为奴”。例如，大猩猩也会制造工具，但它不懂得将制造好的工具保存起来下次再用。“占有”观念是人的本性中最根本的观念（张祥平，1992）。占有物的可供性，保留了可供性的反复利用性，在横向和纵向时空中传递物的功能，保持人与物的固定关系性是技术文化的精髓。

人工制品物化了可供性提供的可能性，传递着超出本能的经验、智慧——知识。人可以将工具保留下来，于是文明被传递，也由此发展了默会知识（tacit knowledge）（身体与工具/对象的协调），成为技术的重要标志。康德的理论的不足就是“将人的语言思维中使用制造工具的实践经验和规范相隔绝分离，时空观念/逻辑规律/因果范畴等便变成了不可解说的‘先验’”（李泽厚，2008：8）。其实，物中自有时空观念，物中自有逻辑规律，物中自有因果范畴。

语言是用抽象的符号传递经验，传递感情。语言的发展促进了明言知识的积累和传播，即技术知识的发展和扩散。语言、技术物、原始宗教仪式、艺术的出现汇聚为人类文化，文化在仪式、风俗、用具中沉淀。文字的发明，使这种积累呈几何级数般增长，有记载的文明便诞生了。由此，语言压倒工具，成为最重要的文化形式，探讨人类如何从工具本体变为语言本体是探寻技术文化之道的重要路径（李泽厚，2008：2-5）。

人类大脑有着多样的潜能，技术创造性地延伸了人类心灵和身体的外部要素，如眼镜、车辆、飞机、医药、电脑等。从个体发生的角度看，人类大脑和神经系统的成熟要符合系统发生所蕴含的潜能，使大脑与变化的世界相合。此外，盲人指读、幼儿部分脑损伤却不会伤及脑发育等现象都说明了大脑的复杂、可塑的潜在功能。古人类从非洲大陆向世界各地迁移，形成了不同的社会文化环境，从简单的狩猎采集过渡到农业社会，进而过渡到工业社会、高科技的现代社会，大脑的容积变化不大，充分显示了大脑功能的潜在性和创造性。

李泽厚论述了技术起源的心理机制与技术文化的关系。他说："'自觉注意'不是由外界对象对主体本能需要的吸引而引起的，这样的注意是'自发注意'。我认为'自觉注意'恰恰是抑制了这种注意和本能要求而产生的最早的人类能动性的心理活动。这种注意的对象与动物的本能欲望、利益、要求无关。"（李泽厚，2007：177）李泽厚把自发注意与自觉注意截然分开了，其实即使在自觉注意主导的活动中也有自发注意。

笔者所要阐释的观点与以往不同的是，一般的论述都将人类从自然中直接获得有价值的资源看作是偶然行为："工匠在制作工程中，偶然受到动物或植物造型的启发，从而做出精美绝伦的作品。如《蝈蝈笼子》《鲁班与锯子》《供春壶和荷莲蛤蟆壶》《瓷猫枕的故事》等。"（杭间，2001：263）其实，人从自然中获得有价值的信息是经常性的，只是人没有意识到而已，因为无意识的本能活动往往被有意识的高级活动所筛漏。

三、可供性原理与技术起源的工具具身说

人与自然环境的不可分割性是一切技术创造的本体论基础。对可供性的知觉和利用促使本能升华，人类从动物界脱颖而出，创造了人工世界，

由此又产生了人与人工制品（主要是工具）的不可分割性。发明无机工具和频繁地使用工具是人类智慧高于其他动物的显著特征。用可供性理论解释技术的起源，还需要论证可供性与工具的发明有什么关系。奥利弗（M. Oliver）说："吉布森有关可供性的观点也很值得去探讨。他所探讨的可供性大多是动物性的或原始性的，是石器（如棍棒、手斧、矛、锥子）时期的……吉布森尝试将该理论拓展至更为复杂的可供性——但例子很少，缺乏说服力。"（Oliver，2005：404）

笔者认为这恰恰是吉布森理论的重点所在，就是要重申那些被忽视的身心机制在工具的发明中所起的基础性作用。吉布森的贡献不是解释高层次的智慧，而是基本的智慧。至于高层次的智慧，几乎所有的心理学家和哲学家都做了大量研究。这也从另外一个角度说明，可供性与技术人工制品起源的关系更为密切。本部分将运用可供性原理分析技术起源的具身性，重申知觉与身体的整体性对于讨论工具起源问题的价值。

（一）天然工具：有机的身体技能

一种极端的生态连续性观点认为，技术不是人的发明。"人类学家和生物学家承认，活的机体，哪怕是最简单的如纤毛虫纲，水坑旁的藻类，都是以前由阳光合成的，已经是一种技术装置了。"（让-弗朗索瓦·利奥塔，2000：12）

动物的身体技能是天然的有机工具，所有人造的无机工具都起源于有机的工具。手作为人类最重要的有机工具，在与环境的相互作用中扮演着重要角色。人类在进化过程中，大脑形成了与功能对应的结构变化。手极其精巧，人体90%的操作由手完成，所以，手虽然体量较小，但其在大脑的反射区却远远大于腿的反射区。手的视觉控制与对物体的视知觉同步进行，因此，人往往意识不到两种知觉的一致性，只能从大脑神经系统发生病变的人身上，观察到知觉与动作的不协调障碍。中国有个成语叫作"心灵手巧"，究其一点（双手），不及其余（身体的其他部分）；然而，正确的决定顺序（也是时间上的优先顺序）不是因"心灵"而"手巧"，而是"手巧”与“心灵”同步。

知觉-动作协调反映了身体技能的核心功能。动物知觉到可供性内涵的行为可能性，也就特示了动物与环境的相关特征发生关系。吉布森关注的这些“环境的知识”，并非“来自父母、教师、图画以及书本上的知识”（Gibson，1979：253），其提供了传统的教育心理学从来没有涉及的内容，对于儿童心理发展尤其重要。

一旦引入了可供性，吉布森用相似的方式借用了“价值”与“意义”，我们就会理解最基本的身体技术是什么：第一种，感知物体隐藏表面的操作——打开、揭开和拆分。“我可以想到三种这样的操作，每种都有其反向操作，就像人们对可逆阻隔法则期待的那样：关闭、覆盖和组合。”（Gibson，1979：236）第二种，移动物体的操作——扔。运送物品，看出它们能否用手提。第三种，把握和控制物体的操作——获取任何想得到的东西，要达到操作结果，必须与可供性相匹配。第四种，其他操作。“手的效用几乎是无穷无尽的。操作仅仅属于许多行为中的一部分，却促进了这些行为：吃、喝、运送、护理、爱抚、做手势，还有做标记、描绘和书写等举动。”（Gibson，1979：235）切莫罗已经论证了能力在可供性理论中的地位，在技术中首先是指身体技能，如搜索捕食对象的能力和捕获动物的能力。

生产分工与社会组织结构的形成也与身体技能有着因果联系。分工是人类社会智慧的体现，分工提高了劳动效率。技术分工最早源于有机的身体能力，能力与环境最适宜的关系可产生最佳的结果。最早的分工就是根据生理决定的，如按性别和年龄分工。当人们发现身体器官的专门技能与效率的关系时，开始按专项技能分工，擅长某一技能的人被分配去干更适合的一类工作。“身体技术可以依据其效率分类”（马塞尔·莫斯等，2010：87），眼力好的人观察猎物，跑得快的人追捕猎物，力气大的人搬运东西，擅长沟通的人承担传递信息、经验交流、协调社会关系的任务。

（二）无机工具的起源与具身性

无机工具是与人的身体技能联系密切的一个人工制品。无机工具起源于利用可供性。“所有这些自然的提供之物（offerings of nature），这些可能性或机会，这些可供性具有恒定性，其一直惊人地贯穿于动物生命的整个进化阶段。”（Gibson，1979：19）

无机工具起源的第一步是充分利用有机工具，第二步是利用人与物的契合关系发明一个自然界原本没有的无机物，如发现了与增强手的能力有关的物体，有意识地利用可供性，扩展了人的能力，如木棍、石块与手形成无机工具与有机工具的组合。它们也成为人的身体器官的延伸。无机工具要依靠外部能源发动才能工作。“注意‘加工’（manufacture），就像这个词的英文词本身所暗示的，它原本就具有一种与手工活动有关的类似‘操纵’的英文 manipulation 的词源形式。物体是用手制造的。在这种情况下，鉴别物体也就是感知能用它来做些什么，而这是与手密切相关的。”（Gibson，1979：131）

建立关系的倾向不仅局限于自我，还因为镜像神经元的存在，使人可以领悟他者与环境的关系，发现其他有机体的有机工具与物的契合关系——另一种新的可供性，利用这种可供性，并学习利用这种关系，产生非本能的身体技术。从本能的身体技术跨越到智慧技术离不开对他者关系的知觉，建立了新的关系性，实现仿生性的工具发明。例如，鹰嘴的尖锐与鱼的联系让人类学习到用这种可利用的可供性发明尖头的叉子，创造了人工环境的可供性。由此可见，“不自由的制作，是对手的依赖。与其说是用他们的手制作，还不如说是自然在对他们的手起作用”（柳宗悦，2011：43）。

建立关系的倾向不仅限于有机体与物之间，还发展到对物与物之间关系性的探究。“发明刀子的灵感被认为是源于燧石和黑曜石的碎片，其坚厚的质地和尖锐的边缘，可以刮和切割蔬菜与鱼肉。至于当时的人们是怎样想到利用燧石的，至今仍众说纷纭。但其实也不难想象原始人会注意到这种尖锐物，比方说，很可能有人赤脚行走被燧石划伤。后来同样寻找燧石的行为在发明上的意义便小得多。当燧石数量减少后，古人便转而寻找其他的碎石片，这个灵感也许来自看到落石碎片的自然现象。”（佩卓斯基，

1999：3）这大概也是施托夫雷根认为应讨论事件与可供性关联的原因。例如，花和椰子壳的凹形与水的关系，启发人类发明可存储水、盛水的器具。通常人们会说，人类对凹形这种物理属性的认知导致技术发明，笔者在此特别强调对凹形与水之间的关系性知觉导致发明，两种解读的差异是什么呢？前者割裂了物与物的关系，并使认知一下子跳跃到抽象层次；后者指明了建立新的关系性是发明的本质，并揭示了认知开始于身体对环境的感知，没有被黑曜石的碎片割破过，没有用椰子壳喝过水，就不可能认识到事物的属性。

人们开始只是利用同样形态的天然物质，最后才发展到对材料的加工、塑形。直到现在，还能在印第安人和非洲人中看到更像原始形态的技术所创造的工具和方式。《器具的进化》一书中描述了妇女磨粮食使用的工具和这种行为，"石磨有一个几乎水平的平面，略向前倾斜，妇女跪在后面，用一块被称为研杵的小石头磨碎谷粒"，书中称其"不是技术"，后来男性开始磨面粉后，技术产生了，因为"研杵变大了，上面还挖了加料斗……还加了一个手柄"（R. 舍普，1999）。这显然是受现代技术文化的影响，用一种辉格式的方式解释技术，不承认原始形态的技术。

E. S. 里德根据吉布森所提出的配置性质，参阅考古资料，从新石器时代上溯数万年人类历史，人的周围物品不外是容器、棍棒、船、海绵、梳子、可用于剁或砸之物、乐器、绳子（线性工具）、服饰、尖的工具、刀刃工具、颜料与色素、床、火等，至今没有完全改变。

文明传递也因日常生活的技能反映了最基本的人与物质属性相配的可供性。"具体地说，人类一直在捣碎、剁碎、切割、捆绑、铸造、染色、塑形、加热、戳、蚀刻、涂抹和烘烤，长达数万年之久……然而心理学家对这些活动一无所知是很丢脸的事情。"（Reed，1996：122）儿童整天被这些物品包围，反复观看长辈的操作行为，耳濡目染，在扮演游戏和家务活动中学会操作这些工具也就不奇怪了。

技术是如何起源的是技术认识论的元问题，我们的工作就是要从这里起步。知觉的生态性、直接性是技术起源的关键。可供性与生存的关系、人与动物的“知觉的智能共性”解决了基本的生存问题，但是人与动物的不同就在于人能创造和发明。在知觉的智能共性的基础上有发展，但是这个知觉的智能共性起基础作用，人们以前的错误是忽视了这个基础，只谈飞跃，这个基础是我们研究的重点。

（三）使用工具的具身性

吉布森分析了工具可供性的感知对使用工具的作用，这是对人工可供性的翔实分析。

使用工具包含动作规则。较长物体具有的可用来击打或敲击的可供性是易于弄懂的，但是，捶或打一个目标则需要视觉控制。手的运作与视觉瞄准的行为必须一致，才不至于打伤手。总的来说，使用工具是由规则统率的。刀、斧子和尖利的物体提供了对包括动物在内的其他物体和表面的切割与刺破的可供性。但是操作必须得到小心控制，这是因为，操作者自己的皮肤也和其他表面一样容易被切伤或刺破（Gibson，1979：235）。当工具融入执行任务的有机体以后，与环境会产生一个新的系统。尺度变化，因而行为会发生相应的变化。例如，携带工具穿越森林，需要对最小穿过高度做出判断；当背上猎物以后，质量中心变化，对支撑斜面的可供性知觉随之发生变化。即使是质地粗糙的器具，也会对人的行为产生一定的支配作用。

由此带来的另一个问题就是工具的设计与工具的使用有关。使用工具是智慧性行为，智慧性行为是由动物利用环境的基本行动构成的，能够依据人与其依存环境之间的协调性去行动，是最有效利用环境的行为。加利福尼亚大学的格登·迪亚克（Gedeon O. Deák）认为，“使用工具是人类的专业，比起其他年幼的灵长类动物，儿童显示出更大量的行为和惊人的工具使用能力。非人灵长类动物拥有许多使用手动工具必需的基本运动和行为能力。但知觉-运动专业化、社会文化实践和互动、抽象的概念化等各种功能，包括真实的和想象的，这些特征共同为人类使用工具的专业化做出贡献”（Deák，2014）。儿童的行为往往能真实反映人的天然本质。一些专门研究1岁左右儿童使用工具的报告表明：“孩子使用工具是出于好奇和探索需要，这是让·皮亚杰（Jean Piaget）和伊琳诺·吉布森双方都强调的基于儿童本性的特点。即使是很小的孩子，也对他们的行为效率敏感，从而导致改变策略，将达到更高效的运动行为作为追求的目标。”（Keen，2011）工具的设计应当对这种天然的行为效率敏感。“几乎所有的动作都与手联系着。”（柳宗悦，2006：102）人类早期的工具尽管设计得粗糙，但更符合人的天然身体技术要求，更靠直觉洞察人的行为与环境的协调性。而现代的工具设计有些越来越依赖于计算理性，离可供性的知觉越来越远，由此存在很多缺陷。

利用可供性实现了从有机工具到无机工具的“用”。“用”是技术的本质之一，“用”是超越一切的工艺本质。“一切的品质，一切的形态，一切的造型，都是以工艺之所能为中心来展示的。若是把焦点搁置在外，工艺的性质与美就会逐渐丧失。”（柳宗悦，2011：54）“之所能”就是“能用来做什么”，美必须融于用，“设计的本质是技术原理变为现实性的周密预见和技术的人化”（罗玲玲和于淼，2005）。工具设计的科学性来自可供性（环境的可利用性）的升华——达到技术理性（分析、判断、试验等），工具设计的人化直接来自可供性（引导行为），来自身体的直接知觉。美国技术哲学家伊德（D. Ihde）也谈及身体与工具的“体现关系”（曹继东，2006）。诺曼敏锐地觉察到可供性理论对设计的作用，只要设计符合可供性，人性化就成功了一半。至于设计的科学性与可供性是什么关系，如人体工学（工效学）与可供性理论可以等同吗？这还需要深入研究。

（四）一种使用工具的辩证理解

心理学一直没有解决的问题之一就是，人类使用工具的潜在心理机制是什么。法国昂热大学的弗朗索瓦·欧西朗克（François Osiurak）等审查了计算主义的观点和生态学观点对人类使用工具行为的理论解释力。计算主义的方法假设，工具（如锤子）的使用需要提取感官对象的属性信息（重量、刚性），然后大脑神经系统将其转换成合适的自动输出（把握、锤击）。生态学方法表明，我们不是感知工具本身的属性，而是感知锤子提供了什么（一个沉重的刚性对象提供了猛击），这就是可供性的理论。为了得到新的观点，他们首先定义了工具，有三点共识：①工具是离散的、独立的环境物体；②工具增强了使用者的动作功能；③工具是被使用者在操作性的活动中所限定的（Osiurak et al.，2010：519）。人类并不是唯一具有操作工具行为的生物，只是人类使用工具的行为更频繁和自然，也只有人类能够超越自然本能，而且工具的使用与建造行为很难区分开。

他们得出的结论是：计算主义进路和生态学进路都不是令人满意的，因为这些理论都不能完全解答为什么人类会自动地使用工具的问题。计算主义更好地解释了人类为什么（why）会使用工具的问题，而在解决人类如何（how）自动地意识到使用工具的问题上，传统认识论遇到巨大障碍。生态学进路提供了有机体与环境知觉关系更好的解释。尤其是强调知觉“设计”了行为，可以很好地回答人类如何意识到使用工具的问题（Osiurak et al.，2010：517）。传统的工具使用研究中没有关注到生态学的方法，即处理即刻时态的生物-环境的耦合，如空间方位和势态保持。作为回应，他们提供了一个独创性的理论框架：一个基于可供性知觉和技术推理的辩证观点，建立了一个不违反可供性关键原理的人类使用工具的特殊行为解释。每个技术规律都涉及客体属性与技能方式之间的密切关系，类似于可供性知觉涉及客体属性与有机体能力之间的密切关系。总之，目前的理论解决了长期以来的身心二元论的问题，没回到笛卡儿主义，也说明休谟的观点是错误的（Osiurak et al.，2010：538）。

某些发展心理学的研究探讨儿童使用物体的行为，从中也可看到可供性关乎如何意识到使用工具和物体，即能够自然地理解用途。美国加利福尼亚大学心理学系的杰曼（German）和底菲特（Defeyter）设计了要求儿童利用箱子攀爬去够玩具的实验，结果发现，“5 岁的孩子要比 6 岁或 7 岁的孩子更能想到箱子的非常规的用途。在这项任务中，年龄较小的孩子反而更容易觉察不同于物体预设的可供性。随着他们与这些物体互动的机会增加，孩子们的探索活动越来越受他们对每个物体设计用途的理解限制。同时研究发现，这些孩子将自然领悟的用途作为物体分类的基础，而不是根据物体的物理属性去理解物体”（German and Defeyter，2000）。我们从中可以发现，越是年龄小的儿童，越不按常规去理解物体。

在这里，所谓常规，即人们通常理解的预设设计功能；所谓非常规，即人知觉到的物与行为的关系自然引发的利用行为。也就是说，用途分为设计的功能和自然领悟的用途。使用工具的自然行为不是因为我们感知了这个物体的属性，而是感知了物体与我们相关的属性（用途）。我们不是分别地看到“分离的属性”，如颜色、硬度、纹理、大小、形状，而是知觉到整体可供性，即满足需要的各种不变量的组合。例如，细长的、中等尺度和重量的物体适合手来挥舞，粗的棍棒与锤子适合手的敲打与锤击动作。由此可见，只要一进入功能设计的逻辑程序，人就离本原更远，离人工世界规则更近。

可供性为技术人工制品的具身性奠定了理论基础，可能有助于解释最早的技术人工制品是如何诞生的。技术最早起源于对身体器官的特定使用，突出了某个器官的技能性倾向和工具性倾向，并发现了身体的功能缺陷，而将这种技能性和工具性使用的方式用于非身体性物体。可供性不仅可以解释人的身体与环境物理特性的关系，为合理利用身体外的物体提供依据，而且也从环境的知觉与行为的关联方面奠定了技术操作性的行为基础，人工制品的设计如果不符合可供性原理，则会带来使用行为的困扰。至今，技术体系中不可或缺的技能，是技术的具身性起源的传承，技能对知觉和体悟的依赖、“身物一体”的至高境界都可用可供性来解释。

四、可供性与技术起源的认知冗余说

可供性内涵的价值似乎与功利目的联系在一起，所以与芒福德的认知冗余说有所不同。

（一）技术起源的认知冗余说

芒福德的人类史前进化的诠释方案与很多学者不同，他认为人类的进化动力不是外在的生存竞争，而是内在的心理调适与意义创造。“自由充沛的心理能量是人类进化之源，同时也规定了人的本性：好奇心、探险的欲望、无功利的制作、游戏的心态、符号和意义的创造，是人之为人的根本特征。”（吴国盛，2007：31）最基本的文化形式是“仪式”。除了仪式外，语言的进化也比工具的进化更重要。仪式和交往共同构成了人类社会的基础，而工具是第二位的。这种想纠正以往的研究过分关注工具而忽略精神创造的倾向是有意义的，问题的关键是如何看待人性。

芒福德提出技术起源于人的内在状态，因为人具有冗余的心理能源，这种解释将弗洛伊德有关从少数（艺术）天才人物的心理能量的升华创造观转化为无数默默无闻的普通人参与的技术文明创造观，不能不说是一个进步，人类冗余的心理能量指向符号的创造。但是，芒福德仍然不能回答亘古的心智技术、身体技术和社会技术的起源问题，难道这些技术能够脱离与自然环境的关系吗？心智技术、身体技术和社会技术难道与生存没有关系吗？在处理与自然环境的关系中能不同时产生社会技术吗？从人性角度去理解技术与人的关系确实特别重要，“如果我们能够历史性地把人性的结构阐释成技术，又把技术结构阐释成人性，从而把握它们的共同源头，这个问题就解决了”（吴国盛，2009：32）。

1986年，安徽蚌埠双墩遗址出土了数量巨大、种类繁多的新石器时代的陶塑纹面人头像和陶器、石器、蚌器、骨器，大部分为生活器皿和手工渔猎工具，很多陶片上还有刻画符号（图5-1）。经测定，这些工具、陶片上的图案距今6900～7330年。器具的主要功能是满足生活所需，在陶片上镌刻图案花费的时间已经超出了生存需求。这些图案的发展就是象形语言符号。然而这完全是与生存无关的无功利的行为吗？也许刻有猪形的陶器为擅长捕捉野猪的某一氏族所用，刻有鱼形的陶器为擅长捕鱼的某一氏族所用；而会镌刻图案之人可能会吸引更多的异性，获得更多的遗传优势。生存需求与社会需求、文化需求能够截然分开吗？镌刻动物图案只为消遣吗？它还有生产组织功能。镌刻只能使人获得艺术享受吗？它还有助于繁衍后代。镌刻图案难道不需要使用工具吗？工具是生存技术，同时也帮助人类实现心灵的自由和符号创造。在杜威看来，一切控制整个过程发生变化的能力，都可归于工具和手段。科学认识的对象有工具性的，因此科学具有效用性，“由于艺术利用技术和工具，一切艺术都是有工具性的”（约翰·杜威，2010：5）。

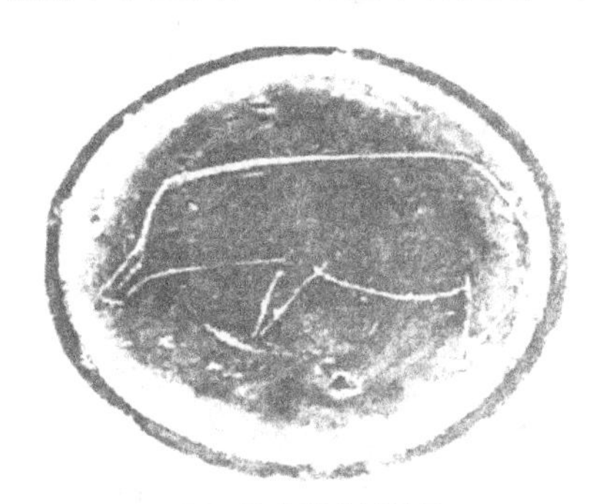

（a）猪形的雕刻符号

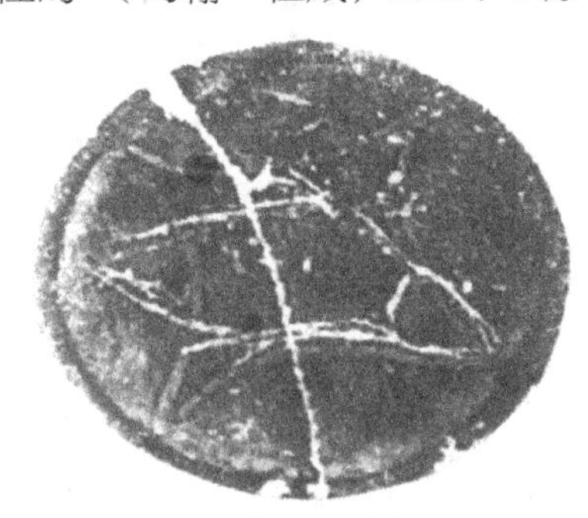

（b）鱼形的雕刻符号

图 5-1　安徽蚌埠双墩遗址出土的陶片图案[①]

“真正推动工业技术革新的力量，在于人的欲望而非需求。例如，空气和水是人类不可或缺的，但空调及冰水却非民生必需品。人类生存需要食物，但叉子却并非必要的餐具。与其说‘需要’（necessity）为发明之母，不如说‘享受精妙’（luxury）为发明之母。每项器具多多少少都有改善的空间，这也正是革新的力量”（佩卓斯基，1999：22）。这样的解释也许说对了问题的一半，欲望是面对空空荡荡的虚空产生的吗？从人性角度去理解技术与人的关系确实特别重要，问题的关键是如何看待人性。空调对于厨房也许并不是必需的，但对于存储某些东西却是必需的。文化艺术创造中确实充分体现了人的好奇心、探险的欲望、无功利的制作、游戏的心态。但是人好奇的对象是什么？从小与外界隔绝的动物怎么会产生探索的欲望？游戏是人类文明的重要组成部分，仅有游戏心态头脑空空又能创作什么呢？忽略了外部环境对人心灵的引导，纯粹内在地讨论人性是不可能清晰地了解的。

① 图片系笔者 2018 年 11 月在蚌埠市博物馆拍摄。

芒福德只从人类文化学的层次来解说人类文明，包括技术文明，缺乏从人与自然的深层生态学角度来解释技术产生的生态基础，因而是不完整的解读。

（二）认知冗余与搜索本能

一方面，认知增加了生物的适应性，由于环境信息与生物行为是对应关系，所以动物行为的选择取决于事先获取的环境信息。认知在于协调生物行为选择，使之符合环境信息要求。从这个意义上看，当生物行为与环境信息相符时，生物习得的知识最有价值。另一方面，认知的功能在于察觉获取信息的此方式（行为选择有赖于具体环境信息的获取）和彼方式（为了迎合特定环境信息而选择行为）之间的差异。例如，戈弗雷-史密斯认为，"认知的价值取决于对知识的理解和对现实图景的心灵建构"（Godfrey-Smith，1999）。由此看来，将现实性建构得越好，生物就越适合生存。因此，生物要使行为预期结果与特定环境信息相符，确保行为调整的灵活性和知识习得的可靠性。

动物与其他有机体的不同之处是，动物可以运动，四处搜索，主动获得信息。搜索既可获得食物的信息，也可发现危险性。无论觅食、寻找伙伴还是躲避灾难，都建立在与环境互补的可供性基础上。"通过形状、颜色、纹理和变形，可以将工具、食物、藏身之所、伴侣、有毒物、火、武器等区别开来。正是环境中事物的积极的和消极的可供性，使得在介质中移动成为这样一种基本的动物行为。"（Gibson，1979：232）到了人类智慧发展的新阶段，可以有剩余的食物和材料用于生存，人类的认知开始转向其他方面——满足好奇心和兴趣。这时，可供性原理同样也扮演重要的角色。

搜索是动物生存的本能，搜索是知觉-动作过程。超出安全考虑的搜索生态信息是认知冗余，所以讨论认知冗余与可供性的联系在当下具有特别的意义。在互联网时代，隐藏在各种操作行为背后的搜索行为被放大了，搜索信息似乎是更高级的活动。人们为什么使用键盘、鼠标，消耗时间在网上无法抑制地搜索下去——因为唤起了本能，这也是以发展搜索为基本功能的技术公司成功的原因之一。手指滑动翻页功能的发明，调动了人的基本操作动作，加剧了虚拟世界的搜索欲望。这恰恰是真实世界中拿着书报翻页、搜索信息行为的再现。最古老的技术创造也离不开搜索行为。原始人在五花八门、色彩斑斓的世界中东张西望对创造的价值，并不逊色于现代人在专业杂志中搜索知识。一块重石压碎了果核，一条尖锐的枝条穿透了果肉，那些留下记忆痕迹的东西多是适宜的可供性，藏在头脑深处，在不经意中就会脱颖而出，转化为实现技术功能的创意。

（三）可供性与自然文化的进化

对自然的认知不仅存在于生态的实践中，还存在于理论化的解读中。因为人类所有的文化都建立在对自然文化认知的基础之上。自然文化包括对自然的理解，以及动物之间呈现的社会结构和社会交流。

人与动物的不同之处，在很大程度上是对自然的理解不同。考古学研究发现，“烹调让尼安德特人与智人走向了让大脑更大的道路”，由于烹调的主要技术是用火，所以“人类使用火的时候，可以说是控制了一项既听话而又力量无穷的工具”（尤瓦尔·赫拉利，2014）。大脑的发育提供了认知发展的物质基础。以色列学者尤瓦尔·赫拉利声称，在距今 7 万年到 3 万年，出现了新思维和沟通方式，这就是所谓的认知革命。认知革命造成人与动物的分野，出现了第二媒介。“在两个二足动物之间，在一个人与一只动物之间，在一个人与一株植物之间，我们会发现两种而不是一种文化媒介——语词和工具。分别来看，第一种媒介必然会引出先赋性与后致性相对的问题，若加入第二种媒介，就不会以牺牲社会为代价去强调生物学与心理学之间的对照关系。”（乔治·吉耶-埃斯屈雷，2015）

人类学家希望从现存的动物行为中发现这种革命的痕迹。从 1966 年起，人们开始尝试进行教授黑猩猩使用符号语言的实验，可是 3 年后，人们却发现同种的黑猩猩在自然生境中竟然会运用工具捕食白蚁。从全球的角度来说，人们对四足动物使用工具的技能所表现出来的兴趣，要比估计这种动物语言天赋的想法整整晚了 20 年。几乎所有的心理学家都在研究猴子的语言，可猴子的手势却少有人有兴趣研究，然而，此类研究同史前史一样，使用工具的行为和使用手势交流都能真正洞察自然文化的进化。这种状况是陷入了人类语言模式的误区，也是认识论对于自然文化的忽视。动物依赖自然语言交流，构成了自然文化。自然语言建立在知觉-行为基础上，因此，可供性是打开跨学科研究自然文化的钥匙。不过，这种研究并不否认动物与人的差异，“动物只是按照它所属的那个种的尺度的需要来建造，而人却懂得按照任何一个种的尺度来进行生产，并且懂得怎样处处都把内在的尺度运用到对象上去；因此，人类也按照美的规律来建造”（马克思和恩格斯，1979：97）。只不过这类研究有助于了解人类行为更本原的方面。

芒福德对社会技术的起源，如语言的原发性假设有一定道理，却忽略了从自然文化角度看待人与动物的连续性。环境提供的行为可能性构成语言的发生学基础，技艺与身体存在的隐性关系影响语言的技术性形成。范·利尔·利奥将语言习得的术语从输入（input）、引导主动参与（engagement）改为行动的可能性（Leo，2000）。原因在于，他认为输入这一概念将学习者的脑袋视为电脑，似乎有资料输入，就会有输出。而这种固定的模式，其实并不符合实际的语言习得过程。范·利尔·利奥将个体、行动与环境的关系简绘如图 5-2 所示（Leo，2000：155-177）。

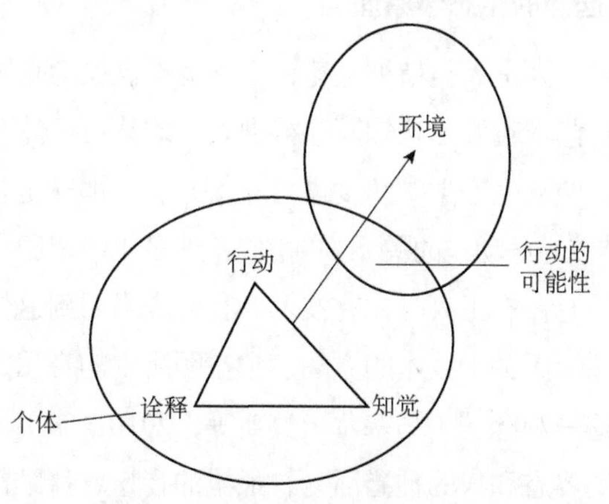

图 5-2　个体、行动与环境的关系[①]

① 此图引自戴金惠. 2016. 创新中文教育：生态语言教育观. 台北：新学林出版有限公司，第 27 页，图 1-5.

行动的可能性即可供性，是一种关系可能性，而且这种关系具有即时性与互动性。“行动的可能性为自主的个体在行动中通过感知诠释出新的意思，而这一主动的个体，通过行动之于环境所衍生出来的关系就创造出行动的可能性，它是一种衍生出新意义的可能性（meaning potential），也是衍生出新行动的可能性（action potential）。”（戴金惠，2016：27）因此，将真实的语言情境置入语言（能指）和世界（所指）的关系中，语言才可能发生，语言中的语法规则也才能出现。从衍生的观点出发，语法并不是沟通的前提，而是沟通的副产品。“词汇”衍生出“语法”。所以，语言的技术性是第二位的，语言所代表的行动可能性才是第一位的。行动的可能性促成了语言的技术性发展，符号化的语言隐含着与身体技艺的隐秘关系，用一个例子就可以充分说明：根据《说文解字》的解释，“支”是“手拿竹枝”之意，表示手的动作。

芒福德对语言的理解仅限于抽象语言，他过于强调人与动物的间断性，所以还需要从人与动物的连续性与间断性的结合去解读冗余的心理能量，吉布森的可供性是一个好的视角。

（四）艺术起源的生态学原理

艺术通常被认为是人类精神之花，当人类不仅仅为吃饱而忙碌时，艺术也就诞生了。艺术起源于认知冗余得到人们的认可。然而，考察艺术产生的过程，还需要从生态学的角度进行深入分析，那就是艺术与技术的关系，以及艺术与知觉-动作的关系。“我们在许多年中都犯了一个根本性的错误，即认为只有在有工具时才有技术。我们应当回到这样一个古老的观念，回到柏拉图学派关于技术的立场，柏拉图所说的音乐，特别是舞蹈的技术，并扩展这一观念。”（马塞尔·莫斯等，2010：84）不仅最早的绘画描绘的是动物的姿态和人的捕猎活动，最早的音乐、舞蹈都与声音感知和动作节律有关，也与具身性的生产技术活动有关。杜威则认为，动物的行为是审美经验的起源。看到人和动物的相似，而不过多地纠缠两者的区别，才能找到审美经验的源头。“行动融入感觉，感觉融入行动——构成了动物的优雅，这是人很难做到的……当野蛮人在极为活跃之时，他对周围世界的观察力最为敏锐，他的精力最为集中，当他看到周围的激动的事物时，他自己也激动起来……他的感官是直接的思想和行动的哨兵，而不像我们的感官那样，常常只是通道。”（约翰·杜威，2010：21-22）

已有学者探讨了音乐与可供性的关系，发现身体的韵律是产生音乐的关键。“是什么激发孩子探索环境和发出最初的声音，那是出自自发的行为和完全沉浸在基于身体（bodily-based）的意向性。自发探索活动是首先关注外部的事件、对象及其属性和环境的布局。通过手动勘探对象，婴儿发展他们的运动行为和熟悉的音乐结构，如重复和变化。”（Menin and Schiavio，2012：211）把可供性看作音乐客体与音乐主体的关系属性，就很容易发现孩子们获得的身体体验的缘由，环境与身体会使孩子们构造一个音乐背景，产生以音乐为导向的行为，学习与动作配合的基本音乐语言，如简单声音定向行动——敲打、拍手、踏步、转动身体、摇头。“从这个角度来看，音乐可供性的概念与音乐导向（或音乐心灵亲和）行为这个关键概念相关，那么，可供性变成理解音乐体验的个体发生基元的关键，并导致其形成了完整持续的音乐—具身—意向性的发展过程。”（Menin and Schiavio，2012：211）那么，绘画与可供性有关吗？笔者认为，绘画的诞生与知觉物体表面的天然纹理有关，岩石上的纹理不会消失，是一个重要启示。至于人主动创作绘画作品的动力，则出于记录。一种观点认为，岩画源于生死观——图像代表了一种永生和纪念。“艺术诞生于墓葬中，一旦逝去但在死亡的刺激下旋即复生。”（雪吉斯·德布雷，2014）

所以，有一种观点认为艺术来源于恐惧，环境的恶劣始终对人的生死起着决定性作用，使人在心理上产生巨大压力。人对死的恐惧，不仅存在于当下，如天敌逼近，还存在于对长生不老的预期中，希望长生的期许折磨着人的意志。人类创造的艺术，依靠于其他技术，产生于与环境的互动，这绝非偶然。死亡和永生似乎总是诗人和作家表达的主题之一。恐惧是创造的心理来源之一，心里存在对死的恐惧，生的愿望就激发了通过创新改变命运的行为。至今整个人类都仍在恐惧：对后代生存的恐惧，对人类灭亡的恐惧。但恐惧不能仅从心理上解释，生态学的观点可以提供另外的思路。

生存需要是生物进化中具有最大优势的力量，如体力消耗最少的物种存活的希望最大，因此方便获得能量和省力（少消耗能量）的技术创造出现；同时，生存又源于生命延续和物种保留——性爱，因此情感表达的艺术创造出现，情感交往有利于物种的繁衍。由此可见，情感的需要（繁衍后代）与认知的需要（生存下来）在某些时候是融为一体的。立恩哈德在《智慧的动力》一书中就谈到，灯塔就是一项好的技术，好的技术发明源于人类的情感需求，不只是满足物质功能（约翰·H. 立恩哈德，2004）。作为陆生动物的人类有亲近大地的情感，在大海中航行的心灵始终是飘浮不定的，灯塔指明航行方向，给人以生的希望，也满足了回到陆地的踏实感。

创造还来自对舒适的追求，其实质还是来自恐惧。舒适不仅是心理体验，还是生态体验。舒适的姿态减少体能消耗，高于平均做功水平，这样在物种的竞争中处于优势，可减少过早死亡的概率。工具的发明是初级的，只是模仿人的某个器官功能，机器的发明则是向模仿整个身体系统功能转变。人创造了艺术，艺术也是从模仿走向创造，例如，戏剧模仿真实社会，美术模仿自然画面，音乐模仿自然声音。原始宗教仪式包含了所有艺术的雏形。宗教背后隐藏着人类的身影，证明神的不朽，其实代表了人类对永生的渴望和对死的恐惧。

总而言之，笔者认为技术既是人类生存的方式，又是艺术得以实现的手段，所以，涉及人类物质生活和精神生活的实践，都与技术有着不解之缘。现在很多看法是把技术与科学连在一起，却把技术与艺术分割开来，这绝对是个误解。认知冗余所强调的心灵自由和游戏心态确实促进了认知革命，但只从认知系统的内在角度解读人的认知革命是局限的，可供性理论提供了内外统一的生态理论，不仅对技术起源的认知冗余说是有力的补充和完善，也证实了艺术起源的生态学原理。

第二节 技术人工制品发展的生态逻辑

什么是技术人工制品？虽然作为对象的“制品”与人类技术密切相关，但“制品”是纯粹的名词，并不包括在动词性的名词“技”与“术”之中。简单地界定，人工制品就是人创造出来的自然界中原本没有的物品。自然界原有的有机物，如农作物和家畜，即使人的力量介入了，它们也仍然主要是靠自然的力量生成、成长的，这类物不被纳入纯粹的人工制品。人工制品与人工自然不是画等号的，人工自然包括纯粹的人工制品，如机器，也包括人改造过的自然物，如一些动植物。到目前为止，人还没有达到自然（在某些人心里是神）的能耐，创造出具有生态自我的人工制品。自古以来，农牧业的生产靠天吃饭的程度大于其他产业，因为生物产品既具有制造特征，又具有自组织过程，人的主观意志所起的作用比较有限。人试图通过人工制造的功能替代和控制天然的自组织过程。生物工程的出现逐渐实现了人类的这个愿望，但很多时候还是难以成功地控制这个过程。

与人工制品相近的概念还有人工性。人工性是指人为性，即通过技术实现人的目的性，而不是靠自然的力量实现，“人工性含有这种意思：感受上类似而本质上不同，外表相像而不是内里相像”（赫伯特·A. 西蒙，1987），如类人机器人外表像人，但本质不同。人工性还含有另一种意思，外表感受上不同，而内里相像，如计算机与人脑的存储功能相似。从广义上定义技术，任何人工制品都是凭借技术生成的，因而也可称为技术人工制品，人工环境也被包括其中。狭义地定义技术，技术人工制品是器具的典型代表，是与人对立统一的物件。

英文“生态”一词源于古希腊，意思是指家（house）或我们的环境。通常理解的生态就是指生物与环境之间环环相扣的关系。其实生态的另一本质是指生物富有生命力的状态，意即自然生长的生命，生物之所以能保持这种状态，离不开其生活的环境。人工制品是靠人为力量创造出来的无生命物体，所以本书定义的生态，更强调其生命性，即靠自然力量的生长性。根据可供性理论分析，笔者认为技术人工制品的发展是从生态的身体与工具的融合，向非生态的以代替身体功能为主的技术系统发展，再向人类智能逐渐逼近，其中的逻辑是生态与非生态的不断转换。

一、生态自我与非生态技术的融合——以工具为核心的技术人工制品系统

工具是最古老形态的技术人工制品。以工具为核心的技术人工制品系统形成于人类社会的早期实践，它有三个特点：①很强的具身性，以工具为核心的技术人工制品的功效性发挥，依赖于人的身体技能与对环境要素的理解，因此工具的发明、使用都可发现可供性机制；②工具的无机性，这个时期，人与人工制品的关系是生态自我与非生态技术均势结合的产物；③以工具为核心的技术人工制品系统比较简单。分析人类早期形成的技术，把工具作为最典型的技术人工制品，并非排斥其他人工制品，如与环境、材料结合的器具类技术人工制品，后者的形成在人类文明史上发挥着重要作用。

（一）人类早期技术的强具身性

第一，工具的强具身性。柏格森提出了“人类技巧”一说。这一说法在重新唤回技术与技艺在人类历史中的地位时，依然有其价值。“一种实用的技艺有两个根源——动作或者工具的发明，以及使用它的传统，确切地说，使用本身——而在这两方面它本质上都是社会性的物。”(马塞尔·莫斯等，2010：51)早期技术的具身性，指技术必然依赖于身体动作，运用人的机体完成的技能没有无机工具的影子，如摘取果实、品尝果实。有了工具之后，工具成为身体的一部分，如切菜的刀和装水的陶器就是手臂和手指的一部分。工具作为人身体的延伸，与人构成一种具身关系，也可称工具就是身体一部分器官的加强版。工具的成熟是变成最合手的东

西，或变成与身体某个器官最合体的部分。技术娴熟的工匠操作工具的过程是工具融入身体技能，无法分开；而在生手那里，工具与身体的契合还需要一段时间的磨合，才能与其独特的身体尺度、用力角度和力度契合。

第二，工艺的强具身性。在古代技术体系中，工艺与工具不同。工具使用时与人一体，不使用时可单独存在；但是工艺作为人的直觉和经验，与人合为一体。工具作为人工制品，可以存留于世上千年。古代工匠多数不会文字书写，记录的工艺少之又少，有些独特的工艺诀窍只是由某个人掌握，离开这个人，技术系统就无法运转，这个人离世，这个工艺诀窍就会失传。工艺靠的是以直觉为核心的体悟，在中国传统文化中，直觉是大道，是对自然的领悟，属于隐性知识。我们的身体是我们接收一切外部信息的最终工具，而不仅是大脑。我们通过身体的感知运动同外界事物接触，身体证实了我们是有生命的物体，这区别于一台计算机与外界的互动。"当我们把某种东西作为隐性知识的近期阶段时，我们把它留在了自己身体里面——或者延伸自己的身体来包围它——以便我们能够逐渐在内心留住它。隐性知识形成分为两个阶段，第一个阶段（近期阶段），依靠身体接触的感觉；第二阶段（远期阶段），感知事物，意味着远离身体。"（克里斯·亚伯，2003）

在以工具为核心的技术体系中，工具不再是人类的直接目的，而是达到目的的方法和途径。工具和工匠的技能决定了效率，最能体现这一思想的是"能工巧匠"一词，"能"是"能耐""技能"；"工"则指依靠技能使用工具的人；"巧"指巧思，节省时间；"匠"则指那个能使用工具、凭直觉、有巧思之人。能工巧匠代表了人类早期技术是工具与工艺融为一体的技术形态。工具和工艺的强具身性虽然限制了技术传播的范围，却代表了技术与身体最契合的关系。

（二）器具应对世界与可供性

史前的技术对材料的领悟是人类智慧发展的关键，材料属性的认知实现了工具的功能，制造了各类器具，承载了人类的生产和生活。同时，材料也是工具得以发挥作用的条件，因为对材料的认知构成了工艺的核心知识。在经济学中，材料指劳动资料的一种。马克思曾经说过："劳动资料不仅是人类劳动力发展的测量器，而且是劳动借以进行的社会关系的指示器。"（马克思，1975：204）考古学家从经济学角度，根据制造工具和武器的材料发展水平，把人类早期历史阶段划分为石器时代、青铜时代和铁器时代。

在史前制造技术中，芒福德推崇器具（utensil）甚于工具，认为容器（container）优先于工具，重视器具制造（utensil-making）、编织篮子（basket-weaving）、染色（dyeing）、制革（tanning）、酿酒（brewing）、制罐（potting）、蒸馏（distilling）等活动。他认为，过去的人类学家过分关注进攻性的武器和掠取性的工具，而忽视了容器在文明史上的地位。像炉膛、贮藏地窖、棚屋、罐壶、篮子、箱柜、牛栏，以及后来的沟渠、水库、运河、城市，都是文明的盛载者（吴国盛，2007：32）。笔者认为，进攻性的武器和掠取性的工具实现的是获取和空间扩展，而容器实现了存储和时间扩展。从某种意义上说，容器是一种有特殊用途的工具，是存储东西的工具。

容器，作为手工工具的作用对象，也是人类在实现对环境表面和材料属性的认知后将两者结合的产物，都离不开人对物的知觉-动作。例如，用泥塑造形的能力最早来自对脚踩的动作与脚印的知觉。从注意动物的脚印到人的脚印，古人类知觉到环境表面的可变形可供性，体悟到脚可使黏土随意塑形，于是更灵活的手加入。至今我们仍能从儿童喜欢到泥浆中踹、乐此不疲地玩泥巴中发现那种天然人性。随着原始人观察到自然山火使泥土变硬的作用，陶器由此诞生。材料形态认知由动作引发；相反，制作时，对材料的形塑预设了引发的新动作。例如，小碗的外形预设需要一只手端起，为了平衡和防烫，加了一圈碗座；大罐的外形，预设了用双手才能抬起，加了双耳提把，以便提拿。所有的制造，无论是工具的制造还是器具的制造，都含有可供性原理。

工具和容器统称器具。海德格尔的“器具观”认为，我们知觉/体验的世界，夹杂着能被我们所用的物体。这让我们得出了这个结论：“可供性不能孤立地存在。器具的总体性（totality）意味着每种工具都在我们的世界组成过程中发挥特定的作用。”（Turner，2005：795）现象学家伊德提倡后现象学，“一方面，后现象学意识到实用主义在克服早期现代认识论和形而上学中的作用。它在正统实用主义中发现了一些方法，这种方法可以避免将现象学误解为一种主体性哲学，甚至有时被认为是反科学的，沉溺于观念论和唯我论的问题”（唐·伊德，2008：30）。因此，伊德开始研究那些物化了科学思想和方法的科学仪器，从中发现经验主义哲学的某些启发。伊德的观点是正确的，吉布森受经验实用主义影响很深，他的理论与伊德的后现象学研究技术人工制品的视角十分吻合。

（三）“非生态自我”技术系统的萌芽

技术的发展经历了从有机（身体）技术向无机技术的过渡。人与工具的关系是生态自我与非生态技术结合的产物。两者之间呈现出人强势、工具稍弱的状态。工匠的技艺也是生态自我与非生态技术的完美结合。“如果施于器物的技能不是恰到好处，那么器物就是粗劣的，这就说明技巧同样是拙劣的。”（柳宗悦，2006：107）物与技能是相匹配的。

人与有机工具（身体）的不可分割性，在无机工具出现后，发生了一些微妙的变化。使用工具时，工具与身体的一体性，在动物与人身上是共同的，人与动物在使用工具行为特征方面的巨大差异体现在工具的携带性上。人占物为奴，工具作为有机器官的外延，已经成为主体的附属部分。技术建立了新的关系性，如手与黏土的关系。新的关系性建立的过程是对可供性的领悟，新的关系建立的结果，又蕴含着新的关系，即人与工具之间的可供性、人与器具之间的可供性。

可供性的概念延伸至技术人工制品的探索层面。比如，自动门丝毫未承载抓的行为，一旦人站在门附近，门就会开启。一个门把手也许没有马上提供如何旋转的可供性，但是人一旦抓住了门把手，随意或探索性地向下用力尝试，就会得到触觉信息，这个信息会揭示出扭转门把手的可供性。当门把手被完全扭转时，扭转门把手便自然过渡到了推开门的行为。推门的结果则表明此门是否承载打开门的行为，一个封闭的门则不承载打开门的行为。可供性概念是一种嫁接知觉和行为因素的直接方法，在设计中这种方法能够使互动界面便于了解与使用。可供性作为分析技术的手段，在探索人与人工制品关系的内在心理诉求以及理解设计原理上是有帮助的。一般来讲，设计中考虑可供性有助于改进新出现的人工制品的可使用性。

早期90%的工具是手动工具。柳宗悦曾说，"'手'直接意味着'人'"（柳宗悦，2006：102）。手作为人类有机工具的典范，任何动物的肢体都无法与之相比。手的精巧性创造了许多可与大自然相媲美的物品。"与自然的手相比，再精致的机械还是显得粗糙。"（柳宗悦，2011：67）无机工具作为人类创造的人工制品的典范，代表着一种理念：用无机世界的效率代替有机世界，从而人类的创造物可与自然的创造物比肩。因此，以工具为核心的技术系统是非生态自我技术系统——机器诞生的萌芽，直到技术发展到巨机器时代，这个核心的理念也并没有改变。

当然，只考虑工匠制造工具是不够的，工具在使用中不能没有用户的介入。这就是真实的行为建构性，不可能没有建构者的干预。可以设想，确定相应的可供性，指导我们选择最适合的对象去执行任务至关重要。但是，"可供性的概念并不适合于解释工具与对象的二元关系，或者是一个被建造的建造物的不同要素之间的关系"（Osiurak et al.，2010：538）。可供性理论并不是万能的理论，只有在解释基本的人与物的关系时才是有效的，人类社会的复杂性动机不在可供性可以解释的范畴内，比如，伍德伯恩的理论认为，狩猎采集社会有两种政治制度类型，分别建立在即时回报和延迟回报的基础之上。在即时性收益制度中，人们每天只搜寻当天所需而不为将来储存食物。这类活动的技术要求简单，每个人都能很快地满足自己的需求。在延迟性收益制度中，人们付出劳动获取能成为个人财产并借以掌握权力的资源（马塞尔·莫斯等，2010：121）。这类社会策略的形成肯定不适宜用可供性解释，却与人的欲望和技术发展水平有关，促进技术向更有效率、更复杂的层次进化。

二、非生态自我的技术系统形成——以机器为核心的技术人工制品系统

工具这种无机人工制品的出现，以及融入人的技能中，开辟了人工世界的建造历史，形成了一个独立的人工制品世界，又被称为人工自然或第二自然。人工自然发展到今天，最能代表这个人工世界理念的就是机器。以机器为核心的技术人工制品系统与以工具为核心的技术人工制品系统有着不同的特点。工具是与人的机体技能协调的人工制品，而机器是靠新的能源驱动和控制的复杂人工制品系统。

机器系统的特点可概括为四点：①机器是独立的非生态自我，具有不同于有机体系统的运动规律，只服从于物理化学规律，“非生态自我”是一个复合词，相对于“生态自我”而言，并不是真的有了自我，而是制造了“自我”的假象；②机器的功效性与人的身体技能关系不及与技术知识的关系密切；③机器的具身性仅限用于通过动作或信息与人相互作用的界面，可供性机制在界面设计和身体技能两方面发挥重要作用；④机器系统的进化类似于生物界的进化，但是有不同于生物界的新特征，表达了非生态自我极强的扩张性。

（一）机器建构了独立的非生态自我

非生态自我是人的无机映象，非生态自我的技术系统是指技术人工制品具有相对独立于人（有机身体）的存在性，可自主完成动作和一定的功能。非生态自我的技术系统不具有自然的生长性，更不具有情感和创造力，因此笔者认为非生态自我只是制造了“自我”的假象。

以机器为核心的技术人工制品系统更多地依赖于科学解决技术问题。机器是近代工业革命的产物，工业革命所标榜的工业精神、功效性均不太

依赖于身体技能而依赖于知识。

科学直接作用于技术，使技术知识的传递更加便捷，迅速地超越了有机体动作潜能，提高了以机器为核心的技术人工制品系统的生产效率。

从工业革命开始，时间性成为一种束缚社会运转的规制。在产品的复杂性与对效率的追求同时存在的要求下，技术仅靠直觉不够用了。只有手段的复杂——机器的出现才能应对。古代大型工程并不存在效率上的特别要求，一项工程可以拖几十年，甚至上百年，而现代工业工程则在时间上有严格要求。蕴藏于工程师和工人身上的技术知识不再只是现场的经验积累，而是来自贝尔实验室这样的科学研究机构。科学用数学的、精确的、探究的方式和言传知识解读了许多技术直觉背后的默会知识，知识的可传授性实现了技术效率的巨大飞跃。

典型事例来自德国化学家冯·李比希（J. von Liebig）如何窥探直觉中的本质，发现了“柏林蓝”配方。有一次，李比希到英国的一个颜料生产厂考察，看到一口大锅里装着配好的有机溶液，工人用一根铁棍在锅里不断地搅动，搅拌时发出巨大响声。工长凭借经验在介绍操作规则时说，搅拌声音越大，蓝颜料的质量越好。李比希以他丰富的化学知识和敏锐的观察能力，找到了隐藏在搅拌与颜料质量中的经验因果联系。搅拌声响只是表面现象，搅拌声音大，无非是用铁棍使劲地蹭锅，把更多的铁屑蹭下来，铁与有机溶液发生化合反应制成蓝颜料。后来，他写信给德国的同行，解释了内在的化学机理：用这种材料制作蓝颜料，只要加些含铁的化合物就可以，并不需要搅拌时发出巨大响声，于是德国科学家将这一化学配方命名为“柏林蓝”，这就是“柏林蓝”配方的发现过程。现代技术设计需要运用科学知识，而不是体悟和经验来处理问题，如有些运动品牌厂商可以根据每个运动员的运动数据和脚的生理指标设计鞋子。

功效性的实现还依赖于管理科学的发展。科学开始左右技术，不仅体现在产品和工艺的设计上，还体现在工业生产的组织方式上。工业设计也从包豪斯开始，成为工业化的操作模式——组成讲究效率的团队，按专业分工协作。技术人工制品的效率至上的逻辑在生产中得到更淋漓尽致的体现，如生产流水线的发明。流水线又称为装配线，是一种工业生产方式，指每个生产单位只专注处理某个片段的工作，以提高工作效率及产量。1769年，英国人乔赛亚·韦奇伍德开办埃特鲁利亚陶瓷工厂，在厂内实行精细的劳动分工，他把原来由一个人从头到尾完成的制陶流程分成几十道专门工序，分别由专人完成。这样一来，原来意义上的"制陶工"就不复存在了，取而代之的只是挖泥工、运泥工、拌土工、制坯工等，制陶工匠变成了制陶工厂的工人，他们必须按固定的工作节奏工作，服从统一的管理。流水线成为一个流动的大机器。流水线在工业生产中扮演着重要的角色，优化流水线直接关系着产品的质量和生产效率。流水线中的工人是机器系统中的一个环节，在人机界面上，工人的动作遵循动作经济原则，所以在能满足生产要求的条件下，尽量排除或简化其他的动作。因此，流水线的工人不是生态自我的个体，而是非生态自我——机器的附属品。

（二）机器界面的具身性

以机器为核心的技术人工制品系统越来越脱离身体技能，那么，这种技术体系与可供性有什么关系呢？

原始形态的技术成形于知觉可供性，构建新的关系的智力飞跃。在以工具为核心的技术系统中，工匠的技能、精神、价值观、行业规则和知识体系联系在一起，工匠的生产和创造处处可触及可供性。在以机器为核心的技术系统中，人仍然与人工制品接触和互动，但机器通过动力系统开动，其外部影响介质就会引发其运作。机器这种非生态自我的逐渐完善，达到了对人的动作的大部分替代，因此必然出现机器向非具身性逐渐泛化的趋势，可供性原理在其中所起的作用有限。

第一，机器采用程序操作的方式大大超过具身性操作。以机器为核心的非生态自我技术系统是一个多层次复杂的世界，人与人工制品的关系，已经大都不再通过具身性技能把握，只需要手脑来间接操纵。这个复杂的机器系统就是芒福德所称的“机器体系”（刘易斯·芒福德，2009）。人工制品通过递归的关系表达，在某一阶段可能只是一个物质化的表示，如设计文档、规范列表、一个蓝图描述等。随着构建之前的规定与法律背后的力量，其构造时已经成为一个新的方案。在复杂的技术系统中，超结构的层级表现为身体延伸的持续重叠，已经脱离以生态自我为支点的世界，人更多地通过智力和抽象符号意义，而不是身体去把握这个世界。只允许身体在特定的人机界面上知觉到界面形态的可供性，实现对机器的操纵。

第二，社会建构的力量介入了机器操作的复杂性。人与机器进行反复的互动，人塑造了技术结构，而技术结构也塑造了人的使用行为。这种互动，在某种程度上确定了对技术使用结构的生产，即使用文化的再生产。技术人工制品不是一个违反自然规律的怪物。例如，火车不能设计成没有铁轨，否则它会因单位压强寸步难行。火车也不能设计成车厢朝下敞开，因为地心引力会使所有的货物和人掉下来。同时，火车也不是与社会系统的各种尺度、文化和已有的人工制品不相协调的东西，火车被社会接受，也得符合社会心理习惯。最初的火车上的蒸汽机简陋，时有火星溅出，叫声怪异，被人称作“吐火鬼”，为了让当地、当时的文化接受它，经营者采用马戏团演出的方式，向公众展示火车，使公众逐渐接受。“世界是有效性或身体行动能力的‘镜像’。‘社会性’和‘物质性’出现无可救药的纠缠。利用这一点，我们可能会辩称，技术人工制品的‘社会性’和‘物质性’之间的关系是德里达所说的一个相互的决定和补充。”（Bloomfield et al., 2010：432）

第三，具身性尺度只存在于有限的操作交互界面。以机器为核心的非生态自我技术系统的建立，还有一个标志就是形成脱离身体度量的新标准。从视觉尺度上，机器可小到纳米尺度，在显微镜下操作，也可大到人身体的数百倍。从触觉尺度上，技术人工制品可以超高温、超低温运作，等等。技术的标准化，是技术科学化的体现，科学的数字化、准确化影响到技术。

在某种程度上，机器的技术标准化可不依赖人的身体指标来建立，技术的标准化脱离身体尺度已成大势，只在局部的人机界面参考到人的身体尺度。脱离人的身体的量化、可测量是工业化的重要条件，由此也就限制和压抑了本能，由此可见非生态自我的非具身性趋势。

第四，技术人工制品的使用界面需要遵循可供性的理论。无论怎样，现代技术人工制品超结构的层级呈现可递归关系，最终人都要在人机界面上实现对机器的操控。人与人工制品的生态性关系即使被压缩到很小的层面，也仍然建立在具身性的基础之上。尽管机器的作业终端经常代替人去实现与物的互动（如挖土机挖土），但机器的控制操作界面还是建立了新的人与物的可供性。在不同的界面中，显示屏的窗口也可以承载显示内容的行为，如计算机显示屏滚动框承载拽的行为，滚动窗口的知觉可供性依赖于拖拽滚动框揭示窗口内容的可供性。连锁式可供性表现在不同情况下可供性的交替变化，输入设备（如键盘、鼠标）与显示屏指针（如箭头、小手、刷子）也承载了不同的互动（Gaver，1991）。

（三）机器系统的进化法则

新设计的技术产品都是有历史继承性的，人们或者能从自然界中找到它的原型，如车轮来自滚动的原木；或者发现新产品与旧技术产品的关联，如火车在马车基础上的发展，呈现出一种系列的进化和演变。即使是一颗极富原创性的技术种子，也能寻找到它与其他事物的关系，只不过是发生在最高层上的关联。

贝尔纳·斯蒂格勒认为技术已经发展为一种体系。“把技术作为体系的条件就是不能把它当作手段来认识……与手段范畴格格不入的技术体系性在现代技术之前就已经存在，它是构成一切技术性的基础。”（贝尔纳·斯蒂格勒，2000：29-30）笔者认为，以工具为核心的技术体系，已经显露了这些特征，到了以机器为核心的技术系统，体系性成为一个重要特征，即技术不再是存在于自然中的个别手段，技术已经成为嵌入自然的一个系统，它是否也像自然系统一样进化呢？

苏联发明学家阿奇舒勒（G. S. Altshuller）用发明问题解决理论（TRIZ[①]）把技术系统与生物系统做了类比，说明某项技术如何从一个“细胞”发展至“系统”。一辆飞机是一个“细胞”，航空工业是“系统”。系统的成长通过发展变得复杂是普遍规律。阿奇舒勒把技术系统的进化分为四个阶段。第一个阶段是为技术系统选择子系统的阶段。例如，大约100年前人类开始研制飞机，选择子系统，如形态系统和动力系统，最后飞机的形式被确定，使用固定的翅膀和内燃发动机。第二个阶段是技术系统改善的阶段。发明者改善系统的不同部分，选择最适合的材料、大小、形态，以及选择不同的发动机位置。第三个阶段是技术系统动态化的阶段。子系统开始失去自己的原来形象，永久连接的部分已经变成具有灵活关系的部分，有了收放式起落架，翅膀轮廓可以改变，前部机身可以向上或向下移动，等等。第四个阶段是技术系统自我发展的阶段。例如，太空飞机系统可自我操作，摆脱火箭助推器重新组织等以适应变化的环境。

20世纪70年代中期，阿奇舒勒又总结了技术系统的进化法则，他把那些必然遵守的进化模式归结和定义为技术系统的8个进化法则，并且把它们分为三组，即静力学、运动学和动力学。静力学包括完备性法则、能量传递法则、协调性进化法则；运动学包括提高理想度法则、子系统不均衡进化法则、向超系统进化法则；动力学包括向微观及增加场应用进化法则、动态性进化法则（赵敏等，2015）。

其中，最基础的是完备性法则，即一个完整的技术系统包括四大基本要素，即动力装置、传动装置、执行装置和控制装置。这是系统存在的最低配置，缺一不可。它们的目标是使产品达到最理想的功能与状态。这四大要素承担着系统的各部分间存在着的物质、能量、信息和职能的联系。

至此，经典TRIZ的技术系统进化法则体系基本成形。后经阿奇舒勒的学生完善，又发展出多种技术进化法则。技术系统总是沿着“单系统—双系统—多系统”的方向发展；两个以上的技术系统的集成方式有同质的、

---

① 苏联发明家和创造学家阿奇舒勒于1946年创立技术发明理论。TRIZ是发明问题解决理论的拉丁文首字母缩写。

非同质的、特性有差异的和反向特性集成的等；系统扩展与裁剪同时进行；技术系统不能无限制地集成为超系统，必须兼顾系统可靠性和运行效率；当技术系统进化到极限时，实现某项功能的子系统会从系统中剥离，向超系统进化，成为超系统的一部分。

在研究技术系统进化的规律问题上，日本同志社大学理工学研究所教授市川龟久弥博士与阿奇舒勒有着类似的观点。市川龟久弥也吸收进化论思想，将技术人工制品的发展看成是类似生物进化的过程，提出了技术发明的等价变化理论。他认为技术实际上是一个由低（质）水平向高（质）水平进化的过程。那些经由创造而实现质的飞跃的技术发明，除了所用的时间很短外，在进化阶段方面，同历时亿万年的生物进化逻辑并无本质区别。市川龟久弥选择了在动物进化史上最早取得进化成就的昆虫个体的发育过程作为等价变换理论的模型。由于昆虫发育中具有“完全变态”的特点，所以被称为完全变态模型。等价变换理论模型的建立是通过对生物的发育过程和事物的创造过程进行类比完成的。该理论认为，任何新发明的人工制品都是从旧事物中产生的，旧事物同所要发明创造的新事物之间存在着继承和发展的关系，两者总是存在着共同的本质，这种共同本质就构成了两者之间的等价关系。如果寻找到这种等价关系，舍弃旧事物中消极的、过时的要素，再加上作为新事物所特有的要素，便可实现新旧事物之间的等价交换，完成发明创造（市川龟久弥，1971）。

比较上述两种有关技术进化的创造理论就会发现，TRIZ 更为宏观，描述了一个技术体系从萌芽到自组织系统的进化过程，有助于发明家把握整个技术系统进化的阶段，从而把握发明的战略方向。而市川龟久弥的理论更为精细，可归纳为发明一个产品的细节进化规律。

然而，以机器为核心的技术人工制品的进化毕竟不是生物进化，只是类似于生物进化的一种隐喻。“进化隐喻通过聚焦于选择作用而非有意识的设计，强调了有利的社会经济环境在促进技术变化中的重要作用。”（约翰·齐曼，2002：iii）但是人的主观能动意识对技术的介入，总是比没有自我意识的其他生物更易张扬自己的创意、美感和价值观。“人类发明大都缺乏生物进化的两大优势：大规模并行和地质时标……人类发明扮演了一个倾向于灵巧的达尔文过程及灵巧的拉马克过程。两者缺一不可。”（约翰·齐曼，2002：187）

对机器的支配曾经使人类获得了巨大的满足感，从支配他人转而支配物。近些年来，随着有机的意识形态的发展和成熟，人们对于机械的机器系统的崇拜已经弱化了。“心理学的核心问题就在于了解人们自身也处于某种运动状态——这一问题并不能很好地用机械论语言表述出来。”（Reed，1996：9）用无机物模仿生态自我的人，总是不能尽意，这是由生态自我与非生态自我的差异性所决定的。借助分析综合的方法论和对机器系统的把握，人类对于自然的规律、技术手段和人性的联系都有深入的洞察力，逐渐完善对自我的认识，出现了新的技术人工制品类别，技术不断地处于否定之否定的过程中。

三、向生态自我技术系统的迈进——人工智能的解读

技术的发展趋势就是不断向人与人工制品的耦合发展。在新的发展阶段，人工制品从代替人的动作向代替人的智能前进，出现了人工智能。

笔者的观点是，人工智能是技术人工制品系统由非生态自我向生态自我进化的过渡形态。它的特点是：①在模拟智能的基础上建构行为系统，但还不具备完整的生物具身性认知，实现了具有有机系统的部分行为能力，正在建构行为的生态自我；②智能人工系统界面需要极强的互动性，要充分运用“人机一体化”的可供性进行设计；③人工智能具有“思考的自我”的数理思维能力和“制造自我”的部分规划设计能力，对现实世界的影响超越机器，可增强人类智能和扩展人类智能；④以生态自我的概念内涵来衡量，人工智能目前还不具备生态自我的智慧，这是由于人工智能不具有“行为的自我”的知觉-行为的先天本能，不具有“学习的自我”中的情感介入性，也不具有“思想的自我”的直觉想象力，更不具有“制造的自我”的社会文化创造能力。这是人工智能目前不可能完全替代人的原因。

（一）在智力拟人基础之上建构行为系统

人工智能是人工制品发展的更高级形态。机器只是模仿了人的操作行为，部分地实现智能化，而“人工智能是人造系统所具有的一种模仿、拓展和超越人类智能的能力”（胡虎等，2016：7）。也就是说，人工智能在模仿人类智能的同时，还会模仿自然界的一切智能，用以增强人类，甚至在某方面超越人类。这个定义区分了人工智能与人类智能的不同，有助于明确智能的发展方向，找到让人工制品更具有智能的切入点。但还是没有很好地回答“智能是什么”的问题。人工智能如果能模仿人类智能，那就要具有人类的本能、情感和理性，能够进行创造，如果只是模仿了理性思维，那还是“智能”吗？

目前，人工智能在逐渐兴起，它是否能像人类那样具有生态自我的特征呢？

首先，人工智能成功地模仿了人类的知觉行为与环境互动的智能。互动是情境的，又是进化的，如有学习提升能力。赵敏认为，人工智能系统分为五个层次：①状态感知；②实时分析；③自主决策；④精准执行；⑤学习提升。初级智能系统只具备前三个特征，恒定智能系统具备前四个特征，只有开放智能系统具备全部五个特征（胡虎等，2016：9）。其次，机器人本身不能学到的系统新功能，需要依赖开发人员设计的识别模块使其具有学习提升能力。一个有趣的目标作为未来的研究输入，再设计一个功能安排。新功能可能源于一种高层系统的解题方式。最后一步中，机器人具备学习新功能的能力（Moratz and Tenbrink，2008）。这个模式是按科学分析的方法将人的认知过程做了分解，人类的感知、分析、决策、执行和学习提升经常是一气呵成的，仅在事后的反思中分出阶段。在高超的计算技术和其他技术的作用下，人工智能也能一气呵成地完成解题，也在预设的范围之内。但是人类智能还有其他人工智能不具备的智能模式，例如，人类可以通过手工技术创造出各种精美的艺术作品，可以通过某个知觉感知最不可思议的变化，其灵活性远超预设的计划，等等。

人工智能的行为智能与人的行为智能的区别是，人天生具有对可供性的直接知觉，而人工智能只能是后天的，人的行为智能具有生物具身性的认知，而人工智能只具有人工性的认知。可供性理论的出现，为人工智能模仿人类知觉可供性提供了可能，提高了智能水平，但也划出了有机与无机的界限。

运用认知科学和生态心理学的理论，人工智能人工制品已经可以应对动态的、不可预测的环境，可以满足一系列随时间变化的目标或动机的系统，而且此类智能人工制品在处理这些目标的过程中，能基于已有的经验改进其能力，已经成为一个自适应行动者，并且具有行为的进化能力。2008年，欧盟委员会针对人工认知系统的研究制订了第七框架计划。其中一个受资助的认知系统项目是多感官自主认知系统（multi-sensory autonomous cognitive systems，MACS）与动态环境进行感觉和使用可供性的互动。专家评估将可供性作为一种方法，或者当成一种隐喻，来直接连接感知和行动，用来设计新的、强大的、具有直接知觉环境信息的机器人（Erich et al.，2008）。

中东科技大学的沙新（E. Sahin）等利用可供性知觉可以增强人工制品的智能水平和行为可控性，促进了机器人设计领域的研究者的探寻，首次将“环境”概括为“实体”，将“施动者”概括为“施动者行为”，继而指出，施动者与行为之间的每层关系产生的影响是关系的外化（explicit）。他们借由从环境和施动者到影响（实体、行为）的阐述，使可供性概念形式化（formalization）。他们创建了外部“影响”（effect）和“施动者（agent）行为”这样的二元关系，并通过形式化概念解释实体。行为、可供性、影响和施动者存在对等关系（equivalences），“可供性是施动者（人、动物、机器人）状态（或意向性）与环境某些属性之间的关系。”（Sahin et al.，2007）他们同时利用了吉布森的另外一个重要概念——“光学流”，让机器人“意识”到的运动控制并不只是取决于对环境构件的关注；机器人要通过视觉对光阵列的知觉，了解所处的环境位置、相对速度，这些总体把握影响到施动者的运动控制。

他们的观点也得到了都岑（A. Duchon）等人的响应，提出了生态机器人（ecological robotics）这样的概念，并将生态心理学理论应用至机器人研究领域（Duchon et al.，1998）。坚持生态学的方法在于吉布森对光阵列重要意义的强调，即视觉是施动者从环境中获取信息的最显著方式。“光学刺激流（flow of optical stimulation）为运动控制提供了信息的‘持续反馈’。”（Gibson，1955）

丁奇（I. Düntsch）等利用光学流原理让机器人能够得到恒量动态流信息，在拥挤的实验室和中庭进行导航。安置于顶部的摄像机不断地为机器人提供反馈信息，旨在控制在环境中运动的相对速度。机器人无须内设识别障碍程序，亦可成功地导航，避开周围的障碍物。研究人员还主张在自动化机器人内部重构一条“怎样做”的路径，旨在支持该论点：通过刺激，大脑能够区分“怎样做”与“是什么”的路径（Düntsch et al.，2009：3），其设计原理基于可供性关系（图 5-3）。

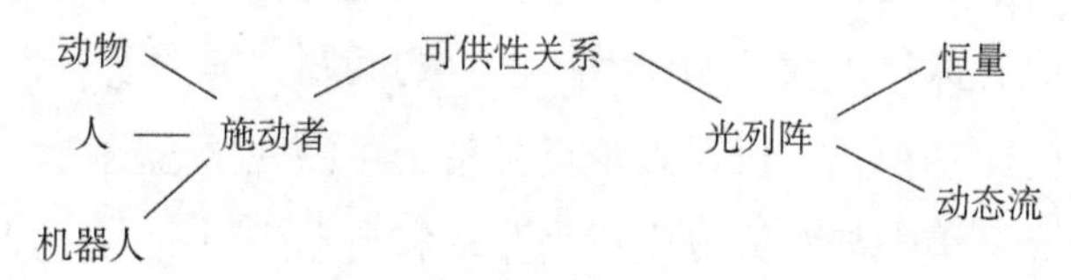

图 5-3　可供性关系[①]

（二）人工智能代理界面的互动性

有人断言，“未来新的‘人机一体化’最大的可能发生在‘界面’上，也就是人‘没有界面’或者‘感受不到界面存在’之下的新的人机关系，因为人工智能代理人完成了与环境的界面互动，人只是在另外的机器上获得互动完成的信息或者只是观察到机器人代理人完成了任务。从这个意义上说，当今的智能装备，的确尚未触及‘心物关系’的深层。但大幕已经拉开”（段永朝和姜奇平，2012：19）。人工智能作为人的代理，将完成许

① 此图译自 Düntsch I，Gediga G，Lenarcic A. 2009. Affordance relations//Sakai H，Chakraborty M K. 12th International Conference，RSFDGrC（Rough Sets，Fuzzy Sets，Date Mining and Granular Computing），2009：第 2 页，图表 1。

多与环境的互动。

有机体与环境的可供性对应着人工智能系统与环境的可供性。所谓智能系统就应当具有与环境开放的智能互动能力，而不是电子机械互动。当然，在“机器人-环境”中，人被置换成人工智能系统后，这种关系性的存在只是一种模仿，智能系统毕竟不是人机系统，所以在人工智能领域运用可供性理论解决问题，都是模仿有机体的感知模式和行为方式，是有机体与环境关系的一种变种。这些研究者在他们理解的基础上解读可供性，将可供性概念纳入机器人自动控制上来，赋予人创造的智能人工制品具有捕捉可供性的能力，人与物之间建立了新的可供性关系。例如，德曲（R. Detry）等用捕捉可供性模型处理机器人学习问题和表达问题。模仿人类捕捉物体可供性与持续表达行动可能性相应的密度函数（捕捉密度），链接目标相关的捕捉点，计算机器人的成功概率。实验表明，机器人通过自主学习可以提高成功率。实验测量了成功预测可供性与捕捉选择成功率之间的最大概率和可达到的限制（Detry et al.，2011）。

可供性概念探讨了我们如何看待世界的问题，提供了一个连接感知、行动和推理的原初视角，机器人视觉可基于可供性概念塑造，机器人根据可供性原理在环境中与对象发生行为互动和自动应对行为。智能机器人在本质上是动态的、时间依赖的，所以，只要获得这些动力学参数，子系统就能够在系统演化状态实现之前预见到系统演变的趋势，完成行为控制的职能。但机器人目前并不能具有人类的全身心活动，以及知觉与环境互动的复杂可供性，机器人与环境关系的形成还有赖于中介模糊零散的结构信息，缺少时空变化的机制及语境的塑造。

也有一些学者从真实的技术实践角度考虑可供性在智能人工制品上的运用。2006年，维亚斯等提出交互的可供性在技术设计中的特殊含义，建议可供性概念应该从两个层面被对待，即人工制品层面和实践层面。“我们‘互动中的可供性’概念非常类似于‘实践中的技术’概念。我们在此提及的可供性以及‘实践中的技术’归于活动与实践的范畴，主要指向使用者及其环境、社会文化建构。此外，‘实践中的技术’与可供性都是由解释（interpretive）与行为（behavioral）维度构成的。”（Vyas et al.，2006）在此基础上，维亚斯提供了一个基于结构理论的概念化的可供性。研究者把可供性的内涵视作“用”而不是“行为可能性”。这样的可供性是以大的组织社会文化为动力的（Vyas et al.，2016）。

（三）人工智能是否可以超越人类智能

人为什么要设计人工智能？是对人类智能不满意，还是最满意？所谓不满意，就是要让这个人工制品还要具有其他生物的智能，超越人类智能；所谓最满意，就是人类制造的人工制品可模仿最高级的人类智能。在笔者看来，上述两个原因都有。技术专家的动机似乎更出于前者，哲学家的动机似乎更出于后者。

人工智能不仅模仿人类智能，还能模仿其他生物的某些功能，拓展了人类智能，使人类兼具其他生物智能。模仿动物的感觉器官、神经元、神经系统的整体作用，已经成为一门学问——仿生学，包括力学仿生、分子仿生、能量仿生、信息与控制仿生、智能仿生等。例如，气步甲炮虫自卫时，可喷射出具有恶臭的甲虫高温液体“炮弹”，以迷惑、刺激和惊吓敌害。科学家将其解剖后发现，甲虫体内有三个小室，分别储有二元酚溶液、过氧化氢和生物酶。二元酚和过氧化氢流到第三小室与生物酶混合发生化学反应，瞬间就成为100℃的毒液，并迅速射出。这种原理目前已应用于军事技术中。因此，人工智能在某些方面会增强和超越人类智能，成为生化机器人或超级智人。同时，人工智能与人类智能相互镶嵌，不仅人工智能系统中镶嵌了人类智能和其他智能变成智能人工制品，能够独立完成人类的工作；而且人类智能中镶嵌人工智能，也增强了人类智能。这说明主客体总是同时进化的，客体的进化同时带来主体的进化。

类生物的人工智能可以代替人去处理各种特殊环境的麻烦事情，如前去危险地带、与地雷打交道的机器狗。但是更大量的人工智能是增强人的某方面智能的智能设备。类生物的人工智能都是“人机一体化”实体，即无机化的身体和仿制的智能大脑；智能设备的“人机一体化”则是“有机体+人的智能+增强智能”。无论哪种类型，“人机一体化”都要求面对复杂的情境，具有人与环境互动的智能，那么互动就发生在人机界面上。

仿生学体现了人类意志对世界的侵入，人类的目标机制可被用于更为复杂的动态情境。很显然，人类利用科学知识逻辑地解决技术问题已经轻车熟路。对于物体的预先布局或者强化物体某方面的属性也是易如反掌。网络的丰富信息和电脑的处理速度都极大地增强了人脑的功能，也抑制了人的某些技能的发展。技术人工制品作为非人行动者，发展到人工智能阶段，更深刻地体现了这种特质。阿克里希指出：“创新者的大部分工作，是将世界的视域（或预言）铭记在新客体的技术内容之中。”（张廷干，2010）

在智能化技术发展的当代，特别值得讨论的是人工智能是否能超越人类智能。笔者认为，这是一场时间与空间的较量。究竟是沉淀了数百万年时间的人类所具有的生态自我更为优越，还是通过模仿自然界所有可能模仿的生物功能的人工智能更为优越？人工智能已经在某些特质方面超过了人类，凭借着人类对各个领域知识的占领，获得实体空间和虚拟空间的扩展，以自然演化历史的时间长度来考量，人类只用了瞬间，就产生了智能巨变。但是，我们不能不看到，由于人工智能在某些方面超越人类天然智能是可能的，所以人工智能可能会作为“疯子”的帮手，而成为正常人类的敌人。或许，在一个疯子的眼中，那些没有情感、只有行动自我的机器人才是他统治世界最好的帮手，因此需要警惕人工智能的双刃剑效应。

正是出于对科学技术发展趋势的忧虑，费耶阿本德认为，人在三个方面对自身的“创造性”缺乏认识。第一，理论方面的问题：还没意识到这是一个“心-身”关系方面的问题，而不是物理描述的世界。第二，实践方面的问题：“人在将自己视为自然和社会的主人之时，而且在人的辉煌成就正黑云压城似地威胁着毁灭自然和社会之时，如何能够与世界的其余部分重新结合为一个整体？”第三，伦理方面的问题：“人是否有权利按照其最新的思想去塑造自然，以及与其文化不同的其他文明形式？”（李创同，2004）

显然，在这些困境中浮现的核心问题是：人作为与自然不可分离的部分，是应与自然和平相处还是不断巧取豪夺，以为自己才是世界上真正的“主体”？

（四）非生态自我向生态自我过渡的障碍

可供性蕴含的关系所具有的实践客观性在人工智能技术实践中得到部分体现。但是，这种人工智能即使应用了可供性理论的设计，也仍然只是一种环境-人工制品互动的模仿，难以达到有机体与自然互动的有机性，奥妙只在一句话：人工制品有本能吗？

人与环境的互动在于两者之间的生态关系，人的灵活的感知反应和自主选择性都与所生存的小生境相适应、相契合，人机互动的规则应基本遵循这种生态关系，即使目前人-机建立了一种新的非平衡关系。若想人工智能达到人那样的智能，必须逐渐建立生态自我。

非生态自我向生态自我过渡要解决如下几个问题：如何具有“行为的自我”的知觉-行为的先天能力？如何具有“学习的自我”中的情感介入能力？如何具有“思想的自我”的直觉想象力？如何具有“制造的自我”的社会文化创建能力（创建真实的生活世界而不是物理世界）？这四点大概可以作为生态机器人的四定律。

阿西莫夫曾在《我，机器人》（1950年）一书中把机器人学三大法则放在最突出、最醒目的位置。机器人学三大法则是人类从伦理学角度对机器人的规定，上述所阐释的四点则是从生态学的角度来评估机器人的智能水平。

目前人类制造的机器人尚无直觉能力，也不会产生感情（也有人认为这恰恰可以规避感情导致的失误），无法具有那种在与外界的互动中天然地体悟可供性的能力。即使现有的机器人设计努力地运用可供性的原理，加强它对环境的知觉，但终究不具有那种无法言说的直觉。因此人工智能的创造力终究不能超出人类，从人工角度看，机器人是人创造出来的，创造者总胜于被创造者，生态世界的规则是进化论，被创造者却可能胜过创造者。

著名设计师诺曼也谈到了物的自然性。毫无疑问，这种自然性是无形的。面对物的自然性，人类无须有意识地认知就会获取这些信息。人工制品与有机物的类似性（analogies），甚至是物质性，也具有明显的解释性。类似性是社会化的产物，将自然视为文化的征兆（symptom）。诺曼认为，设计中过多地遵循人工传统设计出来的物，让使用者很难学习，因为机械化的学习无法产生自然的认知模式。而自然的这种"随性"（arbitrary）传统是有价值的（Oliver，2005：407）。智能人工制品在极力地向自然性过渡，希望通过某些具身性，如仿人类神经元的人工系统的智能及决策智慧（如"阿尔法狗"），获得最高智能。目前人工智能这类人工制品只是分别在某些方面获得了类似人的能力，能不能通过无机的途径造出一个有机物，至今不能得出答案，关键是：无机物如何获得有机物的自然性呢？灯塔水母几乎可以无限重复再生，一旦受到威胁或伤害，它就会立即从性成熟状态回到水螅状态，重新开始生命的循环，无机人工制品的自我修复能力还差得很远。

智能人工制品能否像人一样直接知觉？这里还涉及一个重要的概念——反馈。诺伯特·维纳（Norbert Wiener）抓住了一切通信和控制系统的共同特点，即它们都包含一个信息传输和信息处理的过程。反馈也是自动控制理论的核心概念。当初维纳与神经生理学家罗森布卢斯（A. Rosenblueth）合作研究长达十余年，创立了控制论，其灵感来自火炮弹头控制与猫抓老鼠行为的类比。后来生理学也引入了反馈概念（feedback idea），发展为反馈性自动调节机制，大大丰富了生理学理论研究。

不过，作为生命系统的自组织性，反馈性自动调节机制并不具有滞后效应，如猫抓老鼠。可供性的直接获得与机械的反馈性自动调节机制是一样的吗？如果智能人工制品具有了电子脉冲式的反馈性自动调节机制，就是具有了可供性的直接知觉吗？具有反馈性自动调节机制的人工制品并不具有对可供性的直接知觉，仅从这一点上，智能人工制品也落后于人类智能。利奥塔曾经对技术的理论下了这样的结论："似乎作为'元'（meta）的这种调节是将自己作为参照的。很好，但是要知道，这种调换参照层面的能力仅仅来自言语的象征和循环能力……换言之，只有被称为'人'的那个物质整体被赋予一套非常精密的软件，你们的哲学才是可能的。"（让-弗朗索瓦·利奥塔，2000：13）

人的复杂性决定了知觉-动作与环境的关系更为根本，而不是功能与环境的关系，这源于身体技术探索靠知觉-动作的规律。欧洲有一种观点，认为电脑通过了"图灵测试"等事件带来了悲观论盛行：人类终将被自己制造的机器所代替。而反对理由也很简单：相对"低下"的身体部分决定了相对"高尚"的大脑——手、口、足等身体器官的功能还远未被代替，那么，由于身体其他部分对大脑的决定作用，电脑在可预见的未来仍然无法完全代替大脑。

人工智能的非生态自我面对的另一个障碍就是难以满足生态效率。笔者认为，可供性揭示的有机体行为-环境关系属性说明了有机体具有更本原的力量。自然界的许多"天然设计"机能完备、结构精巧、用材合理，同时对于有机体与环境的关系来说，又符合自然的经济原则。可供性暗示着适应环境的最安全、最有效的生态行为倾向——最节省体力，最节省资源。所以笔者提出了"生态行为效率"（ecological behavior efficiency）的概念，即天然形成的有机体的行为与环境资源之间的最优效率，以区别于"生态效率"概念。人工技术在提高技术效率的同时，往往降低了生态行为效率。人工智能若能从非生态自我向生态自我迈进，则不得不解决生态行为效率的问题。

另外，人是一个高度社会化的、有丰富情感的动物，让机器人有情感的努力取得了一定成绩，麻省理工学院的研究者正在做"情感计算"的攻关，“可以感知情感的机器人是一个新兴的研究领域，它提出的问题与它能解决的问题一样多。”（唐纳德·A. 诺曼，2015：182）通过计算主义的途径或许可以产生一个让人类满意的机器人，它可以与人类互动，可以识别人类的部分表情，也可以表达它的情感（人类只因为它是机器人而降低标准），但是，那是它的自我意识还是一堆电子元件的情感？也许只有通过生物学途径才能设计一个有自我意识、有情感的人，但那又涉及社会伦理难题。有人认为，“文化观念的转变至少衍生出两种规范：其一，对‘可供性鼓励和支持了技术探索行为’这一观念的文化认同……其二，对于可供性逐渐转变了‘科技只是少数工程才能掌控的特殊东西的观点’的文化认同”（Kolko，2013）。

目前，数字化生存的人类，处于物质实体、人类意识和数字虚体中。人类可通过虚拟网络技术在虚拟网络中极大地扩展空间，个体可以获得世界各个角落的信息，与各个层次的人、物互动。所以有专家称，智能革命是三体智能革命，发生了三体之间的交互作用，形成两个大循环和三个小循环（胡虎等，2016：14）。因此，智能革命并非只是人工智能的革命，人类与技术一起进化，即人类与人工智能一起进化。因此必须记住：人类要把握自己的命运需要高于人工智能的智慧。

第三节　技术的社会性与可供性的适用范围

讨论了技术人工制品与可供性的关系之后，从生态学层面去理解可供性似乎是不够的，于是可供性向社会领域的扩展成为一个话题，特别是在讨论技术认识论时，这也是不能回避的问题。

社会为什么会接纳一个技术发明却拒绝另一个？社会环境作为选择的力量代表了什么？技术人工制品的进化与自然的进化是否只有统一的规律，还是有其独特的规律？另外，虽然可以从概念的层面将技术发明与创新两者加以区分，但是在现实层面，两者经常是交叠存在的，后者涉及的因素更为复杂。我们从中可以发现，某一技术人工制品被接受，不是单纯地受技术逻辑左右，经济原因、政治原因、宗教原因、文化原因都在其中产生影响，这便是技术的社会建构论观点。从哲学层次上理解，技术关乎人的存在。在技术人工制品的实现过程中，个体欲望与集体道德均不可排除。同时，人与自然也存在冲突，欲望与道德的竞争是人类社会永恒的话题。

一、人工制品的社会性对可供性的质疑

阿尔布莱切森（Albrechtsen）等认为，诺曼与吉布森“或多或少地将可供性视为静态的界面现象”（Albrechtsen et al.，2001：10）。他们指出，吉布森没有将高层次认知活动，包括文化、语言或知识纳入可供性，而高阶可供性（higher order affordance）可以与维特根斯坦（Wittgenstein）的语言游戏联系起来。他们认同吉布森关注关系而非工具或人的主张，他们采纳了吉布森将工具（tool）解释为“身体的延伸”（extensions of the body），这类似于列昂季耶夫（Leontev）描述的功能器官概念。同时，他们还分析了可供性无法回避的一般化问题（Albrechtsen et al.，2001：26）。在笔者看来，这恰恰是吉布森坚持的原则——生态效应与文化效应的不同，否则，一切混为一谈，可供性生态学意义的独特性也就丧失了。就好比把弗洛伊德的生命无意识与创造力混为一谈也瓦解了精神分析理论的独特意义一样。但是，如果把环境概念扩展到社会环境，从社会生态的角度重新考察人与环境的关系，那么是否可以扩展可供性的内涵呢？

（一）扩展可供性概念内涵对否

文化是给定的和自在的行为规范体系，文化是自觉的精神和价值观念体系。文化无法割断与人的紧密联系。文化是历史上的人们在共同生活过程中创造出来的成果。人必然带有文化的烙印，人所创造的环境也必然承载着文化的内容和特征。因此环境行为研究离不开文化。文化中最主要的形态就是语言文化。本书在第三章已经介绍了吉布森本人并未

排斥文化的可供性，因此在文化生态与人的互动中可供性机制就会发挥作用。

据吉布森在康涅狄格大学授课的讲义（未出版发表之手稿），他曾将人工制品依不同的创造目的分为三类：强调使用功能的人工制品；强调物品使用功能以外、意义表征的人工制品；增强美感的人工制品（Gibson，1974）。他只在讨论第一类物品的设计，如制造、形态赋予等中提到了可供性。由此可见，符号意义的互动似乎不在其讨论的范围内。

笔者认为，人工制品与行为有关的情境都具有可供性的实践应用范围：①人（包括人群）与人工制品（包括人工环境）之间有使用功能互动关系的设计中；②人工制品（如人工智能人工制品）与人工制品之间有互动关系的设计中；③仿有机体人工制品与环境（包括自然环境和人工环境）有互动关系的设计中；④人与虚拟环境有互动关系的设计中；⑤仿真图像中有机体与环境有互动关系的设计中。

前面已经论述了技术起源与可供性相关，也讨论了自然语言的起源与可供性有关。吉布森认为，在抽象的符号语言交流情境中可供性的作用则是有限的，只是在讨论交流中人的运作、面部表情和声音情绪时，存在人的可供性。从语言是一门技术出发，可供性是否又与语言产生关联呢？语言作为一门生产性的技术，这个观点是从尼采开始的，尼采通过对古希腊修辞学的关注，认为语言也是一门技术，明确提出来的人是海德格尔。如若把语言当作一项技术，那么作为技术的语言与其他的技术（生产技术）之间肯定存在着隐匿的关联，鲜有将这二者联系在一起者，而技术现象学却具有这种视野。将语言与技术混同起来和严格区分开来，都是错误的。语言处理的主题都是能指和所指之间的关系，而只有将海德格尔的现身情绪、莫里斯·梅洛-庞蒂所说的具身认知等置入语言（能指）和世界（所指）的关系中，语言中的技术性才从遮蔽到显现。文化领域的可供性十分复杂，并不能否定文化与可供性没有关系，也不能认为人与文化环境的互动都遵循可供性机制。

（二）扩展可供性内涵的几种尝试

一种观点是人工制品内涵的文化特质涉及文化可供性；一种观点是有机体内在的可供性（认知）涉及文化的可供性，这一观点后来扩展到神经生理学的微可供性。

英国爱丁堡龙比亚大学的弗尔·特纳提出了两种可供性：一种是简单的可供性，另一种是复杂的可供性（Turner，2005：787）。他列举了两个事例：一个事例是，一个锤子落在了猩猩笼子里，猩猩将其拾起，摸索几分钟后，猩猩学会用锤子头部抓耙任何可以抓耙的墙面，这是简单可供性。另一个事例是，美国的一个年轻人因为不熟悉英国老式的关门火车（slam-door trains）设计，打不开车门。这种设计需要乘客打开车窗，将手伸出车外，转动车厢外侧的手柄，将车门打开，这是复杂可供性，它涉及文化和熟悉度。他认为除了解释可供性的“好”与“坏”的标准之外，还应该虑及熟悉度（familiarity）。对第二个事例的解释也可变成：打不开车门是因为这个人工制品的设计，没有再现自然物与人的打开行为相契合的要素，即可供性，不能引导直接知觉和自然发生的打开行为。但是类似情况确实经常发生在使用技术人工制品的情境中，是需要设计师理解可供性机制进而改进设计，还是用复杂可供性的概念将许多复杂因素纳入这个概念之中呢？如果技术实践就是复杂的，那么如何理解复杂的可供性呢？

美国堪萨斯大学的认知科学研究者张家杰与哥伦比亚大学的帕特尔（V. L. Patel）把可供性分为五类：生物可供性、物理可供性、知觉可供性、认知可供性、混合可供性。这种观点主要是把可供性分为内在的和外在的。环境的可供性是外在的，有机体的可供性是内在的。张家杰等认为，吉布森本人承认学习、记忆等能力的重要性，尽管吉布森所阐述的互补性只是在物质现象水平上（即一个人的身体结构与椅子的结构耦合），但可以进一步扩展（Zhang and Patel，2006）。还有人将简单可供性归为四大类，即认知可供性、物理可供性、感官可供性、功能可供性（Hartson，2003）。这些是认知科学领域的学者遵循分析主义的惯性，扩展可供性概念的典型做法。笔者并不赞成没有认真研究可供性概念的内涵和吉布森的理论，就将可供性任意扩展的做法。

卡亚尼从人工制品的设计角度将可供性归为功能、互动、外观三大类，如一个刻有量度的杯子，杯子的外形、大小、可容纳性主体和把手都暗示了其的使用功能，外观的色彩、图案、光滑度和硬度都会产生人与杯子的视觉、触觉、动觉的互动。不好的设计会产生非预期的可供性或失真的可供性，例如，某个计算机键盘上的按钮对用户而言出乎预料：按钮显示的是切换，但实际功能却是滑动。"这类可供性要么不为使用者提供足够的信息，要么为使用者提供模棱两可的信息，从而维系这种不可预见性。"（Caiani，2014）这类分析是从设计角度对可供性的理解，基本遵循了吉布森的原著精神。

二、可供性概念扩展的可能性

（一）有无必要扩展

技术是人类实践，不是动物适应环境的行为，如果需要用吉布森的理论去解读人类技术，除了从技术的起源进行探讨之外，还需要深入技术实践中去理解技术的可供性机制。从生态学角度界定可供性的概念相对容易，但有证据显示，对于从事技术实践的工程师而言，界定的难度很大。这种矛盾性引发了无数有关可供性本质的争论。特纳从技术实践出发，将可供性归为两大类，特别强调简单可供性是相对于吉布森早期思想的，而复杂可供性还延伸到历史和实践层面。为了解读复杂可供性，他认为有两种相互对立且相互补充的哲学概念应被考虑进来。

第一，要引入埃沃德·伊利延科夫（Evald Ilyenkov）有关意义的理论。伊利延科夫是苏联哲学家，并被视作为活动理论做出贡献的一位重要学者。伊利延科夫在其研究中主要试图从唯物主义视角去解读非物质现象，探讨意义（significances），他阐述既非物质又非心灵的现象——意义与价值，一种意义是心灵的，如善良（goodness）；另一种意义是物体通过活动被赋予了意义，如木头承载了各种使用行为，如燃烧、投掷、修整、贸易等。通过有目的地使用，物体获得了意义（Ilyenkov，1977）。这一观点与可供性兼具物质与心灵意义的内涵十分相似。

借助于伊利延科夫的观点，特纳认为在研究技术人工制品时必须扩展可供性概念的内涵，只有这样，才可能从技术活动的实践层面去理解可供性与技术的关系。其实，笔者对有关技术起源的探索，已经深入技术的实践活动中，即“人类共同体从历史的角度发展了人工制品，而人工制品的典范（ideal）属性显示出物化或具体化了的人类共同体的实践。换言之，物体所获得的典范意义并不是从个人心灵得来的，而是从历史的角度通过实践活动发展出来的。在吉布森看来，可供性是物体与行为之间的互惠关系；可供性部分地以知觉与行为链条为特征。然而，这种机制本身还无法解释更为宽泛的可供性问题”（Turner，2005：794）。

第二，要引入海德格尔有关器具和熟悉度的观点。特纳认为，另一位哲学家海德格尔有关器具和熟悉度的观点对于理解技术实践层面的可供性特别重要。在海德格尔看来，熟悉度被视为有关事物的知识；熟悉度主要围绕着“参与”（involvement）和“理解”（understanding）。“参与”被视为接近于“在此世界存在”的表意；而“理解”则被解释成我们日常活动中的默会知识。我们每天在应对各种情境、工具、对象时，通过总体上的参照把握，表现出来我们的熟悉度。熟悉度基于一种应手状态（readiness）。海德格尔认为，“背景……熟悉性本身并非有意识或有目的的，但是在存在上却不明显”（Heidegger，1962）。参与是身体体验，因而在存在上不明显；理解则是有意识地认知，产生于参与后的结果中。

伊利延科夫和海德格尔的不同视角为探讨可供性问题提供了解答。特纳认为，应从“用”（use）的角度去理解世界，这与伊利延科夫认为的应从意义的角度去理解世界的历史建构类似。维亚斯将可供性的内涵视作是“用”而不是“行为可能性”，“用”的动力来自社会文化，由此将生态学的概念扩展到社会文化领域。这些意义是典范的，换言之，意义是主观的，存在于集体心灵，而非个体心灵——可供性/意义从视觉上将我们的文化表现出来。海德格尔的“器具观”让我们得出了以下结论：可供性不能孤立地存在。我们知觉/体验的世界，夹杂着能被我们所用的物体。器具的总体性意味着每种工具在我们世界的组成过程中发挥特定的作用。器具的总体性即为世界（Turner，2005：796）。

根据吉布森的可供性概念，有人断言，可以根据不同的用途、不同的方式处理物质的东西。可以根据不同的叙述性建构，获得多重特性，尽管其可能的“存在”范围受到某些物质特征限制。物体要想实现其全部的价值意义，就得考虑其在“实践”次序（包括维系生命的社会安排）和“表达”次序（营造荣誉和地位的不同层级及享有优先权）上的双重作用（Harré，2002）。人类的实践活动成为人工环境形成的途径，也成为我们以怎样的方式居住的表现方式。在这种实践中将物赋予意义的过程是人类文化的来源。因此，研究技术认识论必须研究可供性向技术之用的转化，人类从生物有机体到技术实践者（包括使用者）的转变是理解技术认知的关键。技术何以存在？技术用在哪里？谁决定了技术的意义？可供性揭示的人与环境的价值关系通过技术实践的途径得到了最强有力的发挥。技术的价值也构成了社会文化的最重要组成部分。

（二）可供性概念扩展的基础

英国学者古德（J. M. M. Good）直接将可供性概念引入社会心理学领域，在社会认知和知觉发展方面运用生态心理学的理论进行了一番探讨。他说，尽管可供性概念在主流心理学中不被接受，但是否可在社会心理学的研究中嵌入一种“生态”或“互惠共生”的态度和认识呢？因为强调感知与行为的相互作用持续关联的生态学方法对本体论研究很有意义（Good，2007）。

这里需要解决的关键问题是：什么是社会？什么是社会生态？

人的社会形成首先是由其生物特征决定的，人一生下来就缺少自我行为能力，只能依靠社会其他人的协助才能生存下来。动物学家把动物的聚集生活称为群居社会，但社会学家更看重的是社会对每个社会成员赋予的含义。这种含义把社会成员组织起来，规范其行为方式。

人类社会形成的基础是信息和情感的交流，社会化的、精细化的前提是语言（肢体语言、口头语言、图形语言、符号语言）的诞生。从这种意义上可以将人类社会定义为人的符号化生存，而不是人的聚集。符号化生存使文明能够传递，形成诸多形态的文化。

但是，我们是否能将自然生态与社会生态区分开来呢？“人所降生的世界包含各种各样的东西，自然的东西和人造的东西，死的东西和活的东西，转瞬即逝的东西和永恒的东西，所有这些东西的共同特点是它们的显现，因而意味着它们能被看见、被听到、被尝到、被闻到，能被具有相应感官的有感知能力的生物感知。”（汉娜·阿伦特，2006：19）文化可分为制度文化、器物文化和观念文化，作为器物文化，自然是人工制品构成的世界的基础，所以这类文化肯定与可供性有关。这也就是可供性可以扩展到社会领域和文化领域的基础之一。

另外，人类的进化包括生物进化和文化进化。“有追求真正理论的人类学家和生物学家提出的关键之一是：人类生物图在多大程度上代表了对现代文化生活的适应？在多大程度上是系统发育的痕迹？我们的文明是在人类生物圈周围用劣质材料草率地建立起来的，这些文明是怎样影响人类生物圈的呢？或反过来说，在人类生物图中有多大可塑性并在其中有哪些特定参数？”（爱德华·奥斯本·威尔森，2008：514）从进化论的角度看人类与环境的关系，也不可能将两种进化完全分开。因此，只要遵循环境与人的互动性，无论是适应环境还是探索环境提供的行为可能性，都会发现可供性机制在起作用，但前提是，是否是直接知觉到的。

（三）可供性概念扩展的原则

第一，不能把可供性庸俗化，把可供性变成“环境提供了什么”，于是人与环境的所有关系都成了可供性关系。可供性不是提供性，可供性是具有特定内涵的生态学概念。“任何事物的可供性是指，参照一个动物来说，物质属性与界面的特殊结合。”（Gibson，1977）可供性必须是有机体直接知觉到的，是环境与该动物的知觉-行为的特殊联结。

可供性概念在技术和设计领域得到如此广泛的应用，大概是吉布森没有料想到的结果。可供性理论在生态学视角的基础上揭示了人与环境的互动，但在人与环境的互动过程中，有知觉与行为可供性这一自然原因引起的行为，也有文化原因引起的行为。前者关乎人与自然环境互动而世代积累的对空间、时间、重力等基本生态要素的感知能力，决定了人的生存。而当下人与环境的互动有很多是通过文化基因而保留和传递下来的。或许，可供性概念的内涵需要补充人类文化生态进化历史的内容，才能更好地丰富设计理论。对此，存在着不同的观点争议。这种争议对于可供性理论的深化和发展是有建设意义的，因此，设计领域内多种研究进路的探讨都十分有价值。然而，笔者强调的是，要想对可供性的内涵进行补充和完善，必须充分理解其生态逻辑性，坚持生态学方法，不可随意而为。

在可供性概念的扩展方面，多数人都试图较快地跨越到解决问题的复杂层面，力图重新定义可供性或增加新的可供性，特别是有关文化的可供性。然而，如果不能将可供性之于设计的生态学意义充分挖掘，就随意地定义新的可供性，则可能用了一种省力却不踏实的方法损害了可供性对于设计理论发展的深层价值。笔者以为，需要深入挖掘吉布森可供性概念蕴含的生态原则——在自然界与人工界中，人的行为与环境的关系有着基础的一致性，只有先把基础的问题阐述清晰，其认识论和方法论意义才能实现。

第二，可供性不宜扩展到抽象逻辑符号认知及符号语言交流领域，我们只能基于直接知觉理论来定义可供性的存在。

人在进化的过程中，为什么面部的表情如此重要？因为人可以由其直接知觉到丰富的信息，然后行为做出反应。对语言符号的反应则通过概念的概括性理解来实现，已经不是对可供性的反应。所以，称语言的可供性则是一种滥用。语言的背后有经验积累，通过言语调动经验，经验中含有过往对可供性的知觉，但并不能因此称发现了可供性。

语言的出现，使声音的可供性复杂化。声音表现出他人的活动情形，这揭示出声音能承载人际合作的情况等。在现代社会的人际交流中，新媒介的出现，也让利用可供性的研究得以深化。由于不同的物质形态可以揭示出有关可供性的信息，所以人类在进化过程中脱离动物界提升出来的关键是发明工具、手段的心理和实践。根据可获得的可供性使各种媒介特征化，包括声音媒介。

符号是具体化事物的抽象，对每个人来说，这个抽象的词背后所代表的经验和具象是不一样的。单纯的词语加工者是不会调动内在积累的经验的，而创作者和运用符号类比进行发明的人，调动哪个具体事物是因人而异的。因为他内心最有力的那部分被触动了。因此，戈登曾说词汇是隐喻的最大储藏库（Gondon，1972）。隐喻是什么？发现了词中蕴含新的关系性，当词与具象的物、动作联系起来时，只不过是挖掘了原来就存在的可供性。

他人，也构成了外在于某一主体的外在环境要素，因此，人与人之间也存在可供性的感知，这是对他人的形态、他人的身体动作等的感知。有时，他人与环境其他要素构成一体，有时他人单独突出出来。人类的情感和情绪左右了人类艺术的许多领域。面部表情和肢体语言可以形成哑剧和幽默剧，听和唱构造了音乐。音乐和肢体的结合可以形成舞蹈，纯肢体的运动可以发展成体育。所有具象的交流，可供性都可以在其中发挥作用。

因此，人与动物认知的连续性扩展到社会文化领域会有一定的限制。虽然吉布森强调人工世界与自然世界的规律是一样的，但源于生态学背景的可供性更多地解释了知觉-行为的生物机制和心理机制。生物机制和心理机制必然带动进而影响到文化机制，文化机制的变化有时也需要从生物机制、心理机制去寻根探源。但反过来，文化机制却不能用生物机制与心理机制去全部解答。人的认知能力涉及多重认知机制，因此后续的研究将可供性扩展到文化领域有其合理性，也存在将可供性的概念泛化为“提供各种可能性”的风险。更科学的方法是要明确任何一个概念都应当有其特定的内涵解释和适用范围，扩展的适宜性在进行更深入的研究之后才能确定。

三、扩展可供性概念的技术认识论意义

（一）坚持技术认识论的一元论

生态心理学这一世界观正发挥着重要影响力。体现吉布森世界观的可供性概念也在哲学界引起了关注。例如，匹兹堡大学的斯卡兰蒂诺指出，“可供性概念近来在心理内容的哲学理论中被援引”（Scarantino，2003），并且认为，可供性概念对于哲学理论发展具有重要意义，他的目标是通过分析可供性来提供一个一般性的概念框架。

这个一般性的概念框架必须是逻辑一致的，如吉布森的一元认识论是否可以延伸到人工界是消除二元论是否成功的关键。笔者曾经论证过，吉布森认为自然界与人工界原理是一致的，他并不反对把可供性理论扩展到技术等人工界。

20世纪60年代以后，由于文化人类学的发展，人们逐渐意识到人格、行为同文化的联系。既然行为是文化的产物，那么人类行为的科学研究，都必须把在世界各个角落里发现的多样化的行为纳入考虑的范围之中。卡比察（F. Cabitza）和西蒙娜（C. Simone）探讨了知识与表达（representations）之间的关系：“一般来说，供给机制（affording mechanism，AM）是由一个人工制品和动态关系组成的，动态关系产生于使用环境与人工制品的可供性之间，用简单的if-then结构表达。通过人工制品的调制转达了可供性，是为了唤起一个‘正向’的反应，强化了行为者使用这些人工制品支持聪明的行为以适应这种情境。”（Cabitza and Simone，2012）

英国朴次茅斯大学的考斯陶尔认为，现代学科反映和坚持的观点是建立在二元论的基础之上的，即自然科学处理的是一个物质世界，而社会科学从人所关注的世界中抽象出来，建造了一个与物质的东西脱节的代理世界。吉布森的可供性理论试图以强调人类活动的物质条件，来解决现代思

想的深刻分裂。在他看来，传统的心理学本身孕育着二元论思维。不过，吉布森没有参与社会的探索。他想探讨是什么原因使吉布森在他的理论中保留了自然和社会文化的二元论，希望能通过可供性社会化的途径来克服这个缺陷。最后，他提出了一个问题：如果可供性是社会的，生态心理学的立场是否还是缺失的？（Costall，1995）

生态心理学不同于哲学范畴中的其他进路，其一视同仁地对待所有生物，研究有关环境知识的习得是如何通过不同物种实现的，以及何种知识习得机制推动有机体应对自身的环境。吉布森并未反对探讨社会领域的可供性，但是确实，由于突然离世，他的工作似乎没有在社会科学领域充分展开。在构建可供性普适性的机制时，还要考虑人类这一特殊的生物。人类具有复杂的心理活动，参与复杂的文化活动，生活在人工世界之中，并且能够反思何为人类的认知机制。所以，在解读人的认知能力时，生态学机制的说明就不够全面，即使它足够基础，足够整体，还需要用神经生理学的细节描述、认知科学的内在机制描述，以及社会学和文化学的人类特质研究，来弥补生态学的单向度认知。

（二）平衡技术决定论与技术建构论

英国兰卡斯特大学的布卢姆菲尔德（B. P. Bloomfield）等讨论了社会学领域想借鉴生态心理学的可供性概念的一些主张，认为可供性的引入“使我们能够在技术决定论和社会建构主义的危险之间标出一条安全路线”（Bloomfield et al.，2010：415）。

人工制品在其自身的发展史中，处处可见文化对技术的建构。换句话说，一些工艺品被生产或制造出来，除了基本功能之外，其外形、风格各不相同，同样是家具，北欧的家具具有简洁性，南欧的家具具有繁复性，德国的家具具有“包豪斯”性，日本的家具具有工匠性，差异十分鲜明。计算机领域的学者已经注意到，人工制品媒介合作（artifacts mediating cooperation）往往从社会的角度建构出来。随着场所发生变化，可供性也会发生变化。技术人工制品的可供性包括互动中的社会文化关系，主要是由于使用者对其的建构。使用者积极参与到与人工制品之间的互动中来，并不断地解释有关人工制品的情境以及建构和重构意义。设计师能够预先虑及并决定一个系统能为使用者提供些什么（承载特定活动的可能性）。然而，在技术使用期间，使用者并不是消极地接收信息，而是积极地参与到这种互动中，使用者代表了各种社会规则与政治利益，嵌入技术中的社会结构，所以现实世界中建构了使用者与人工制品之间的一种社会文化关系。传统的认知主义和理性主义设计观仅以设计师为中心，设计师从未想象过这种互动关系。很明显，需要更好地从使用者的角度理解可供性。

笔者认为，"实践中的技术"指的是与人类使用技术相对应的行为和解释。技术的结构应当由物的属性与人的身体结构和行为的契合度决定，这是可供性最深刻的内涵。正是技术起源的具身性特征决定了技术发展的特定规律，与属于精神文化的第三自然有着巨大区别。仅从社会建构的角度理解技术是不够的，脱离人的行为和身体去讨论技术实践是非常片面的。所以，传统的技术实践只是从技术的功效去考虑技术结构服从于技术功能，从而人服从这个结构和功能，这是造成人成为技术的异化的重要原因，因此技术决定论是片面的。互动中的文化意义建构与基本的生态建构相关，但并不能彼此代替。所以，可供性理论为平衡技术决定论和社会建构论提供了一条中间路线的含义就在于此。

当然，吉布森作为一位生态心理学家，没有将他的可供性理论很好地延伸到社会文化领域，以及人类实践的特殊性上，吉布森的可供性在阐释人的实践方面具有相当的局限性。美国学者肖特（J. Shotter）认为，人在吉布森的世界仅仅是观察员，既不是行为者，也不能通过自己的行动、条件适当地支持他们行动的延续，提供自己的存在。他们可能会移动，但是他们不采取行动。因此，说他们是"制造者"，还不如说他们只是提供了已经存在的东西的"发现者"。吉布森没有认识到生物和社会世界人物活动特有的方式-产生（form-producing）特征；它不能给时间分配一个适当的角色并且展示一个成长和发展的过程，一个可供性只是特示了活动过程的完成

（Shotter，1983）。根据肖特的观点，一切都在不断变化之中，就像我们不能两次踏入同一条河流。虽然我们不能同意肖特的观点——吉布森的理论是非动态的，吉布森的生态学理论就是建立在动物动态活动的基础上的，但是确实，吉布森过于强调人与动物的连续性，在解释可供性与人的实践活动的关联时，缺少深入的分析和理论的发展。

不可否认，作为实证主义科学家的吉布森，他的可供性理论也有其认识论上的局限性。他的认识论研究基础是自然科学，而不是哲学描述。自然主义认识论源于实用主义，由于吉布森拒斥了形而上学问题，所以他对人的主体性、人的价值和人的意义等问题的研究都非常薄弱。“他的理论过分强调个体知觉反应的生物性，忽视了个体经验、知识和人格特点等因素在知觉反应中的作用，因而也受到一些批评。”（俞国良等，2000）因此，这一理论只有与其他人文社会学的理论结合，才能更加全面地描画出人的本质。可供性理论的后续发展提供了更广阔的视角，因此，可供性理论的扩展或许是值得的。不过从另外一个角度看问题，这种扩展或许是没有必要的，因为不同的理论只需要在其有限的范围内解释有限的内容，就像牛顿力学只在宏观低速领域是真理一样，并没有必要用一个理论来说明所有的道理。

参考文献

爱德华·奥斯本·威尔森. 2008. 社会生物学——新的综合. 毛盛贤，孙港波，刘晓君，等译. 北京：北京理工大学出版社.

昂利·柏格森. 1999. 创造进化论. 肖聿译. 北京：华夏出版社.

贝尔纳·斯蒂格勒. 2000. 技术与时间：爱比米修斯的过失. 裴程译. 南京：译林出版社.

曹继东. 2006. 现象学与技术哲学——唐·伊德教授访谈录. 哲学动态，(12)：31-36.

陈昌曙，远德玉. 2001. 也谈技术哲学的研究纲领——兼与张华夏、张志林教授商谈. 自然辩证法研究，7：39-42，52.

陈嘉映. 2012. 价值的理由. 北京：中信出版社.

戴金惠. 2016. 创新中文教育：生态语言教育观. 台北：新学林出版股份有限公司.

段永朝，姜奇平. 2012. 新物种起源——互联网的思想基石. 北京：商务印书馆.

汉娜·阿伦特. 2006. 精神生活·思维. 姜志辉译. 南京：江苏教育出版社.
汉语大词典编纂处. 2002. 康熙字典：标点整理本. 上海：汉语大词典出版社.
汉语大字典编辑委员会. 2006. 汉语大字典（第 2 卷）. 武汉：湖北辞书出版社，成都：四川辞书出版社.
杭间. 2001. 手艺的思想. 济南：山东画报出版社.
赫伯特·A. 西蒙. 1987. 人工科学. 武夷山译. 北京：商务印书馆.
胡虎，赵敏，宁振波. 2016. 三体智能革命. 北京：机械工业出版社.
克里斯·亚伯. 2003. 建筑与个性——对文化和技术变化的回应. 张磊，司玲，侯正华，等译. 北京：中国建筑工业出版社.
李创同. 2004. 挑战"创造性"——读费耶阿本《创造性》一文札记//中国现代外国哲学学会年会暨西方技术文化与后现代哲学学术研讨会会议手册·部分论文：131-140.
李泽厚. 2007. 批判哲学的批判：康德述评. 北京：生活·读书·新知三联书店.
李泽厚. 2008. 人类学历史本体论. 天津：天津社会科学院出版社.
刘易斯·芒福德. 2009. 技术与文明. 陈允明，王克仁，李华山译. 北京：中国建筑工业出版社.
柳宗悦. 2006. 工艺文化. 徐艺乙译. 桂林：广西师范大学出版社.
柳宗悦. 2011. 工艺之道. 徐艺乙译. 桂林：广西师范大学出版社.
罗伯特·莱顿. 2005. 他者的眼光：人类学理论入门. 蒙养山人译. 北京：华夏出版社.
罗玲玲，于淼. 2005. 浅议工程技术活动中的设计哲学. 东北大学学报（社科版），7（3）：157-162.
马克思. 1975. 资本论（第 1 卷）. 中共中央马克思恩格斯列宁斯大林著作编译局译. 北京：人民出版社.
马克思，恩格斯. 1979. 马克思恩格斯全集（第 42 卷）. 中共中央马克思恩格斯列宁斯大林著作编译局译. 北京：人民出版社.
马塞尔·莫斯，爱弥尔·涂尔干，亨利·于贝尔. 2010. 论技术、技艺与文明. 蒙养山人译. 北京：世界图书出版公司.
莫里斯·梅洛-庞蒂. 2001. 知觉现象学. 姜志辉译. 北京：商务印书馆.
佩卓斯基. 1999. 器具的进化. 丁佩芝，陈月霞译. 北京：中国社会科学出版社.
彭新武. 2007. 自然选择的迷雾. 科学技术与辩证法，（1）：6-9，48，110.
乔治·吉耶-埃斯屈雷. 2015. 人在自然中拥有一席之地吗？ 渠敬东译. 第欧根尼，（1）：21-38，103.
让-弗朗索瓦·利奥塔. 2000. 非人——时间漫谈. 罗国祥译. 北京：商务印书馆.
让-伊夫·戈菲. 2000. 技术哲学. 董茂永译. 北京：商务印书馆.
市川亀久弥. 1971. 創造性の科学-図解·等価変換理論入門. 东京：日本放送出版会：

103-116.
斯蒂芬·布鲁斯特. 2015. 霸王龙的崛起. 环球科学,(6):32-39.
唐·伊德. 2008. 让事物"说话"——后现象学与技术科学. 韩连庆译. 北京：北京大学出版社.
唐纳德·A. 诺曼. 2015. 设计心理学 3：情感化设计. 何笑梅，欧秋杏译. 北京：中信出版社.
吴国盛. 2001. 技术与人文. 北京社会科学,(2):90-97.
吴国盛. 2007. 芒福德的技术哲学. 北京大学学报(哲学社会科学版),(6):30-35.
吴国盛. 2009. 技术哲学讲演录. 北京：中国人民大学出版社.
雪吉斯·德布雷. 2014. 图像的生与死. 黄迅余，黄建华译. 上海：华东师范大学出版社.
尤瓦尔·赫拉利. 2014. 人类简史. 林俊宏译. 北京：中信出版社.
俞国良，王青兰，杨治良. 2000. 环境心理学. 北京：人民教育出版社.
约翰·H. 立恩哈德. 2004. 智慧的动力. 刘晶，肖美玲，燕丽勤译. 长沙：湖南科学技术出版社.
约翰·杜威. 2010. 艺术即经验. 高建平译. 北京：商务印书馆.
约翰·齐曼. 2002. 技术创新进化论. 孙喜杰，曾国屏译. 上海：上海科技教育出版社.
张廷干. 2010."技术正本"对"技术物体"的概念延续与超越——解释学视域中技术使用对技术存在的影响. 东南大学学报(哲学社会科学版), 12(3):27-31, 126.
张祥平. 1992.《易》与人类思维. 重庆：重庆出版社.
张增祺. 1999. 云南建筑史. 昆明：云南美术出版社：20-21.
赵敏，张武城，王冠殊. 2015. TRIZ 进阶及实践——大道至简的发明方法. 北京：机械工业出版社.
赵伟. 2011. 时间与创造——柏格森哲学中的创造概念的研究. 上海：复旦大学博士学位论文：21.
Kolko J. 2013. 交互设计沉思录——顶尖设计专家 Jon Kolko 的经验与心得. 方舟译. 北京：机械工业出版社：132.
R. 舍普. 1999. 技术帝国. 刘莉译. 北京：生活·读书·新知三联书店.
Albrechtsen H, Andersen H, Bødker S, et al. 2001. Affordances in Activity Theory and Cognitive Systems Engineering, Internal Report. Riso National Laboratory, Denmark.
Bloomfield B P, Latham Y, Vurdubakis T. 2010, Bodies, technologies and action possibilities: when is an affordance? Sociology, 44(3): 415-433.
Burton G. 2004. Parsimony and affordance: response to Coss and Moore. Ecological Psychology, 16(3): 189-198.
Cabitza F, Simone C. 2012. Affording mechanisms: an integrated view of coordination and

knowledge management. Computer Supported Cooperative Work，21（2-3）：227-260.
Caiani S Z. 2014. Extending the notion of affordance. Phenomenology and the Cognitive Sciences，13（2）：275-293.
Coss R G，Moore M . 2002. Precocious knowledge of trees as antipredator refuge in preschool children：an examination of aesthetics，attributive judgments，and relic sexual dinichism. Ecological Psychology，14（4）：181-222.
Costall A. 1995. Socializing affordances. Theory and Psychology，5（4）：467-481.
Deák G O. 2014. Development of adaptive tool-use in early childhood：sensorimotor，social，and conceptual factors. Advances in Child Development and Behavior，（46）：149-181.
Detry R，Kraft D，Kroemer O，et al. 2011. Learning grasp affordance densities. Paladyn，Journal of Behavioral Robotics，2（1）：1-17.
Duchon A，Warren W，Kaelbling L. 1998. Ecological robotics. Adaptive Behavior，6（3）：473-507.
Düntsch I，Gediga G，Lenarcic A. 2009. Affordance relations//Sakai H，Chakraborty M K，Hassanien A E，et al. The 12th International Conference，RSFDGrC：1-11.
Erich E，Hertzberg J，Dorffner G. 2008. Towards affordance-based robot control//Rome E，Donerty P，Dorffner G. et al. Lecture Notes in Computer Science. Berlin：Springer-Verlag：vi.
Gaver W W. 1991. Technology Affordances，Proceedings of CHI'91. New York：ACM：79-84.
German T P，Defeyter M A. 2000. Immunity to functional fixedness in young children. Psychonomic Bulletin and Review，7（4）：707-712.
Gibson J J. 1955. The optical expansion-pattern in aerial locomotion. American Journal of Psychology，68（3）：480-484.
Gibson J J. 1974. A Note on the Relation Between Perceptual and Conceptual Knowledge. Cornell University ione. psy. uconn. edu.
Gibson J J. 1977. The theory of affordances.//Shaw R E，Bransford J. Perceiving，Acting，and Knowing：Toward An Ecological Psychology，Hillsdale. NJ：Lawrence Erlbaum Associates：67-82.
Gibson J J. 1979. The Ecological Approach to Visual Perception. Boston：Houghton Mifflin.
Godfrey-Smith P . 1999. Adaptationism and the power of selection. Biology and Philosophy，14（2）：181-194.
Gordon W J J. 1972. Familiar and Strange. New York：Harper and Row.
Good J M M. 2007. The affordances for social psychology of the ecological approach to

social knowing. Theory and Psychology，17（2）：265-295.

Harré R. 2002. Material objects in social worlds. Theory，Culture and Society，19（5-6）：23-33.

Hartson H R. 2003. Cognitive，physical，sensory，and functional affordances in interaction design. Behaviour and Information Technology，22（5）：315-338.

Heidegger M. 1962. Being and Time. Macquarrie J，Robinson E（trans）. New York：Harper Collins：189.

Heidegger M. 1982. The Basic Problems of Phenomenology. Bloomington：Indiana University Press.

Ilyenkov E. 1977. Problems of Dialectical Materialism. http://www.marxists.org/archive/ilyenkov/works/ideal/ideal. htm.

Keen R. 2011. The development of problem solving in young children：a critical cognitive skill. The Annual Review of Psychology，（62）：1-21.

Kingdom J. 1993. Self-made Man：Human Evolution from Eden to Extinction? New York：John Wiley.

Leo V L 2000. From input to affordance：social-interactive learning form a ecological perspective//Lantolf J P. Sociocultural Theory and Second Language Learning. Oxford：Oxford University Press：155-177.

Lorenz K. 1977. Behind the Mirror. London：Methuen.

Mellars P，Stringer C. 1989. The Human Revolution：Behavioural and Biological Perspectives in the Origins of Modern Humans. Edinburgh：Edinburgh University Press.

Menin D，Schiavio A. 2012. Rethinking musical affordances. Trends in Interdisciplinary Studies，3（2）：202-215.

Moratz R，Tenbrink T. 2008. Affordance-based human-robot interaction//Rome E，Hertzberg J，Dorffner G. Affordance-Based Robot Control，LNAI 4760：63-76.

Oliver M. 2005. The problem with affordance. E-Learning，2（4）：402-413.

Osiurak F，Jarry C，Le Gal D. 2010. Grasping the affordances，understanding the reasoning. Psychological Review，117（2）：517-540.

Popper K R. 1972. Objective Knowledge：An Evolutionary Approach. Oxford：The Clarendon Press.

Reed E S. 1996. Encountering the World：Toward an Ecological Psychology. New York：Oxford University Press.

Sahin E，Cakmak M，Dogar M，et al. 2007. To afford or not to afford：a new formalization of affordances toward affordance-based robot control. Adaptive Behavior，（15）：447-472.

Scarantino A. 2003. Affordances explained. Philosophy of Science，70（5）：949-961.

Shotter J. 1983."Duality of structure"and"intentionality"in an ecological psychology. Journal for the Theory of Social Behavior，（13）：19-43.

Tattersall I. 1993. The Human Odyssey：Four Million Years of Human Evolution. New York：Prentice Hall.

Turner P . 2005. Affordance as context. Interacting with Computers，17（6）：787-800.

Vyas D D，Chisalita C M，Alan D. 2016. Organizational affordances：a structuration theory approach to affordances. Interacting with Computers，29（2）：117-131.

Vyas D D，Chisalita C M，Veer G C. 2006. Affordance in Interaction//Grote G. Proceedings of the 13rd European Conference on Cognitive Ergonomics：Trust and Control in Complex Socio-technical Systems. New York：ACM Press：92-99.

Wuketits F. 1986. Evolution as a cognition process：towards an evolutionary epistemology. Biology and Philosophy，（1）：196.

Zhang J，Patel V L. 2006. Distributed cognition，representation and affordance. Pragmatics and Cognition，14（2）：333-342.

第六章 基于可供性机制的设计方法论

天下皆知美之为美，斯恶已。皆知善之为善，斯不善已。故有无相生，难易相成，长短相形，高下相倾，音声相和，前后相随。

——《道德经》

自1988年诺曼将“可供性”一词引入人机交互设计中后，吉布森的可供性概念在设计界得到广泛的应用。近年来，许多学者以可供性为出发点，深入地发展和扩展了基于可供性的设计理论。人工智能、工业设计、环境设计等领域引入可供性，也代表了工程传统的特点——实践应用比理论探讨更为优先。

为什么一个生态学的概念能得到设计界的青睐？可供性究竟为设计提供了什么基本思想？特别是这些基本思想是否能构成设计的理论基础？可供性对于设计活动具有什么认识论和方法论意蕴？这不仅是设计理论界探索的内容，也是技术哲学和工程哲学界关心的议题。

第一节　设计界引入可供性理论的过程和进路

关于可供性用于设计领域产生的争议和混乱，一位设计师的观点最具代表性：“诺曼由于只着眼于 affordance 这个概念，并且较匆忙地借用这个词，使得他最终被自己缠绕住了……我将吉布森的生态学视知觉理论看作是一种世界观，它并不是要取代已有的什么而成为独占性地看待世界的方式，我们仍然关心物体的物理属性，用以实验室为基础的科学观去认识和改变东西，吉布森的理论可以和这些已有的观念完美地融合在一起，这也是这一理论具有生命力的地方。当然它也不是设计师非要了解不可，或者说了解了它就会有用，可拿它来直接利用的东西。”（iD 公社，2012）

其实特维等早就将信息类型分为三种：可供性特示的生态信息、由语言描绘的符号信息、由惯例联结和表明的常识信息（Turvey and Carello，1985）。可供性归于最本源的信息在特示化场景中的特示，并不存在于后两种情境类型中。研究语义、符号交互设计的人，不需要把可供性纳入其设计理论中，如果不明就里，随便应用，只能使讨论更加混乱。但是，只要存在人工制品与人互动的界面，这个界面的质感、形态、布局就还会存在可供性现象。

正是可供性这个词本身的含义不是很容易把握，加上此概念引入设计界就先天不足，因此加剧了认识的混乱。

一、设计领域引入可供性概念的历史

（一）可供性概念引入设计领域

诺曼是美国认知心理学家、计算机工程师、工业设计家，是美国认知科学学会的发起人之一，关注人类社会学、行为学的研究，代表作有《设计心理学》《情感化设计》等。他的研究兴趣集中在产品设计的人性化及可用性（usability）方面。早在20世纪70～80年代，认知心理学家就已经关注人机交互，诺曼的理论尤其具有启发性。80年代，他在加利福尼亚大学圣迭戈分校建立了一个实验室，取得了相关的研究成果。在所著的《设计心理学》中，诺曼使人们理解了这一点：设计一个有效的界面，不论是计算机还是门把手，都必须始于分析一个人想要做什么，而不是始于有关屏幕应该显示一个什么隐喻或观念。

1988年，诺曼通过分析设计失败的例子，将可供性概念引入了设计界。诺曼认为，对人来说，设计的最基本原则在于：①提供一个很好的概念模型；②使事物具有可见性（visibility）。他将可见性的核心纳入其设计理论中（Norman，1988：4）。为了说明可见性，他采纳了吉布森的观点，“已经开始出现了有关物质和物品的心理学，这就是有关客体的可供性研究，当我们在感觉中使用可供性这个术语时，可归为事物的感知可供性和实际可供性，这些基本的属性主要决定了物品将可能被如何使用……可供性强有力地提供了如何操作物品的线索”（Norman，1988：9）。

通过诺曼的《日常生活中的设计》，可供性概念在人机交互设计领域得以推广，但在心灵加工或获取信息的观点上，诺曼持与吉布森相反的意见。他不赞成吉布森的直接知觉理论（Oliver，2005：406）。

由于诺曼主要是研究计算机设计领域的交互设计，所以他说，“现在这个概念变得流行起来，但是人们不能总是正确地理解，这部分归罪于我：我应当在设计中使用感知可供性这个术语，与真实的可供性相比，我们更在意使用者感知的可供性。”（Norman，1999）由此可见，诺曼认为真实的可供性比起感知可供性来不那么重要，正是感知可供性，以非常鲜明的方式告诉用户如何操作产品。设计中还受到许多文化因素的约束，而文化因素的约束是团体内约定分享的。文化是缓慢发展的，却深远地影响着社会实践，所以是不可忽视的。

诺曼引入可供性概念，有力地改变了设计领域中忽视人与人工制品互动的状况。既然人工制品是为人使用而设计的，在人机互动的界面设计中就需要考虑：设计师预先构想的人工制品可能会使人产生哪些可供性的知觉，会诱导人的哪种使用行为，其产生的作用是否符合真实的使用情况。因此，可供性的可感知性成为设计易用系统的一个途径。但是这种可供性预设在智能人工制品的复杂设计中，诺曼的观点就显得不能适用。智能人工制品的设计需要设想其行为与环境关联的各种可能性，分析环境的真实可供性与可采取的行为，使其具有有机体行为与环境属性的契合性，揭示那些非显现的环境要素对人工制品行为的潜在影响，增强智能人工制品的感知能力和应对环境的动作能力，形成应对环境的动态智慧。

设计界应用可供性概念促进了设计实践，诺曼在丰富设计方法论方面有巨大贡献。可以说，诺曼受到吉布森思想的潜在影响是巨大的，但他并没有全面地论述可供性在有效解决问题方面的生态学意义，只是把吉布森的理论归为物理心理学，也没有将可供性概念明确地转化为设计的基础理论。

诺曼撰写了一系列的设计心理学著作，其中关于可供性的阐述对设计界影响最大，也因此造成了对这一概念理解的混乱和认识论上的流于表面。

（二）可供性概念对设计理论的影响

近二十年国外出版了许多书名中包含"affordance（可供性）"一词的图书，如 2006 年在达斯图尔召开了以"可供性"为主题的机器人设计国际会议，达格斯图赫研讨会（Dagstuhl Seminar，简称达堡研讨会）是德国政府资助、目前国际计算机学术界前沿的论坛。久负盛名的达堡研讨会以它独特的学术交流模式，对计算机领域的发展产生了较大的影响。2008 年达堡研讨会出版了会议论文集《面对基于可供性的机器人设计》，作者在书中讨论了以可供性的控制作为方法论的机器人设计。研究结果显示了这种新方法的潜力，超出了类似导航这样的任务，设计的自主移动机器人在动态环境中实现了更自主的行为（Rome et al.，2008）。

日本学者后藤武等（2008）的《不为设计而设计 = 最好的设计——生态学的设计论》，由"设计 · Affordance""设计 · 实践""设计 · 创作"三部分组成，深入地阐述了设计生态理论，吉布森的理论与设计实践的结合在三位心理学家、设计师、建筑师的感悟中得以体现，其基点是"'从生物原有的知觉'之观点，尝试重新定位世界与我们的关系"，设计是"暗为明的过程，亦即发现身体已经知道，欲尚未意识到之事"（后藤武等，2008：15）。埃塞俄比亚学者泽莱克（S. E. Zeleke）是一位多才多艺的作家，他在《基于可供性的景观建筑概念性框架》（*Affordance Based Conceptual Framework for Landscape Architecture*）一书中，以可供性理论为基础，构建了景观设计和景观评价一致性概念的框架。

美国学者梅尔（J. R. A. Maier）的《基于可供性的设计：理论基础和实践应用》（*Affordance Based Design: Theoretical Foundations and Practical Applications*）建立了一个设计关系模型，将可供性概念视为处理设计关系模型中各元素缠结（entanglement）的关键，阐述了可供性可以支撑一个由用户和人工制品等子系统组成的系统中的潜在行为。学者胡军（Jun Hu）在他的《符合标准的基于可供性设计：用于产品设计的可供性的分类和应用》（*Qualified Affordance-based Design: Categorizing and Applying Affordances to Product*

Design）一书中比较了在人机交互、人工智能、设计、心理学和哲学等领域使用可供性术语的状况，为了弥补用户与人工制品之间交互关系的功能描述方面的缺陷，提出了一个新的适用于产品设计的可供性分类方案。美国康奈尔大学的盖伊（G. Gay）在《环境感知移动计算：空间可供性、社会意识和社会影响》（*Context-Aware Mobile Computing：Affordances of Space，Social Awareness，and Social Influence*）一书中尝试解决空间的可供性问题，允许用户在不同的物理位置参与活动，访问特定资源的位置，并直接或间接地与他人交流，可见可供性概念在移动通信技术、空间导航设计中的应用。

意大利米兰理工大学研究工业设计的学者阿里-礼萨（Alireza）在《文化可供性的一个实验研究：从另一种文化知觉人工制品的过程研究与工业设计应用》（*An Experimental Study on Cultural Affordances：A Study on Procedure of Perceiving Artifacts from Another Culture with Applications for Industrial Design*）一书中，以活动理论作为框架，通过伊朗和意大利的文化比较实验，发现文化环境影响的信息中存在着对于对象的直接感知，即可供性，探索了可供性对设计的影响。研究人机互动理论的意大利学者托尔西（S. Torsi）在《可供性与儿童：何时人工制品体现文化》（*Affordances and Children：When Culture Lives Through Artifacts*）一书中，通过分析人工世界的自然与文化之间的关系，阐述了可供性是如何创建、交流和传播的。她坚信，观察一些日常生活中显示的微妙的交互细节，对我们理解设计与自然世界的关系、获得设计的灵感至关重要。上述理论研究成果有待国内学术界进一步整理和介绍。

二、设计界应用可供性概念的不同研究进路

（一）设计中的生态方法进路

英国设计方法论学者盖弗在技术领域建立他的设计方法论框架时，扩展了吉布森的可供性概念。盖弗的研究取向最鲜明的特点是，遵循吉布森的原始立场，即使是在向社会领域扩展的过程中，也坚持原本的生态学视

角和方法。

1. 文化可以强化特定的可供性

盖弗早期的研究集中于技术领域，他相信："可供性作为分析技术的手段，在探索对人工制品内在的心理诉求以及设计原理上是有帮助的。一般来讲，考虑设计的可供性能有助于改进新人工制品的使用性能。"（Gaver，1991：83）从人与环境的生态基础来说，人的行为与自然环境的协调性作为设计的依据是一种条件限制："可供性暗示行动的生命体与支撑其行动的环境之间的互补性。可供性预示的可能性取决于生命体自身特质与发生行为的环境是否匹配。"（Gaver，1991：84）如果在设计时充分理解人与环境的匹配关系，则会创造一个"容易使用的系统"。盖弗肯定了可供性的生态基础，又不排斥文化对可供性的影响，"对可供性的知觉，部分地取决于观察者的文化、社会背景以及经验和倾向性。我认为文化、经验等可以强化特定的可供性……虑及这些属性如何被知觉到，并且注意到文化对知觉的影响，我将可供性的概念发展为与行为系统相关的环境属性"（Gaver，1991：81）。

2. 复杂的设计涉及可供性模式的多样性

盖弗还探讨了在复杂的设计中如何运用可供性原理。可供性将知觉和行为因素直接关联，因此，运用这种方法能够使互动界面便于了解和使用，复杂的人工制品必然引起复杂的行为与之相对应，所以"复杂行动的可供性涉及相续式可供性（sequential affordance）和嵌套式可供性（nested affordances）"（Gaver，1991：82）。他将相续式可供性定义为可在时间过程中揭示可供性的顺次展开，如在驱动汽车的过程中，手、脚与钥匙孔、手柄、脚踏杆之间的可供性。将嵌套式可供性定义为可在空间范围内逐渐揭开存在于不同层次的可供性，如机器外部、整体内部、某个局部的内部逐次被打开后与人之间的可供性。虽然吉布森的研究主要限于视觉，但盖弗从一般的逻辑出发，得出可供性的模式不仅限于视觉，还存在与其他知觉类别相关的可供性，如触觉、听觉等（Gaver，1991：82-83）。可供性概念也提供了界面设计的简练、有价值的方法，促使我们从行动的角度思考设备、技术及媒介。运用可供性概念使我们知道如何在设计人工制品时强化期盼（prospectively）的可供性，以及弱化不期盼的可供性。更重要的是，这让我们不仅仅关注技术或使用者，还要关注技术与使用者知觉的重要互动作用。他还探讨了媒介空间提供协调的可供性，将它们的特性与日常媒介的特性进行了对比，这对于理解可供性理论，并利用这一理论进行设计会有诸多帮助（Gaver，1992）。

3. 可供性的 E-P 模式转向可供性的 E-P-P 模式

在面临设计所涉及的社会因素时，盖弗也期待吉布森的视角是有生命力的，“我关心的是物质环境为社会互动提供的可能性。正如上面所定义的，这些不是社会的可供性，而是可供性作用的社会。我相信这方面的讨论为基础研究和设计提供了新的可能”（Gaver，1996：114）。盖弗的设计方法论增加了对吉布森理论的新理解，向文化和社会科学扩展。至于这种向可供性概念中加入许多复杂内涵的做法是否恰当，还需要假以时日的检验。单向度的可供性环境-人（environment-person，E-P）模式，转向可供性的环境-人-人（environment-person-person，E-P-P）模式，社会相互作用不再仅仅是人与人的相互作用，人与人、人与物都会纳入其中。这一视角的确引起许多后续研究者的兴趣。例如，马克（L. S. Mark）据此进行了感知他人行为的实验，观察者能够像对自己一样准确地感知他人的关键动作，如坐姿、双足攀爬、跨越缝隙和伸手的极限。当用行为者的身体尺度来表示预判时，对于每个动作，所获得的临界边界在不同的行为者之间是不变的。当观察者判断他们自己的行动能力时，以及当他们判断其他人的能力时，情况都是如此（Mark，2007）。韦尔曼（B. Wellman）等后来明确地提出了社会可供性的概念（Wellman et al.，2003.）。

（二）设计中的关系研究进路

1. 针对功能导向设计理论的缺陷

美国学者梅尔等从批判传统设计方法论存在的缺陷入手，挖掘了可供性内涵的关系性，构建了以可供性为基础理论的设计方法论框架。他们认为，传统的设计理论及方法论在现代人工制品设计方面为工程师提供了丰富的学术滋养。不过，有些问题的答案是无法从以功能为导向的设计理论与算法理论中探寻到的。他认为，现有的设计理论并不能支持超出功能要求的满意感，也不适于同使用者发生互动关系的人工制品（Maier and Fadel，2009a：13）。

梅尔等认为，近年来设计的基础理论很少得到发展，基本上都是建立在功能转换的基础上。计算机科学的关系系统并非通过输入加以操作，而是通过不可预知的用户输入。功能转换的设计理论不适用于互动机器（interaction machine）。传统理论把设计看作一种决策过程，这种观点的主导思维是认为设计方法的优势在于其数学意义上的缜密性（Maier and Fadel，2009a：17）。最佳方案是一个数学的架构，往往牺牲客户偏好，选择最优化方案。设计应当鉴于既定客户的偏爱使效用最大化。

2. 以可供性为基础的关系设计理论

人工制品要从人类用途的角度来加以设计，了解用户非理性的不可预知行为及创造力方面的个体差异，需要诉诸一种关系范式的理论来予以应对。为了对应设计中各种因素的相互作用，梅尔等用缠结概念来概括这种复杂的关系，建立了一个设计关系模型，并将可供性理论视为处理设计关系模型中各元素缠结的关键（Maier and Fadel，2009a：17）。

梅尔详细地阐述了可供性可以提供一个对用户和人工制品等子系统组成潜在行为的理解。把可供性置于设计理论的基础上，其优点是既能够描述和解释新手、经验丰富的设计师的行为，又能随着时间的推移，以及产品的进化和发展，体会设计过程早期阶段原型的价值，因为ABD方法明显地有助于在设计过程早期阶段捕捉最有益的可能性。基于可供性的方法论显示出将设计过程合理化的同时，还可以进一步促进创新设计，防范用户使用中的误操作。

梅尔等在创新设计中，尝试将一个产品的可供性关系用可供性结构矩阵（the affordance structure matrix，ASM）清晰地表达，帮助设计师分析（Maier and Fadel，2009b：227）。以真空扫地机器人为例，图6-1中列出了真空扫地机器人可供性结构矩阵图。其中+AUA（artifact-user affordances）为增加人工制品使用可供性；−AUA 为损害人工制品使用可供性；+AAA（artifact-artifact affordances）为增加人工制品与人工制品之间的可供性；−AAA 为损害人工制品与人工制品之间的可供性。通过分析发现，可能发生的问题集中在大的负差异百分比上，可采用一些补救方案，如添加新的部件降低负差异百分比或将现有的部件加以改进，使它的作用不再是有害的。例如，如果我们试图改善 AUA 中的平移可动性，可能会同时提高地板除尘力 AAA，这是一个双赢的局面。然而，如果我们试图改善+AAA 中的污垢可移动性，使用一个更强大的电动机加大除尘力，却有可能产生−AAA，如有空气流动路径被灰尘堵塞和机器能耗增加的风险，这是一输一赢的局面。

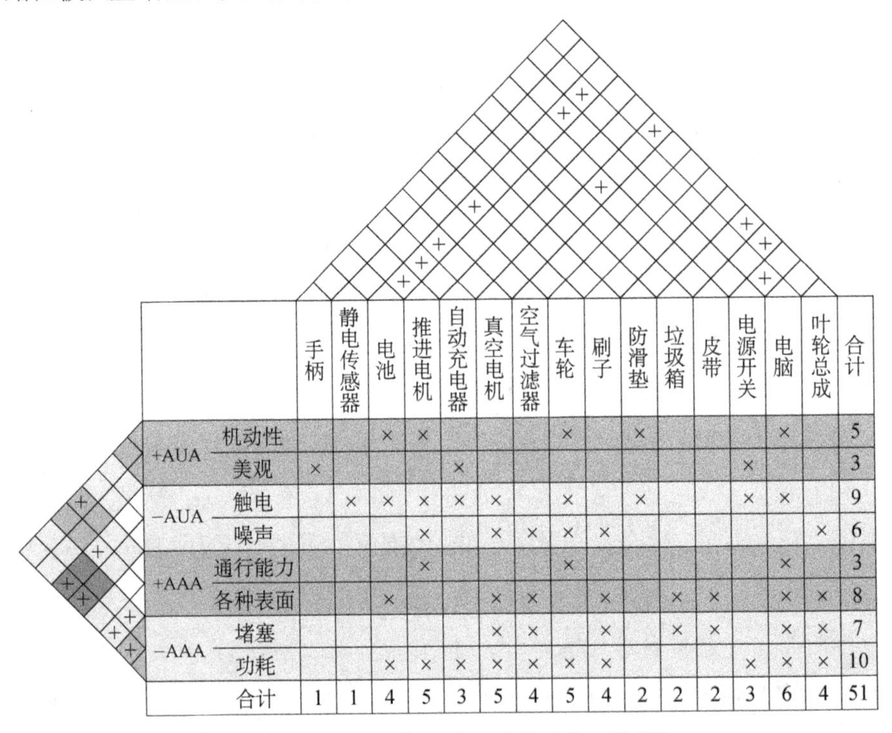

图 6-1 真空扫地机器人可供性结构矩阵图[①]

① 此图引自 Maier J R A，Fadel G M. 2009b. Affordance-based design methods for innovative design，redesign and reverse engineering. Research in Engineering Design，20（4）：236，图 9。

当然，梅尔也声明这种方法的运用正处于起步阶段，是一种促进设计创新的尝试，并不见得适用于各个领域和各种类型的设计问题。

与梅尔有着共同学术背景的美国南加利福尼亚大学机械设计学院的胡军与法德尔（G. Fadel）肯定了梅尔将可供性引入机械设计理论的贡献。但胡军认为，一些重要的细节，比如可供性的表征、分类，以及在机械设计方面的应用等还需要做进一步的研究。他们比较了在人机交互、人工智能、设计、心理学和哲学等领域使用可供性术语的状况，为了弥补用户与人工制品之间交互关系的功能描述方面的缺陷，提出了一个新的适用于产品设计的可供性分类方案：人工制品-人工制品之间的可供性（artifact- artifact affordances）行为的引导（doing）（dAAA）和可供性的意外发生（happening）（hAAA），人工制品-环境之间的可供性（artifact-environment affordances）对行为的引导（dAEA）和可供性的意外发生（hAEA），人工制品-用户之间的可供性（artifact-user affordances）对行为的引导（dAEA）和可供性的意外发生（hAUA）（Hu and Fadel，2012）。这样的分类不仅分析了互动性的双方是复杂的，彼此的关系有特殊性，也分析了预设的行为与意外的行为，说明了设计师对于可供性引导的行为潜在性还缺乏了解。只有通过实践，才会认识到这一行为背后不为人所注意的原因。

（三）结合活动理论的研究进路

在人机交互设计中，出现了人与人工制品独特的设计内容，许多学者力图扩展可供性的生态学原意，多是借助活动理论，从实践的视角加以阐述。笔者认为，人与自然的逻辑关系可以应用于人与人工制品的关系，因为前者更为基本，所以，是否还需要从活动理论的特殊角度扩展可供性的概念，是值得进一步讨论的。

1. 从人与人工制品层面的互动扩展原始的可供性概念

荷兰特温特大学的印度裔学者维亚斯等遵循活动理论的社会实践原则，认为在互动语境下很难采纳吉布森有关视知觉的最初可供性概念，提出了以互动为导向的可供性，将其称为互动中的可供性（affordance in interaction)。"从这个意义上，人工制品的可供性并非人工制品属性，而是在现实世界中建构的使用者与人工制品之间的一种社会文化关系。这种观点认为，使用者与环境互动过程中产生了可供性。此外，交互中的可供性更关注于使用者与人工制品交互作用的'积极解释'。"(Vyas et al.，2006)他们特别关注"可供性浮现"(emergence in affordances)实践中的技术，以及与设计密切相关的信息中的可供性(affordance in information)和表述中的可供性(affordance in articulation)。

2. 通过实践的互动性扩展可供性概念的文化层面内涵

爱尔兰考克大学的麦卡锡(McCarthy)和赖特(Wright)认为可供性的浮现属性(emergent nature)表明，应从现实的用途和实践层面去理解可供性。在设计中，设计师能够预先考虑一个产品将承载什么特定活动的可能性。然而，真正的产品在使用期间，使用者也会积极地参与到这种互动中，所以需要更好地从设计的角度理解可供性。然而，技术的使用不能仅仅通过活动及工作实践来确定。麦卡锡等注意到，对可供性的理解还需要从社会与文化角度确定可供性浮现的核心问题，可供性还关系到社会文化的建构(McCarthy and Wright，2004)。

(四)诺曼之后的认知科学研究进路

近年来，可供性引起了许多认知科学研究学者的兴趣。除了诺曼的努力之外，还有许多学者进行了新的探索，他们的理论大多应用于计算机交互设计中。

作为诺曼指导下的世界上第一位获得认知科学博士学位的学者，张家杰目前在美国堪萨斯大学从事生物医学信息学和认知科学研究。他与哥伦比亚大学的帕特尔站在认知科学的立场，挑战吉布森原初的含义，扩展了可供性概念，将可供性分为两类，即外在环境的可供性与内在有机体的可供性。"外部空间属于环境，内部空间属于有机体。外部空间可以通过在化学过程、物理配置、时间的布局和符号系统的水平，对应于内部空间的水平：身体内部的生态机制，包括生物的身体、感知系统、认知结构和物理体格。”因此，可供性可分为四种，即生物可供性、物理可供性、知觉可供性、认知可供性（Zhang and Patel，2006）。

弗吉尼亚理工大学计算机科学系的哈特森（Hartson）扩展了诺曼的观点，将交互设计中的可供性归为四大类，即认知可供性、物理可供性、感知可供性及功能可供性。功能可供性设计是目的，感知可供性对设计起支撑作用，认知可供性与物理可供性是设计中的联盟（Hartson，2003）。

爱丁堡龙比亚大学计算机学院的特纳等，出于计算机设计的实践，构建了一种可用性（usability）、具体化（embodiment）和有意义的（purposive）可供性三层模型：“基础层”强调可用性以及人体工程学的简易性；“中间层”与用户的具体化操作相匹配；“高层”可供性则对应于适当的文化活动这一目的。图 6-2 中添加了学习箭头标记来说明这些层级之间的界限是动态的，根据相对熟悉的人工制品所带来的问题在变动（Turner and Turner，2002）。

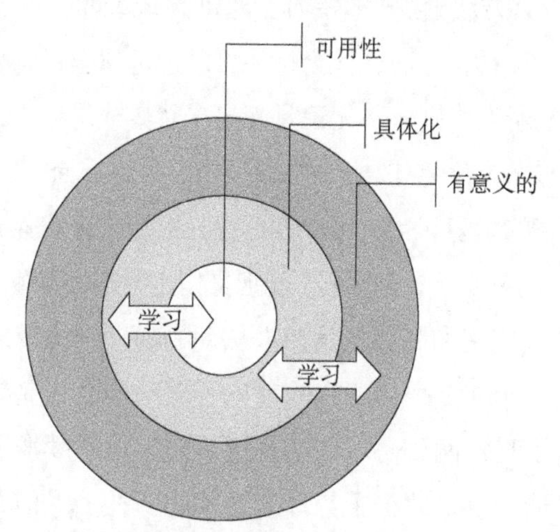

图 6-2　可供性的三层模式①

三、不同研究进路的评述

目前，设计界对可供性内涵的理解已经超出了吉布森原初的定义，一

① 引自 Turner T P，Turner S. 2002. An affordance-based framework for CVE evaluation//Faulkner X，Finlay J，Détienne F. People and Computers XVI-Memorable Yet Invisible. London：Springer：91，图 1。

方面，有人惊叹"可供性这一概念已偏离它的起源，现在它的价值已被解析得太模糊了"（Oliver，2005：402）；另一方面，使用可供性术语的学者希望这一概念得到更广泛的应用。如何评价可供性概念在设计领域的发展所具有的意义，各种研究进路对设计理论的发展都具有什么意义呢？

（一）坚持初始原则的生态学进路

无论是以诺曼为主的认知科学进路，还是盖弗的生态方法进路，以及维亚斯的活动理论进路和梅尔的关系进路，都是在关注到吉布森有关人与物的生态关系的基础上，根据设计的特殊性质加以理解的，所不同的是在对待吉布森的生态观点解释力方面存在差异。

笔者认为，盖弗的生态学进路是最适宜的进路，他的睿智在于深刻地理解了吉布森的生态初始原则，认为通过设计只能洞察广泛的社会生态行为的一个方面，他要以其方法论挑战现有社会互动的基本观点和传统理论。"虽然我在此专注于讨论设计，然而，社会行为可以远远超出设计领域的生态学方法……社会行为的所有类别——无论是来自自然界或是经由人类发明的——是否都可能从生态学的角度有效地加以探索呢？"（Gaver，1996：126）遵循吉布森可供性原意的学者认为，可供性理论只能局限在自然方面，扩展到文化方面就面目全非了。那么，为什么不能把文化也看作一种生态发展过程呢？

李泽厚说："人使用和制造工具使人从动物心理结构变成人的文化心理结构。"（李泽厚，2008）那么，人的文化心理结构已经完全割断了与动物心理结构的联系了吗？两种心理结构难道不是一种连续发展的过程吗？人类通过使用和制造工具，获得了与环境之间的新关系，但并未改变人与环境的基本关系——人类仍然要依赖于自然环境而生存。人类的文明和文化都建立在人与环境的基本生态基础上。所以，将生态观念从自然生态延伸到社会生态，是理解盖弗的生态学进路的关键。

（二）见长于应用的设计关系进路

梅尔详细地阐述了可供性可以支撑一个由用户和人工制品等子系统组

成的系统中的潜在行为。目前复杂技术系统的功能越来越脱离原初的可供性，功能异化为技术系统的独立属性，这便是使技术使用与技术设计产生鸿沟的原因。功能主义设计观的兴起，导致了过度工具化倾向的产生，导致了对人的忽视。总之，基于功能的设计方法在阐释设计问题时视野狭窄，因而其设计理论的解释力很有限。梅尔的工作从批判功能主义出发，提出了解决这一问题的出路，而且具有比较强的可操作性。从图 6-1 的可供性矩阵框架可以看出，梅尔解决问题的路径，是分析 AAA 与 AUA 。人工制品使用的可供性其实就是功能，背后蕴藏着人与物的关系；人工制品与人工制品的可供性是一种深入产品内部的、对内部结构中所有关系更细化的分析，其实类似于通常的产品结构分析，所以说梅尔的设计理论仍然带有强烈的功能分析的色彩。只不过 AUA 和 AAA 分析与通常的功能结构分析有着不同的视角，强调设计回到最初的可供性关系，并且从正负两个方面进行评估。

梅尔的关系设计理论的局限性是，关系性还不足以揭示整个可供性生态设计方法论的全部内涵。在笔者看来，将可供性作为设计理论的基础，除了从历史角度理解有机物与环境的关联性外，还涉及当下情境互动中产生的多种行为的可能性、操作的界面性等多方面的内涵，特别是有关具身的契合性这一思想，在梅尔的关系理论中还没有特别得到重视。吉布森认为，知觉不是从感觉器官开始的，而是从整个有机体（人或动物）的动作开始的，有机体作为接受者在与环境的接触过程中，知觉会显现出来。可供性是具有整体性的，并不仅限于感知对象的部分性能。就此而言，可供性并不能用人体工程学研究的各种数据来表征——它表现出具身性认知的整体特征。今后需要的是运用反映人与自然本原联系的可供性生态学理论，来协调强势的功能主义。

（三）实践重构的活动理论的进路

维亚斯等从社会文化视角拓展了可供性研究的范畴，特别是从交互性视角将可供性的内涵做了些修改并纳入设计实践中来。他们建议可供性概念应该从两个层面被对待：人工制品层面和实践层面，实践则包括文化层面的活动。维亚斯的探讨与活动理论的结合是一个可行的进路，但是他对吉布森的原始可供性的理解过于狭窄了。吉布森首先把人看作动物界的一员，从有机体与环境小生境内的一般原则去讨论可供性，更加强调在人工界与自然界的共性基础上建立他的可供性概念，无疑，维亚斯过于突出了人工界与自然界的差异性。

文化对人行为的影响是在基本感知行为模式的基础上发挥作用的。人们经常产生的误解是，以为进入了高级的认知模式后，基础的感知模式便退居其后，不起主要作用了，但恰恰是这些自动的、无意识的、基础的知觉模式通常起到关键作用。人们往往忽略这类因素的存在价值，关注显著的文化因素的价值。最本原的因素最终决定设计成败。在人与环境互动的生态机制没有被揭示出来时，设计师不明白为什么精心设计的物品却被使用者误用或异用。其实，这正是由于设计师不了解人与环境的可供性所致。可供性决定行为的倾向，关乎意向的指向，作用于目的的产生，构成文化的基本走向。

总之，结合活动理论的进路扩展了理论视域，突出了人的社会实践，但实践应用的方面还没有得到比较有说服力的案例来证明活动理论与可供性理论结合的意义。因此，有人对结合活动理论这一取向提出诘问："这只是将吉布森的可供性概念转变为重构活动理论（rebranded activity theory）。当活动理论已经很充分时，为何一定要阐释这种重构性（re-branding），却并没有得到澄清。"（Oliver，2005：409）。

（四）趋向融合的认知科学进路

认知科学的学者对可供性的分类是否可接受，还需要时间的检验。值得关注的是，认知科学的进路与吉布森的生态学进路在可供性本质的认知上是不同的，认知科学的研究者对可供性的兴趣，大概体现了建立在分析哲学基础上的认知主义倾向的弱化，部分地受到寓身认知现象学的影响，但仍然未能将人的认知放进生态学的大视野中去考虑。

第一代认知科学是基于功能主义或表征的计算，随着时间的推移，日益显示出第一代认知科学无法充分刻画完整的人类智能的缺陷。第二代认知科学的发展潮流因智能设计遵循非线性的模式而发生了巨大变化。其主要观点为：认知是具身的、情境的（situated）、发展的（developmental）、动力系统（dynamic system）的。这些观点与吉布森的可供性理论越来越相似。研究认知科学的学者这样评价，"给予性[①]概念与我们上面对身体意向性的分析是一致的，它们都表述了一种'我'和世界的相关性关系"（李恒威和黄华新，2006）。认知发展是一个历史性概念，动力系统则不再是单纯的内在心理系统，必然涉及内部与外部环境的互动。吉布森生态学理论与认知科学之间的区别是："生态学理论是描述生命系统行为更一般的原则，适用于动物和环境这个中层生态规模。认知科学是诉诸特殊的心理过程、秩序和规律的感知与行动，是更正统的策略。"（Jacobs and Michaels，2007）也就是说，生态理论将人置于动物和环境的中层生态系统去全面考察，具有更整体、更宏观的视角；认知科学专注于人、人工制品与环境的认知，具有更细致、更专注的视角。认知科学与生态心理学的融合，形成了有层次的设计理论，大概对于设计理论的发展来说是最具有生命力的方向。

四、建构基于可供性理论的设计方法论体系的尝试

（一）赋予生态意蕴的设计概念

设计这种智力活动与科学研究不同，前者是对未来技术的一种预见，后者的意义则是面对自然的解惑。法国哲学家贝尔纳·斯蒂格勒用"后种系生成"这个奇特的概念来说明技术发展的一般性模式，自然界中的所有生物，其物种的所有特性都已经被包含在胚胎之中，如果把技术也看作一个物种的话，那么，技术的发展都是在后天的生长过程中逐渐形成的，也被预先包含在人性之中（贝尔纳·斯蒂格勒，2000）。

斯蒂格勒的话是从人性角度讨论技术演化的进程与人的关联的。技术

① 在这篇文章中，作者将可供性译为给予性。

设计包含的可能性预见来自哪里呢？是来自生物性的自然预定，还是来自人的社会性的后天劳动发现？可供性概括了人与自然长期进化形成的与环境的适宜性生态关系，人可以直接地提取自然中对种系生存有价值的信息，形成对未来行动可能性的预见，于是这种预见既包括了自然的奥秘、人与自然的协调关系，又包括了社会对这一预见接受与否的态度。这正是人类设计产生的最核心内容，也是最隐秘的部分。笔者曾将设计的本质定义为技术原理变为现实性的周密预见和技术的人性化（罗玲玲和于淼，2005）。设计是主体意识的外化，但这种外化是技术原理呈现其现实可能性的周密过程。黏土经火烧后质地致密坚硬、不易渗水，薄的物体具有剪切力。这些技术原理只有经过设计，产生陶土器皿、刀具的设计方案后，其技术原理的实现才成为可能。关键在于，被称为技术原理的这些可能性，人是如何认识到的？在第五章，笔者已经论述了可供性关乎技术起源，知觉到可供性并利用可供性是生存的第一前提，此外，通过可供性的知觉，建立新的关系性，由此产生智力上的飞跃。因此，设计中的可能性来自通过知觉可供性而获得的技术原理。在设计中，这些可能性会在工匠和设计师的头脑中展现出已经实现的表象。

在技术发展的早期，设计更多地来自可供性的直接利用。人与动物的最显著差异是，人具有改造自然环境的社会实践能力，因此，设计的复杂性就在于，人类的技术实践和社会文化的因素会与自然预先提供的东西混合在一起。而且，越是技术发展的后期，这种混合越为普遍。随着人工制品的丰富，各种复杂的因素介入，使设计师很难再发现那种潜意识出现的自然原型来自哪里、为何就是如此这般。首先，这是由可供性的生态依存性决定的，即最契合人的生存需要；其次，可供性知觉的直接性、无加工性使人无法知晓设计的预见产生的途径；最后，可供性决定了设计的功效性，吉布森多次强调可供性并不是价值无涉的，所谓的技术原理是后人总结概括的，其实就是可供性内涵的行为可能性，有人将其概括为功能性。

（二）设计应以生态的方式展开

设计以什么方式展开并走到深远处？[①]设计是以找到自然的属性与人的属性关系契合为主要内容，以可供性蕴含的可能性变成现实性的方式展开并走到深远的，这就是生态的方式。

人类想创造一个单纯为人的目的服务的人工自然系统，需要将自然界其他事物的属性加附于人类，在这个过程中，首先，要意识到可供性的存在提供了一种可能性；其次，必须要通过人的属性与自然属性的链接、融合，使技术原理人性化，技术才能被人所使用，这便是设计预见的双重特性。这个过程就是利用可供性的过程，既要顾及自然属性，又要顾及人的身体动作尺度、能力。以人类第一次使用的技术——取火为例，木头具有保持火燃烧和可用手把握的属性，人不能直接用手去接触火，人“设计”了火把，一端可用手握持，一端点火，即利用了人的手的形状和握力，手与长形木棍的直径、长度的契合的可供性。人在获得技术性时所丢失的人的自然性，似乎要在技术的人化中找回来，设计正好把两个过程结合在一起。进入现代社会，人的复杂性影响人工制品设计，人的属性则不仅是身体动作尺度和能力，人的社会属性也会加入。

设计的预见同时蕴含可能性和不确定性。马克思曾精辟地论述了人工制品的生产与动物本能造物的不同：“蜜蜂建造蜂巢的本领，使人间的许多建筑师感到惭愧。但是最蹩脚的建筑师从一开始就比最灵巧的蜜蜂高明的地方是，在他建造房屋之前，已经在自己头脑中把它形成了。劳动的结果在这个过程开始时就已经观念地在劳动者的表象中存在着。”（马克思和恩格斯，1972）预见的结果在劳动开始时就在工匠的头脑中形成了，不过，可供性蕴含的可能性并不具有因果确定性，因此预见既是可能的，又是不确定的。这种可能性和不确定性，恰恰是人的创造性发挥的空间。这种可能性会随着工匠的身体操作与材料、工具、环境的互动逐渐变化，使预见

① 辽宁大学的陆杰荣教授2018年9月在笔者的博士研究生毕业论文答辩现场曾提出这一问题，引起笔者的思考，因此写出如下的文字，算作一个回答。

中的不确定性去除，可能性逐渐显现为现实性。所谓现实性，即基于可能性转化的现实性，表象物化为真实的物。实现的过程既与现实需要契合，又被现实客观条件约束形塑。例如，在旧石器时代，原始人了解薄的物体能切割东西，却只能打磨出薄的石器，不可能设计制造出其他材质的刀具。

设计的预见与创造性不是单线条的关系。预见是设计活动中最有想象力的部分，但预见也存在着对想象力的约束。想象力大于预见。因为想象力可天马行空，预见是基于想象的，又回到现实。预见中对想象力的约束，首先要基于可供性内涵的环境与行为的协调。设计不能实现这种协调关系，就不是一个适宜的设计，只能说是一个无法实现的梦想。因此，预见的实现具有实体表达性，即使是人凭借想象力在虚拟空间实现现实空间不能实现的效果，也需要实体的技术手段支撑，预见的实体化在对象的表述中推进，从表象变为图纸，从图纸变为实体。设计师的预见变成一个设计方案，从一个设计方案变成一个生产制造出来的人工制品，从产品变成商品，被人购买使用，最后回归自然，是一个约束条件逐渐增加的过程。

在技术发展的早期，表象中预先存在的观念——劳动的结果，只存在于工匠的头脑之中，虽然那时也有人尝试通过一种媒介，如草图和模型展现头脑中的预见，但保留下来的实物很少。当然，即使在人类早期的生产实践中并没有职业的设计师，却因为其活动的复杂性，出现类似现代的设计活动。例如土木工程，由于其规模巨大，必须通过周密的预见来避免过程的失控，因此专门的设计活动最早产生于此。公元前 2100 年，古埃及就出现了设计图，即使当时设计师还不是一个专门的职业（刘先觉，1999）。中国的宋代，画院设“木屋”一科，由画家管领建筑设计已经制度化（张良皋，2002）。这种制度出现的时间可能更早，只是没有记录而已。近代以来，设计草图逐渐普及，如达·芬奇设计的飞行器图。只有当设计成为一种专职工作时，才可称为现代意义上的设计。设计从萌芽到出现，在技术体系和技术形态发展中起到至关重要的作用。当具有完备意义的设计活动出现时，媒介表达方式也规范起来，形成了各种设计媒介物——平面图、三维透视图、实物模型、计算机模型等。在这个过程中，人工制品构成的人工自然已经发展成与人、天然自然融合在一起的超系统。人工制品的设计也越来越脱离对原始的可供性的依赖，设计出适合无机的人工制品快速发展的逻辑，让有机的人反而受制于机器，所以，设计若以生态的方式展开，则最终的结果是设计符合生态原则，回归自然的循环，这是一个更大的课题。

（三）建构基于可供性机制的生态学设计方法

自诺曼将可供性概念引入设计界以来，设计大师都没有深入研究吉布森的原著，只是把这个概念拿来应用，因此出现了不少误解甚至滥用的现象。在总结了各种研究取向的特点之后，笔者提出基于可供性机制的生态学设计方法。

人类早期的设计几乎都是通过提取可供性来实现的。今天的设计若以生态学的方式展开，则要回归到设计的原点，在已有的人工制品和环境中，寻找那些自然利用环境的行为痕迹（适宜的可供性发挥作用的地方），在新设计中预设这种协调的关系，而不是预设设计师主观的意愿；要在所有的人与人工环境接触的界面中构建人的自然生态位，即尺度契合、界面互动自然的环境。实现这些生态设计目标需要利用可供性机制形成具体的设计方法。

机制是协调各个部分之间关系的一种具体运行方式，可供性机制是指可供性发生的条件和运用方式。笔者提出基于可供性机制的设计方法，来源于吉布森可供性产生的介质、界面、特定的布局形态以及尺度可比性机制，即凭借介质的具身性感知营造人工环境氛围，利用表面及其形态机制引导直接性使用行为，运用特定的布局形态的设计实现不同的空间功能，以尺度的可比性机制作为空间尺度设计的基准。物质可供性更容易从互动的环境介质中获得；实体和物体的可供性更容易从互动的物体界面和形态上、布局中、对比尺度中获得；人和动物的可供性更容易从动作形态、结构布局、对比尺度、表情中获得，而文化的可供性更容易从集体认知中获得。

为了更明确地了解基于可供性机制的生态学设计方法，笔者将这种机制概括为符合特定协调关系的预设性机制、符合特定动作的尺度契合性机制、符合特定界面交流的互动性机制。

符合特定协调关系的预设性机制，从生态心理学角度发现设计的关系预见来源及展开方式——实现关系建构指向性。关系性是指人工制品的设计符合人与自然的价值协调，这是一条最重要的基础机制。设计的预见中就内含了这一机制。实现这一机制需要从可供性内涵的特定关系属性去理解人工制品设计的预见性原理，人在自然材料的转化利用中预先嵌入未来的感知和行为，使之变为可产生新的可供性的人工制品，将自然可供性转化为人工可供性。

符合特定动作的尺度契合性机制，从生态心理学角度实现设计的人性化原则——尺度契合指向性。尺度问题在人体工程学（人因学）中得到过研究，但生态学的设计方法论强调的是以动作尺度为核心的设计。身体比是环境和身体交互作用而形成的本征或内在尺度，它可以应用到心理学的研究中，是生态学方法的实质内涵。符合动作尺度的设计才把握了生态设计人性化方法的关键。

符合特定界面交流的互动性机制，从生态心理学角度实现设计的人-物互动指向性。界面即吉布森强调的表面，只不过在自然界中用“表面”更好，在人工制品设计中用“界面”更妥当。界面是人与人工制品互动的表面，是信息交流的场，蕴含着介质、表面形态、布局等多种可供性机制，表面信息直接影响人的知觉-动作，是人-物互动产生的基础，是关系建构的具体实现，也是体验性设计的依据。

总之，生态意蕴的设计概念是逻辑起点，设计过程以生态方式展开是具有指导意义的设计观，可操作性的设计方法体系为具体内容，构成了基于可供性理论的生态设计方法论。

第二节　符合特定协调关系的预设性机制

一、基于协调关系的行为预设生态设计方法

人工制品与人之间的关系并非经过像自然进化那样长期的磨合，通过设计师的灵感和制造者的身心劳作，来解决设计师的设计情境与使用者的使用情境之间存在的鸿沟要比自然进化快得多，因为人是具有预见和反思能力的智慧生物，不断有新的认知来指引。“可供性描述了一个‘设计师-人工制品-使用者’较大复杂系统内两个或两个以上的子系统之间的潜在行为……行为的发生取决于人工制品与使用者之间的关系，不可割裂其一。”（Maier and Fadel，2009a：21）设计的目的之一就是要使这种联系能够再现于人工制品与人之中。因为人创造的人工制品也需要体现这种协调关系，人工制品才能被人更自然地使用，人才能更健康、更自在地生存，也可称为设计的关系预见指向性。

（一）对特定行为的自然诱导源于关系的客观性

基于可供性的设计理论与传统的功能设计理论有着巨大的方法论差异。传统的功能设计专注于人工制品基础上的技术逻辑，是在抽象意义上将物理属性与人的目的联系在一起。用功能主导设计，人的行为与人工制品关系不是基于生态的自然关联，而是基于人因工程学的分析主义的计算，往往造成使用者需要通过特意学习来适应人工制品。因此，生态设计理论建设的一个重要工作是“建立关于事物的可供性与设计可能性的映射关系，并将这种映射关系用于产品的设计”（颜禄检和陈海峰，2018）。

从人类行为的角度分析，有时恰恰是无意识的行为最为有效。天然形成的有机体的行为与环境资源之间的最优效率就是“生态行为效率”。基于可供性的设计的目的是实现“生态行为效率”。中国工艺美术理论家杭间曾谈到用工效学的知识，可以从功能和生理角度分析人手的尺寸与碗的尺寸

的对应，但是“我们都能经历到的是，当你全神贯注想接住伙伴打来的拳头时，却往往慢了一拍，而无意识放松时，人的反应反而比有意识时更灵敏。另外，在某种特定情况下，人体能发挥出更大的能量，使身体的适应性更强……生理和环境在类似这种情况下的变化机制不清楚，器物功能的盲目性就不可避免”（杭间，2001：220）。他当时不清楚的机制，如今看来，就是可供性原理和机制。

基于可供性的关系内涵体现了反计算隐喻的认识论，具体包含以下四方面的作用。

第一，利用积极的可供性对行为的自然诱导，发现物与人的行为的直接关联性，设计人-物契合关系的人工制品，成为最有价值的设计方法，使用者知觉这些信息，会达到行为协调的自然引导。因此，好的人工制品设计是让人工制品遵循人与自然物的协调关系，产生容易被感知的可供性，能引起使用者下意识的适当行为就可应对人工制品，不给使用者造成学习压力，减少设计的不顺手、不安全现象。

第二，避免消极可供性对行为的错误诱导。在设计中，运用可供性原理引发了结构和功能的可视化研究转向。由于知觉与行为的不可分，有机体对环境信息的感知与对本人身体的感知是同时进行的，设计师预先估计到这个人工制品的尺度和外形所对应的行为契合性，很好地利用积极可供性的设计，力图避免出现错误使用行为的可能性。例如，人们误将一扇关闭的玻璃门看成是一个通畅的门洞，并且试图步行穿过它（Gibson，1979：142）。如果设计师在玻璃的表面上设计一些有颜色的图案，就不会引导使用者产生错误的行为。

第三，根据可供性特示的人与物的协调关系，设计强化这种关系的显现条件。中山大学的学者提出一个可供性阈限的概念。可供性阈限是指可供性能被知觉到的阈限值，属于个体知觉层面的概念。设计者可以通过添加知觉信息来提高或降低可供性的知觉阈限，使得它们能被知觉或不被知觉，同时能够指向可供性的意义（卢嘉辉和程乐华，2012）。例如，一个可坐设施的设计，只要尺寸与特定人群的坐高条件吻合，材质不引起承担不起的误解，都会自然地引导人坐下。但表面材质用木纹装饰，会比用其他纹理装饰提高可供性阈限。

第四，用关系的客观性代替设计师的主观性。诺曼洞察到人使用产品的行为与产品之间暗含着一种联系，可用吉布森的可供性来解释。但是，他并没有从本体论和认识论的角度概括这种关系性。日本学者的解释更为深刻：可供性是“人们已知道却没有发现之事”（后藤武等，2008：142），即一直左右我们的知觉和行为之理，却不为人所知的真实，就像潜意识一直在影响我们的行为，却一直藏匿在意识之后一样。设计师要在“不假思索”的行为中酝酿客观的物品，反对设计者的个性与主观意念，让使用者自行发现设计隐含的价值，而不是设计者主观赋予的使用行为，即设计师要主动去观察使用者使用行为的轨迹，意识到可供性自然发挥的作用，捕捉它对行为的自然引导性，在以后的设计中预设这种关系性，从而达到有设计、似乎又无设计的境界。

（二）构建多种行为选择自由的设计预设

设计必须有预设，但笔者所提倡的预设不是主观的预设，而是尊重人与自然界的协调关系，通过观察人的自然行为，预设可以产生人的自然行为的环境要素。

吉布森将可供性视为既不是物理对象的一般属性，亦非心灵属性，而是一种可被发现的、存在着的现实属性。那么，动物意识到怎样的可供性？或行为的变化与可供性的基准的关系如何？科技哲学家 E. S. 里德对此的回应是：可供性选择形成了动物的意识和行为，并对个体行为构成选择压力。为什么会有选择压力呢？因为可供性既提供了可能性，也提供了不确定性，即这种可能性不是线性的因果确定性，而是非线性的多种可能性。选择压力发生于不同的时间量程，如从个体发生的短暂时间量程到种系发生的恒定时间量程，使可供性发生的时间也有长短之分（Reed，1996）。人与自然相互关系的实质应该是自然选择和适应行为之间的协调。基于可供性的设计的预判不仅有适宜指向性，还需要适用的广泛性和灵活性，对人所发生行动的自然环境的仿真模拟，其实质是模拟动物在不同时间量程中选择的可能性，从而提供了人类使用人工制品和人工环境的多种可能性，增加设计的灵活性。

吉布森强调人所处的环境（又叫小生境），对人类来说提供了无限多的可能性，“被我们笼统地称作物体的那些东西，它们具有的可供性是极具多样性的”（Gibson，1979：133）。对动物行为的解释往往依照三个属性进行：期盼、回忆（retrospectivity）及灵活（flexibility）（Gibson，1994）。几乎所有的动物行为都有很强的灵活性。设计师需要分析各类人面对同一环境时的行为，寻找最广泛的协调性。设计预设把握人-环境行为的多样性，能够拓宽使用者当下的感知边界，实现对多种行为的兼容，这恰恰是设计最核心的指向之一。

第一，扩展纵向行为量——可以容许更多的人（不分性别和年龄）使用同一人工制品。一个物体与不同的人之间会产生同一行为，所有的人都会尝试去按压各种形状的手指大小的突出物。面对太小的突出物，因其尖锐，人们不会主动去按压。特别是“如果一个相对不变的变量与观察者自身的身体之间具有可比性，那么比起与观察者的身体没有可比性的那些，则更容易被选择”（Gibson，1979：143）。以人的自身结构为依据，“设计谁都能打开的门把手”，这是通用设计应考虑的原点。

第二，扩展横向行为量——同一人工制品可以容纳多样的使用行为。同一物体会引起一个人的不同行为，如一个人坐在、躺在、站在同一把椅子上，“可供性的理论把我们从设定固定的物体分类——每种物体都要确定常规特征然后被给定一个名称的这种哲学泥潭中解救出来”（Gibson，1979：134）。同一物体与不同的人之间也会产生多种行为可能，由于预知了所有行为的可能性，所以，为了做到对多种行为的兼容，在设计上就要提供适合多种心理要求和行为产生的环境要素，如公共场所的双人座椅就不宜设中间的扶手。

第三，提高设计对某些行为的限制和转换功能。基于可供性的设计不仅提供行为可能性，也会限制行为可能性，如在狭窄的流动空间中，设计只能让身体半靠着的扶栏、不可以舒适地坐的可供性，使久坐的行为很少发生，保证流动空间的畅通，这样坐与走迅速转换，似限制与非限制的作用都促进行为的灵活性产生。

二、协调关系增加智能人工制品的行为自组织性

（一）提供智能人工制品设计的生态理论

古希腊哲学家亚里士多德早就区分了自然与非自然的不同，“没有一个人工产物本身内含有制作它自己的根源”（亚里士多德，1982）。智慧人工制品的设计永远是外加的目的，不具有内部自然生成的动力。柏格森也指出，“制造是人类独有的活动”（亨利·柏格森，2004）。制造是目的论的、无机的、机械的，而生命的创造是有机的、自组织的过程。人工制品的设计经历了意识中完成的“想象-构造”—用媒介物表达出来—真正制造出来，这是一个非自组织过程。

2006年，欧洲该领域最具有前瞻性和开放性的学术组织——达堡研讨会，汇集了哲学、逻辑学、人工智能、计算机科学、心理学、经济学和游戏理论的学者，力图解决可供性理论运用于智能人工制品的价值问题。

会议主要讨论的主题是：一个机器人控制结构在使用可供性感知环境时可能或应该是什么样子的？这个结构可以或应该如何使用可供性来行动和推理？可供性除了以功能为导向的感知、行动和推理以外，还有没有其他功能？

通过来自各领域的学者的充分讨论，会议得出了两点结论：第一，一个基于可供性的或受可供性启发的机器人控制结构绝不仅仅是现在的当代控制结构的扩展（或者说，一个“增加的层面”），原因是可供性将会进入低层次感知系统中，将会对控制结构，如注意力机制进行过滤，以防遮蔽人的高过程认知层次，并服务于作为行动选择、思考和学习资源的感知结

构表型中。因此，如果有基于可供性的控制结构，可供性将会在其所有层次起作用。第二，研讨会问题的答案并不依赖于认知科学家是否同意吉布森是“正确的”。可供性不仅存在于生物学大脑或思想中，也存在于生物学个体与环境的活动中，吉布森关于感知和动作连接的现象描述是否正确，关键不在于这个生态学观点被认知科学理论完全理解的程度，而在于研究机器人控制的设计师非常感兴趣。因此，研讨会可让可供性理论的支持者和反对者都受益，会议目标是讨论和交流，而不是全体的认识的统一（Rome et al.，2008）。

哲学家切莫罗认为，可供性概念的提出已经超出了吉布森早期的直接知觉理论，建构了一个新的本体论，“如果没有对世界像什么的理解，没有对世界包含意义以及不仅仅是物质性的理解的话，那么直接知觉很难解释得清楚”（Chemero，2003）。从人与自然协调关系的本体论和一元的认识论中得到启发，可以形成人工制品的生态设计方法论，将可供性概念引入设计界的贡献就在于此。遵循认知科学家的理论，行动者处理的是二维的画面。但真实的行动者所感知到的事物“是连续变化的三维目标实物，尤其是在移动目标事物的感知，因此知觉是动态连续的，行动者对目标事物所产生的行动也是一种动态连续的过程”（薛少华，2015）。因此，运用可供性的理论，智能机器人可能更好地符合拟人的行为。

如果将可供性解释为基于有机体与环境关系所提供特定行为的可能性，那么，可供性对动物具有生存意义，可将可供性解释为关系本体论。由此，遵循这一关系本体论的认识论，设计就是用感知的关系去再造人工制品与人的新关系。现象学家卡明斯（F. Cummins）根据德国生物学家雅各布·冯·魏克斯库尔（Jakob von Uexküll）关于生命体的现象世界需要认识到个体与世界发生关系的认识论特殊性，认为“可供性并非使事物特征化的各种属性中的一种，也不仅指人与事物之间的关系。可供性是以有机体的现象学世界为原则导向的”（Cummins，2009）。他建议从深层可供性（deep affordance）角度去理解主观现实性，这也许有助于哲学界对关系本体论是否存在进行辩论。

（二）基于生态取向的智能人工制品设计原理

机器人，又可称为智能人工制品，是人类对于自身与环境的关系认知用于实践所创造出来的理想体。正是出于能像神一样设计出最高智慧的人工制品这一理想，设计理论不断运用科学的研究成果，修正过时的设计理论，向认识的自由逼近。近些年来，研究者进行了基于行为的机器人学习机制的探索。人类行为学和脑科学的证据表明，运动和大脑的发展是紧密交织在一起的。最具挑战性的问题之一就是，低级别的运动技能如何扩展到人的更复杂的运动和认知能力。目前，机器人设计领域将可供性定义为在环境与机器人（有机体）互动影响基础上获得的关系，对增加机器人的自组织性提供了很有效的解决方法，又称为基于人机互动系统的生态学设计取向，其设计原理主要包括以下三点。

第一，用主客体互动模式代替客体导向的行为者范式。传统移动机器人，都是基于客体导向的行为者范式。这种范式的特点是将环境区分为各种不同的客体，然后解决与各种客体独特属性相关的行为。这种先分析后综合的感知行为者范式运用到动态环境中不适应目标的变化性。加利福尼亚大学的研究者提出一种基于可供性的移动机器人行为模型，提供动态环境中的机器人与行动互动的自动信息。这种支持不仅是反应性的，而且是目标直达的。互动产生于瞬间的直接知觉，恰当的行为也是瞬间产生的，它能使人工主体基于自己对世界的感知，以自己的术语获取关于行动可能性的意义（Raubal and Moratz，2008）。在机器人的设计中使用可供性的原理，机器人利用已学会的可供性关系预测初始行为的效果，因此可以在不同的情境中选择合适的行为来达成完整的目标导向行为。这些预测也可以被用来评价机器人执行不同行为后所感知的未来的实体，只需将预测到的效果原型添加到现有的感知实体中就可以，然后就可以运用所学的关系预测对已评价的未来环境施加行为的效果。机器人可以评价一系列行为产生的总效果，并预测行为执行之后所感知到的实体状况。佐治亚大学的学者开发了一个概率图形模型，称为分类-可供性（CA）模型，描述了对象之间的关系性、可供性和外观。例如，一个专为越野导航的机器人可以将深度信息和图像特性直接映射该地形区域，预测行为的可穿越性。研究表明，视觉物体类别可以作为中介物表示可供性学习问题的测量尺度（Sun et al.，2010）。这些研究构成了利用所学的可供性关系来规划行为序列以达到理想目标的基本理念。这种打破传统的主客二分观念的设计理论，预示了机器人设计领域的认识论和方法论变革。

第二，用可供性概念解释捕捉环境信息的意义。对于具有智慧的生物来说，环境结构布局对于不同个体和群体的行为具有潜在作用和意义，任何一种设计结构及其外显特征都对应一种行为方式，因而在对人工制品的设计中，探讨知觉与行为的产生条件、转换与进化的动力是关键。研究人员利用吉布森的光学流动原理让机器人能够在拥挤的实验室和中庭进行导航。机器人无须内设识别障碍程序，亦可成功地导航周围的障碍物（Düntsch et al.，2009）。动物的自动化行为受自然知觉的引导，是一种奠基于模拟、仿真自然的间接知觉映射模式。机器人与环境相互作用时信息被及时地捕捉。只使用 1%的感知特征矢量，机器人就可以直接感知（即不需要通过环境模拟）到它所在环境中可用的可供性。只要给机器人设定一定数量的初始行为和探索行为，机器人就可以成功地发展出目标导向行为，显示机器人所学到的可供性可以用于行动的计划（Cakmak and Doùgar，2007），增强机器人的学习能力。以可供性为基础的设计，人类可以灵活地建立对象与机器人的互动，达到这一目标，机器人需要具备什么样的知识，可以匹配在认知的适当方式给用户的直观概念和语言首选项（Moratz and Tenbrink，2008）。

第三，用动力学解释深化动态的交互作用。基于可供性的设计理论强调取消表征的认知动力主义，成为机器人设计的一种新研究路线，那就是将动力学原理与可供性结合，用来设计具有直觉的机器人控制结构。许多研究证明，动力系统方法可以更好地理解智能生物原理（Thelen and Smith，

1994)。吉布森学派的许多研究者分析了涉及持续互动的动力学理论，即在机器人的设计中，既要用可供性的知觉解释互动关系，又要运用动力学，对行为进行数据预测。设计可知觉可供性的机器人，使机器人更好地模拟人的认知和行为，直接对环境结构布局产生恰当的行为回应和策略。德国柏林大学的科学家斯基拉奇（G. Schillaci）等将重点放在内部身体表征和认知模型的研究上，由此可以提高机器人的预测能力。借助对人的感觉运动模拟，实现机器人从基本低级感觉运动表征发展到高级认知技能。机器人通过与环境交互，探索它们的身体能力，可以产生丰富的感官和运动经验，可能出现类似于人类好奇心的机制——预测实现的激励（Schillaci et al.，2016）。

在这一领域，生态心理学家应当与神经生理学家、智能机器设计的工程师一起合作。对可供性概念的持续争论，确实促进了生态心理学和传统认知心理学的发展。然而现在，感知和行动的领域可以说是由神经科学主导的。尽管信息处理的计算隐喻主义的影响已经越来越弱，但是坚持生态学方法的学者还应当扮演更重要的角色，旗帜鲜明地明确自己的立场。“认知神经科学家也运用适当的可供性，不过很容易就会通过简单地谈论‘行动表述’存储在一些皮质区，而失去了这个词的实质。虽然神经科学确实深思熟虑，尝试开发一个生态的运动体（ecologically-motivated），但如果尝试的话，有什么前景仍有待观察。”（Dotov et al.，2012）

第三节 符合特定动作和环境的尺度契合性机制

设计是重要的人类实践活动的序幕。人工界的设计都是围绕活动的人来进行的，人所感知的环境不同于物理学描述的世界。遵循持续变化的行为-环境的关系进行设计，应当作为设计依据的行为理论之一，因此，动作尺度作为设计把握的度解释人与物的具身性与动态契合性。如果是从更广泛的视角去理解设计，自然界其他有机体与环境的协调性关系也会被纳入人工环境的设计中，所以可供性提供了设计大尺度人工界的生态尺度考量。

一、人工制品设计中的尺度契合性机制

（一）契合的静态与动态设计

契合可用英文 fitness 或 matching 表述，所以，笔者提出的“契合”与新墨西哥大学的米勒（Miller）提出的“适宜”相近，也与日本学者提出的“吻合”（后藤武等，2008：95）是一致的。

所以，契合就是人与环境、物品契合的状态。可供性所内含的行为的可能性不是没有量的限度的，随意安装的门把手恰恰是最好用的，因为人没有意识到自己已经感知到了那个恰当的“可供性”（后藤武等，2008：94）。按伸出手的高度，把门把手安装在适宜的位置上，按直觉安装门把手的方向，因为这样握门把手最方便。可以说，追求设计刚刚好的境界就是对可供性理解到位的结果。车站站牌边的铁管护栏被当作座椅，这个高度刚好适合成人坐下，也不会引起三岁儿童的坐的行为。环境对人的行为的引导作用也来自两者的刚好协调，仿佛一种行为的吸引力。设计适当的垃圾桶，其高度与成年人的手的高度正相当，自然引发了人扔垃圾的行为；设计不当的路灯，因为尺寸、外形像垃圾桶，即使在白天，也会引发人们把垃圾丢向它。产品本身具有的物理特性与使用者的能力自然地存在着各种潜在的行为可能。设计的成功——可供性不露痕迹地存在着，自然地引导着行为。设计师深泽直人会用“刚刚好”一词来描述这种人与环境的关系，使他的设计达到“运用之妙，存乎一心”的境界。

契合也是一种协调至约束机制；可供性引发了行为的发生，从这个角度看，可供性是活动的前提条件。可供性被视为局限的条件。局限和限制涉及情境类型，一种情境类型暗指具有特定关系物体属性与之链接起来的情境。情境理论中有“协调至约束”的概念，提供了一种怎样做事的思考方式（Greeno，1994）。其实，适宜的状态指的是一种静态的契合，协调机

制讲的是动态的契合。例如，汽车驾驶就是一个运用协调机制的过程。开车过程中，驾驶员对周围环境的感知不断地变化，与前车的距离、与后车的距离、线路的变化、信号灯的信息、操控手柄等需要人不断感知可供性，运用转化协调机制达到最佳契合，因此在智能汽车的动态契合设计方面，一直引发着各种创新。2013 年苹果公司宣布了研发智能汽车计划，并攻克了数项核心专利。首先，是视觉的动态契合，可以让前挡风玻璃变成一整块屏幕，驾驶员需要的信息，将以透明的方式显示在玻璃上，驾驶员不用低头就能够看到。其次，通过座椅为乘客提供触觉的反馈，达到触觉的动态契合。比如，利用座椅本身向用户发出诸如防止偏离车道的提醒，而不是通过“哔哔”声和视觉提示来提醒。

（二）动作尺度——设计“上手之物”之律

人类的身体尺度一般在特定的范围内变化，差异并不大，因而在一定范围的身体尺度内，同一个人工制品的可供性大致相同。但围合式布局不仅相关于内空间格局的使用者，还相关于外空间格局人群的身体尺度，同时，不同使用者身体实际的动作能力会有差异。这些不确定性要求设计师充分考虑到身体尺度和行为环境之间的相关性，将其引入设计方法论中。可供性描述的是人契合于环境的体验状态，因而人工制品设计的宗旨就是遵循身体尺度，实现人与人工制品之间的契合体验，促进人机交互关系，避免使用障碍。

机器人设计是对人类智能与行为的模拟。因而，以可供性概念为指导，遵循机器人的设计尺度，还原人工机器人的行为环境。基于可供性机器人设计实践取决于可供性提供的认知科学原理和动力系统作为数学方法之间的并行协调发展。目前国际设计界以可供性概念为基础，建立起一些机器人设计模型，如可供性-贝叶斯网络模型（刘春阳等，2014）。以行动代理者的身体尺度或动作尺度（感应系统和动力系统）为测量尺度，而产生出高阶的动作可供性维度，它内蕴动作模式（model）、动作目标（object）、动作效果（effect）三个维度。从总原理上来看，可供性机器人设计在感觉编码阶段，引入、建立起一个加工处理的信息环。

吉布森学派的学者都把动作、运动、行为作为理解可供性概念的关键。遵循可供性的设计与身体动作密切相关，但这些协调的具身性与通过人体工程学科学实验统计的物理量不尽相同，而与工匠的体悟、直觉、经验更为接近。人类的一个能力就是将人工制品融入身体实践，通过人工制品实施动作，如使用锤子敲打。设计精巧的工具有利于实现实用性动作和知觉的协调。所有的动物都能凭着轻松地感知可供性，恰当地选择与环境最协调的行为，所以，生态学设计理论就是要找回动物（包括人）与环境协调的天然状态。可供性理论所强调的协调具身性涵盖了人体工程学，又把人体工程学与工匠传统结合起来，具有更广泛的解释性。

动作尺度与身体尺度之间的差异是，身体尺度是一种客观的物理量，动作尺度是潜在的行为可能。可以说，对动作尺度的理解预测了使用行为能力与人工制品的协调度，是悟到了设计“上手之物”的奥妙。

协调的状态让人难以察觉，一旦不协调了才会被人察觉，对此海德格尔有着近似的观点：当人特别“上手地”使用工具时，上手的存在者恰恰是不显现的。因此，此在与存在者的亲疏状态不仅缺乏必要的现象空间，相反，被定义为需要由现象学的眼光来驱散的“掩蔽”（verdeckungen）状态，是“现象”的反面。只有当上手的关系被打破的时候，如工具失灵时，一个现象的领域才被打开（王珏，2009）。

笔者的学生王晓航认为“上手之物”早已“下手”，利用手动工具的技能在退化，技术的发展越来越扩展大脑功能，人类双手特有的能量技术将严重退化。即便如此，技术人工制品只要存在与使用者使用的互动界面，这个“上手之物”的规律就不可取代。不遵守身体尺度和动作尺度的设计，终将被使用者淘汰。

（三）契合具身性构成设计把握的度和情

吉布森首先确定了可供性引导的知觉反应和行为是环境与身体的契合。可供性暗示的可能性在于生命体自身特质与发生行为的环境在尺度上是否匹配。门把手承载抓的行为取决于行为者个子的高低及手的大小等。“一个 5 英寸的立方体能被抓握住，但一个 10 英寸的则不容易被抓握住。一个大个儿的物体需要一个‘柄’来提供抓握之处。请注意，物体的尺度是否与可抓握的尺度等同是在视线中被认定的。”（Gibson，1979：133）

笔者认为，所谓契合具身性强调的不仅是一种人的身体尺度与环境尺度之间度的关系，决定了动物行为发生的可能性，也与人和环境之间具身性的视觉、听觉、嗅觉、味觉和触觉的综合体验有关，超出人所能承受的声响、异味都会影响行动的发生，所以生态学意义上的契合具身性是全身心的，而非单一的感觉层次的契合。所以契合具身性的度，不是抽象的物理尺度，而是人与环境长期进化形成的动物可直接感知的可供性，指的是动作尺度。

契合具身性关乎能力。吉布森关注动物是如何瞬间意识到环境客体为动物行为承载可能性的。“可供性是动物和环境的黏着力，使它们保持在一起，选择压力只存在于非正常的物理环境中，要运用它们的优势去提升自己的能力。”（Chemero，2009）对于能力与环境特征的关系问题，很多学者通过实验来验证这一结论，发现这种关系并非理性的数理关系，而是更复杂的关系。

契合具身性还关乎人与物的情感。人首先要选择与个人身体尺度契合、行为习惯吻合的物品，内部环境的物品选择的背后都有一种驱动力。作为设计师要体验使用者选择物品的心理驱动力。在人生旅途中，当人们经历各个阶段都不断地采集收藏具有价值的东西——无论是具有情感价值的，还是具有实用价值的东西时，每一项都起到人生标记的作用，每一件人工制品都讲述一段生活故事。每一件物品的容量、色彩、结构、形状、材料、文化内涵、声音及功能，都与空间中人的身体、心理、感情相联系。所以，契合具身性是非常具体的、个人化的。设计师从一个人周围的物了解人，理解契合的具身性设计应当如何实现是一条捷径。

契合具身性设计满足安全需求。人还有一种更强烈的驱动力，就是要开辟舒适地区的愿望。一些人把家同“茧”联系起来——这是一个远离忙碌的工作场所的安全地方。房子应该是一个完全舒适的地方——无论是在身体上、心理上还是在情感上。人们是通过把自己置身于生活中的这些物品中而展示这个舒适地区的，也就是购买房子进行家的内部设计的初衷。“每件被收藏的物品都成为被精心挑选而编织进我们的安全毯，即我们的庇护所的一根茧丝。每根‘茧丝’都与舒适、安全及这个环境中的人息息相关。我们把这些东西拉到身边、围在身上，就像我们蹒跚学步时拉毯子盖一样。”（Johnson，1997）如果能够为自己设计一栋建筑，那是最理想的了。因此，从人如何“编织”舒适的“安全毯”理解环境设计的真谛，也是设计师必须要学习的课程。

二、生态尺度——更深层的生态设计

设计的目的是合乎人类的多样性需要。可供性具身认知为设计合目的性提供的方法论指导是：遵循身体尺度，还原行为环境。对人工景观、空间格局设计，除了生态学尺度之外，还应该兼顾潜在使用者的动作尺度。例如，建筑设计、工程设计等是大尺度格局设计，除了要考虑对生态景观格局、过程和功能的影响之外，还应该遵循人工景观相关行为使用者的身体尺度。

吉布森将自然状态和人工状态下的环境统一于生态原则下。人通过技术设计和艺术活动改变了环境，只是为了让自己生活得更好。因此要特别注意的是，设计是否遵循了人类行为与环境之间的互惠关系而让人工环境适合人的生存，还是相反，在获得一定效益的同时又让自己陷入更大的麻烦之中，因而生态心理学的可供性概念对于设计实践的价值还需要进一步地发现。

（一）遵循生态尺度设计还原生态行为-环境

遵循可供性提供的协调的具身认知规律，为设计方法论提供了新的视角。可供性因环境的物质属性而使这种关系具有一定的物理倾向性；可供性因与人的行为关联，而使这种关系具有一定的心理灵活性。对物性、对人的属性进行更深层次的分析就会发现，环境的具体属性与人能力协调的具身性是设计把握的度，从细节上强化了这种尺度关联的协调性。

第一，把握人在生态系统中的位置，对设计来说特别重要。吉布森认为环境有不同的单位，小的环境单位嵌于较大的环境单位中。他特别区分了环境（将物质与动物赖以生存的媒介区分开来的界面）和小环境（一套可供性机制）的差异，指出了生物群落有别于生态位，认为可供性作为生态位属性，是相对于动物种群的生活环境来说的。“在过去的几千年里，人类的活动改变了地表布局，虽然天然的山脉湖泊等依然存在，但是由于人为作用，天然物被改造成人工制品，从而使得可供性发生变化。”（Gibson，1979：129）人处在不同的生态位中，动作所需要的尺度是不同的，如在广场和房间中，空间布局和行为的匹配就有所不同。在设计中，人的身体尺度和动作尺度都是直接影响空间设计质量的因素。例如，生活广场的设计就存在广场品质与尺度的关系，许多建筑设计理论家经过研究都认为，20～25米的广场尺度是宜人的，广场宽度（用直径 *D* 表示）与周边建筑高度（用 *H* 表示）的比例 *H*∶*D* 应当控制在 1∶6 到 1∶1 之间，理想的应当控制在 1∶1 到 1∶3 之间（徐磊青等，2012）。尺度过小的广场会使人的行动受限，容易使人产生“密集恐惧症”；尺度过大的生活广场，会引发人们的无依靠感，这就是所谓的“广场恐惧症”，任何一个空间都具有独特的生态位属性。

第二，生态尺度是衡量设计适宜的度。可供性意味着尺度观的转换，即将身体的机能性或功能性这种内在性质作为测量尺度来测量环境，得到的环境性质是一种消除了单位的比例尺度（ratio scale），它在物理学中是一种无量纲量。通过肩宽、眼高、腿长这些身体性质乃至运动、动作或行为的可能性这些量纲，环境的作用机制产生了变化，即从实效刺激作用转化为潜在的作用，这种作用关系构成了动力系统理论中的相空间（phase space）。人的基本尺度构成了人在环境中的具体行为。在意识研究路线中，行为可能性这种作用被解释为意识预期；而在生态学研究路线中，则蕴含在系统的动态演变过程中。与此相关的是人因工程的研究，因其过于偏重分析主义的研究方法，其成果对于设计的作用是有局限的。

所以设计师在设计中，如能在现场唤起身体与环境的协调具身性感受就显得特别珍贵，常常有助于设计师体验环境与人的“天人合一”的状态去处理设计问题。学生学习大师的设计，内心驻留（indwelling）的过程就是将自己想象成某个建筑师——实际上就是学生将思维和身体隐喻地延伸，进入这个建筑师的思维和身体。与使用者接触，也是将自己想象成使用者，进入使用者的思维和身体，才能感受到身体与环境协调的那种行为尺度感。

（二）遵循生态尺度保护生态系统

设计的理想形态是人工格局，人工格局是人类对自然界中物质、能量、生物组织格局的再分配。通过人工格局对各层级自然资源进行主动的组织，理想形态的人工格局最终实现为物质形态的人工格局。按照人工制品从属的生产范畴，设计活动的类别可以划分为农业格局设计、工业格局设计及第三产业格局设计。从一般意义上说，按第一、第二、第三产业的属性，产业格局相对于自然格局呈现梯度式发展，即越来越远离自然格局，但这些产业格局最终都嵌入自然格局中，都对自然环境格局具有人为影响，因而设计活动必须考虑到人工制品格局的合对象性，必须了解到人工格局-自然格局-自然过程之间的动态关系。

由于人工格局和自然格局的动态相关性，所以以人工格局为目的的设计应该以景观生态学为设计方法论的理论基础。人工活动生成的人工景观嵌入生态景观中，人类的活动必须以这种终极关系的影响或后果来限制、控制、协调自身的活动。作为生态学的研究领域之一，现代景观生态学的主要研究内容是：“①空间异质性或格局的形成和动态及其与生态学过程的相互作用；②格局-过程-尺度之间的相互关系；③景观的等级结构和功能特征以及尺度推绎问题；④人类活动与景观结构、功能的相互关系；⑤景观异质性（或多样性）的维持和管理。”（邬建国，2007）

生态学对设计的规定，在“应该这么做”的规定关系中，蕴含着“为什么这么做”的理论规定和“怎么做”的方法论规定，即将格局-过程-尺度的动态关系纳入设计原理和方法论之中。目前在设计的生态学方法中并没有体现这种设计思想，就是因为没有注意到尺度效应和格局与过程之间的相关性。这种相关性表现为，生态对象的性质会因为尺度转换而变化，即尺度对性质的影响。以地形特征和森林景观格局形成的多尺度效应为例，随着取样单位变大，样本面积增大，样本数量增加，森林景观格局的形成机制就变得越来越不确定，产生出复杂性、变异性、多样性的变化梯度（郭泺等，2006）。因为尺度的变化、转换，生态系统表现出自身的不确定性。

设计方法论如果以生态学尺度为理论基础，应当考虑到生态复杂性与尺度效应之间的内在联系。随着人类活动范围的拓展，即从传统的农业阶段发展到现代工业阶段，人工制品对自然的嵌入呈现出从原始农业产业对地形地貌的改变，到现代工业高纯度、高浓度、高精度的人工制品对自然的嵌入，产业活动对自然环境影响的不确定性随之增大。因而，坚持以产业格局、形态、过程为实践实体介入自然的生存方法论，必须以生态规律为准则，遵循生态的内在尺度，并以生态学提出的尺度效应为方法论原理。从根本上说，合对象性是设计的最高准则，因为它最终是保障合目的性的前提。

第四节　符合特定界面人-物交流的互动性机制

传统的交互设计方法建立在认知科学的间接信息加工理论基础上，多在界面中设置规则和知识来实现操作动作，无法真正实现人工制品设计的人性化。吉布森的生态心理学认为，人的生存不仅需要客观物质资料，还需要不断地获得有价值的生态信息。产生于有机体与生境表面的互动的可供性就是一种生态信息，生态信息不仅是客观的，还是主观的，因为环境信息与肢体运动信息同时获得，由此保证了知觉与运动的协同。这一理论为人与人工制品的关系框架构建了生态基础，突破了现有界面设计功能主义观点的局限性。目前，迫切需要探讨的是，如何从生态学的角度理解人工制品界面的知觉-行为规律，阐明界面设计的生态学方法的理论基础及其方法原则。

一、从自然物到人工制品——从表面到界面

生态心理学认为，人本质上是与自然共同进化的生物，天然自然规律左右人工自然规律。将吉布森有关的表面及可供性理论推及人工制品，则认为人工自然的生态信息产生于人与人工制品的界面。

（一）吉布森的表面概念

在吉布森的生态心理学理论中，“表面”这个概念被许多研究吉布森理论的人所忽略，但表面对理解吉布森的生态心理学理论是非常重要的。吉布森在构建生态知觉理论时，特别强调表面的重要性。吉布森首先界定了几何学的平面与生态的表面有何不同：“平面和表面是最接近于几何学的语汇，但请注意差别。平面没有颜色；表面有颜色。平面是透明的鬼魂；表面通常是不透明的实体。”（Gibson，1979：33）“或许‘表面’的成分和形态构成了表面所提供之物。如果是这样，那么感知它们也就相当于感知它们所提供之物。”（Gibson，1979：127）

吉布森认为，“在实体、媒介和物质表面之中，为什么表面这么重要？因为表面是大多数行为发生的地方。表面是光反射或吸收之处。动物接触到的也是表面。表面也是大部分化学反应发生的地方。表面是物质蒸发和扩散到媒介的地方。表面也是物质的震动传送到媒介的地方”（Gibson，1979：28）。从上述这段话可以看出，吉布森所说的表面不仅仅是物理的表面，而且关乎有机体与环境的关系，是对有机体而言的环境性质，是对有机体行动有价值的存在。

吉布森对“可供性”感知有这样一段论述：“如果一块陆地表面是接近水平的（而不是倾斜的），是接近平坦的（而不是凸凹不平的），并且是足

够宽阔的（以动物体形大小来衡量），如果托载的物质是刚硬的（以动物的重量来衡量），那么这一表面就可以提供支撑。”（Gibson，1979：127）由此列出了实体界面物质所具有的最基本的四种形态属性：水平的、平坦的、足够宽的、足够刚硬的。这四种属性提供给有机体知觉信息，即可供性的信息载体。

日本学者认为，人自生下来就被三种表面所包围：“即未加工的表面、修正过的表面、表现过的表面。”（后藤武等，2008：66）所谓未加工的表面，指自然的表面，如大地、江河湖海、山川等；修正过的表面，指被人类的实践改造加工过的表面，如农田、建筑等；而表现过的表面，则指艺术家通过艺术手段加工的表面，表现了艺术家艺术的观念和技艺。人在三种表面中活动，形成了不同的表面经验，指导其生活。人在与自然的接触中，形成关于对万物表面的经验，然后就尝试着去改造表面，使之更适合某种行为。例如，为了居住，沿山坡挖洞穴；为了更好地行走，平整地面，因而形成了修正表面经验。吉布森也同时意识到人工制品的表面具有与自然物不同的特征，比如一头奶牛形象雕塑，“它经过雕塑加工后展示的意义表示它不仅仅是黏土，还有奶牛的意义”（Gibson，1979：42）。这是从“表面修正经验”发展到“表面表现经验”，即艺术家的创作（后藤武等，2008：65-66）。但高级的表面表现经验中必然含有未加工的表面经验和表面修正经验。

（二）从自然表面到人工制品界面

将设计科学化的赫伯特 · 西蒙在《人工科学》一书中首先定义了人工制品：“①人工制品是经由人综合而成的（虽然并不总是，或通常不是周密计划的产物）。②人工制品可以模仿自然物的外表而不具备模仿自然物的某一方面或许多方面的本质特征。③人工制品可以通过功能、目标、适应性三方面来表征。④在讨论人工制品（尤其是设计人工制品）时，人们通常不仅着眼于描述性，也着眼于规范性。”（赫伯特 · A. 西蒙，1987：9）在表征人工制品的三项中，自然科学影响到其中两项：自身结构和工作环境。

在此基础上提出了界面的观点:“人工制品可以看成是‘内部’环境(人工制品自身的物质和组织)和‘外部’环境(人工制品的工作环境)的接合点——用如今的术语就叫‘界面’。”(赫伯特 · A. 西蒙,1987:10)西蒙关于界面的思想不仅仅讨论了人工制品的界面,他认为同样也可以用界面概念思考非人工制品,西蒙说道:“把人工制品看成界面的思想方法同样适用于许多非人工制品,它适用于事实上所有可看作适应某种情形而存在的事物,尤其适用于生物进化力作用下进化至今的生命系统。”(赫伯特 ·A. 西蒙,1987:10)

吉布森对表面的关注,既有由自然物引起的,也有由人工制品引起的,而且吉布森还认识到人工制品带来的表面的特殊性。吉布森将事物的可供性明确地定义为“以动物为参照物,实现物质与表面属性的特殊结合”(Gibson,1977)。吉布森强调,我们生活在一个真实的世界中,承载有机体行为的是表面。可以说,人工制品的表面是对自然物表面的改造,通过改造活动,人工制品的表面兼具了媒介的、符号化的性质,获得了更多的内涵与意义。

从这点看,西蒙的界面思想与吉布森的表面观点非常相近,只是两者从不同的方向出发,最终都走向了物体与有机体的相互关系,而且他们都认为人工制品与天然物具有相同的特性,即可以说人工制品的界面具有自然表面的特点,同样会产生人与物接触界面可供性的提取。西蒙对界面解释的理由,是认为无论是自然物的行为还是人工制品的行为都是受自然支配的。而吉布森认为将天然环境与人工环境割裂开来的观点是错误的。

吉布森的“表面”与西蒙的“界面”分别阐述了人与自然环境、人与人工环境知觉行为的关系,来自不同领域的两位大家都天才般地抓住了关键之点。不过,需要强调的是,西蒙的认识论是科学主义的,要使设计向缜密的科学拓展,并未摆脱主客体二分法,无法真正实现设计的人性化。而吉布森则从科学主义走向直接经验主义,使心理学向生命本身和经验靠拢。笔者认为,鲜有设计领域的人士能够发现吉布森的表面观点与西蒙的界面观点的联系对设计的意义，因此，笔者将吉布森的表面理论应用到界面研究当中去，为认知科学传统的界面设计提供生态学的基础。

（三）人工制品界面的新理解

第一，由符号信息界面扩展到生态信息界面。尽管西蒙早就明确地阐述了任何人工制品都存在与人接触的界面，但在设计界，界面通常被理解为功能性界面，即承担使用价值的人工制品与人的接触面。“功能性界面设计应建立在符号学的基础上。”（王璞，2007）尤其是在计算机、电视、电影技术时代，界面是人与机器（计算机）之间传递和交换信息的媒介，是用户和系统进行双向信息交互的支持软件、硬件及方法的集合。由此可以看出，在众多的界面研究中，传统的交互设计理论对界面有着一种狭义的理解，认为界面是信息交换的平台，是交互的、变化的、过程的表面：表面是实现界面的物质基础，具有材料和物理属性。因此，界面设计更多关注的是媒介（抽象符号和各种图形、声音、形体符号）设计领域，忽视使用者与界面的直接知觉和具身行为。

根据吉布森提出的生态学信息及信息拾取理论，在动物和环境构成的系统中，界面蕴含着指引动物行为的信息或线索，这些信息或线索构成了动物适应环境等基础性活动的最重要基础。如果系统中已经包含了指引、控制行为的信息，那么，对信息的直接获得及与信息的协同就是知觉发生和演变的本质。因此，界面既有实体的形态、质感等重要的参数状态引导使用者的动态行为，也包含媒介界面以视觉、触觉符号为基础引导使用者的动态行为。界面知觉对行为的“设计”如此复杂，只用单一的功能去理解是对复杂事物的简单化处理。“在解决人类如何使用工具的问题上，生态学进路提供了有机体与环境知觉关系的更好的解释，尤其强调是知觉‘设计’行为。”（Osiurak et al.，2010）

第二，由功能界面扩展至全环境界面。基于吉布森的理论，任何人工制品都有人-物接触的界面，而且是一个全环境界面。吉布森用光环绕阵列解释了焦点视与环境视的关系。传统的设计理论只关注人对物的焦点视，而忽略了环境视对人的影响。在环境设计中，环境界面并非只有设计师预设的一个环境要素，如一幢建筑在影响人的行为，周围环境的所有要素都参与对人的知觉行为的引导，媒介接触包括视觉等的各类感觉器官对周围环境的知觉，意即融合实物界面与媒介界面的全环境界面。而扩展界面的含义，是走向设计人性化的关键。

（四）人与人工制品界面接触的具身性

什么是身体接触？通常的理解是触觉接触，这是一种狭窄的理解。人用手与人工制品界面接触，是靠眼、脑、全身的动作配合完成的。吉布森特别强调知觉是全身心的，绝不仅指大脑，也不仅仅指手，在界面上，环境信息与肢体运动信息同时获得，由此保证了知觉与运动的协同。汪民安在《感官技术》一书中谈到物的时间考古时说，“物品是身体的延伸，物品出自双手，每个物品都有一个身体的痕迹”（汪民安，2011）。汪民安认为，19 世纪工业化出现了机器后，人的身体与物分离。人的身体真的与物分离了吗？只能说人与物的关系变得复杂，出现了间接效应，人与物并未分离。

以挖土为例，在原始时代，人的身体（B）直接与自然（N）接触，可描述为 B-N（body-nature）；在工具时代，人使用工具 A1 这个物品代替人手与自然接触，变成 B-A1-N；在机器时代，人的身体还是与物接触，不过是与挖土机的操作界面（A2）接触，手、眼、脑都要协作来操作手柄与仪表盘的按钮，控制挖土机作用于土地，变成 B-A2-A1-N；在智能机器时代，人预先把程序设定在机器之中，让机器操纵工具与物的接触，但人的身体（手、眼、脑协作）仍然要与机器的程序控制系统（A3）接触，变成 B-A3-A2-A1-N。A1 的界面是力直接作用的实体界面，A2 的界面是力间接作用的实体界面，A3 的界面是力和智力间接作用的媒介界面。人与界面接触的复杂性带来界面的嵌套性设计，也要遵循生态原理。

从 A1 到 A2 再到 A3，人工制品的复杂性增加，智慧（脑的作用）增加，科学知识和言传知识增加，经验知识和难言知识减少，但并未排除身体的接触。只是接触方式变化，让人工自然与天然自然“打架”，最终离不开控制机器的身体接触。人工制品不仅是身体的延伸，还与自然界、人类社会相互作用，其界面接触的复杂性怎能只用触觉就可以解释？

二、传统界面设计方法论的局限

传统的交互设计方法多为使用者设置规则和知识来实现操作动作，无形中加重了使用者的负担，无法真正实现人工制品设计的人性化。

（一）功能引导的界面设计以服从技术逻辑为主旨

功能主义设计理论强调功能未必不对，但是，恰恰是"功能"这个概念最可能掩盖技术人工制品背后人与物通过界面产生直接知觉行为的规律，这往往导致功能固化。荷兰学者克勒斯提出，技术人工制品有双重属性：结构与功能（Kroes，1998）。设计的主要问题是解决技术人工制品的功能与结构关系。结构的问题由物理方法解决，功能则来自人的意向。这不无道理，但是其中含有两点疑问：第一，功能来自谁的意向，是设计者的，还是使用者的，抑或是经过理论抽象得出来的？第二，是功能服从于结构需要，还是结构服从于功能需要？荷兰学者的视角仍是在技术体系之内研究技术，仍是把人置于第二位去讨论人工制品。

在以往的技术设计理论中，功能已经成为技术逻辑的抽象概念。功能是被强加在使用者身上的技术逻辑。例如自行车有刹车功能，这个功能看似起源于保证人的安全需要，其实是由于自行车下坡时产生的加速度太快。因此，首先是由技术性能带来安全问题，而后才设置了刹车装置。这一点在复杂的技术体系中体现得愈加明显。越是复杂的技术体系，功能越主导了人的行为，成为统治人的存在。在很大程度上，仅仅基于功能的设计，只是解决由这个技术体系的逻辑所带来的新问题。使用人工制品的功能，人就要服从于技术体系的规则，适应技术逻辑。自行车的两轮结构决定了人要通过这个人为的界面协调知觉和肢体，通过大量训练掌握平衡驾驭两轮向前滚动的技能。所以，设计师以功能引导设计，首先考虑的是结构与功能的技术联系，然后才考虑人的行为，所以多数功能是冷冰冰的技术功能。

另外，“使用者和产品之间的行为，与预期的功能实践是分离的。由产品特征与使用者能力之间的可供性关系能够自然地引导行为，往往只是触发功能执行的一种动作”（游晓贞等，2006）。以功能为导向的设计理论体现了一种线性设计思想，对不同能力的人和不同需要的人接触人工制品界面的直接知觉行为缺乏理解，难以满足人性化设计的目的。

（二）科学化的界面设计有数字无感觉

人体工程学将科学的研究方法用于设计，发展出标准化的人体生理数据库，供设计师参考。例如，座椅的坐高、背高、扶手高都有不同人种、人群的数值，座椅的耐用性还涉及多项指标，如坐垫前后左右调节、腰靠弧度调节、头枕姿态调节等。人体工程学的发展似乎解决了设计的人文主义问题。但是必须看到，将人分解成各项指标的方法有其优势，也存在缺乏整体性的劣势，实验室的数据合成就是一个人了吗？符合人体工程学的界面设计需要与生态学的理论融合，才能走出分析主义的局限。

在中国传统文化中，直觉是大道，技术是小道，只有悟到了自然的根本规律，并与人的天性融在一起，才是大道。大道是无法表达的“自然神谕”，还是包含可供性这个“幽灵”的生态法则？科学是对自然规律的认识，技术有了科学的帮助，人驾驭自然的能力越来越强大了。我们不禁要问，人依赖自然科学，是离自然更近了还是更远了呢？

科学方法是用数学和实验的方法获取对自然规律的认知，“一旦从事科学，人类就从本质上和目的上感知物，而不是单纯从物与他自身和他行动的关系上来认识物，也不是用某种‘魔镜’，以及无用的神话图式来表征物了”（马塞尔·莫斯和施郎格，2010）。技术偏向科学，技术与人的天性联结少了会使通达宇宙的悟性少了吗？技术远离直觉是进步还是退步？

那么，怎么看待技术当中的技艺和美的关系呢？有一种观点是，只要是人做的事情，什么时候都有直觉和体悟参与，不可能只是靠科学原理。身体直觉与设计融为一体的东西是极品；有些直觉又融入科学知识的技术设计是精品；没有直觉只运用科学知识的技术设计是普通产品；既没有直觉又没有运用科学知识的技术设计是次品。

（三）符号化的界面设计加重使用者负担

传统的交互设计方法建立在认知科学的间接信息和理论基础上，多为使用者设置规则和知识来实现操作动作，无法真正实现人工制品设计的人性化。

拉斯马森（J. Rasmussen）在20世纪80年代提出的行为分类方式被心理学和人因工程学的研究者广泛接受，他们认为有三种技术行为：①以技能为基础的行为（skill-based behavior），简称技能行为；②以规则为基础的行为（rule-based behavior），简称规则行为；③以知识为基础的行为（knowledge-based behavior），简称知识行为（Rasmussen，1983）。在这三种技术行为中，技能行为是最为基础的行为模式，如果技术物的界面能自然地诱导正确的技能行为，则是最有效利用自然技能的设计，这便是基于可供性的设计。例如驾驶员一握方向盘，就可悟到左右打轮。规则行为需要一定的演示训练，如驾驶员学习挂挡。知识行为则需要掌握一定的技术知识，如使用电脑软件操作系统。诺曼也提到，"人类习惯于利用这一事实，最大限度地减少必学知识的数量或是降低对这种知识的广度、深度和准确度的要求。人类甚至有意组织各种环境因素来支持自己的行为"（唐纳德·A. 诺曼，2010：69）。人类是"抄近路"的能手，往往使用最少的能量和精力获得最佳效果，所以利用可供性是实现行为最佳生态效率的路径。

传统界面设计理论遵循的是间接知觉的刺激-反应理论，强调界面信息交换符号与处理都是间接的。人接收了界面的符号刺激，经过加工处理，产生行为。处理抽象符号是产生规则行为的基础。尽管规则行为尽显技术逻辑的有效性，却也有不断加重使用者负担的倾向，有悖于人性设计的宗旨。如果能更深刻地理解环境与人的行为的生态效应，则可设计出让使用者更容易理解的界面，省去一些人为的学习负担，提高正确操作的行为率。

总之，基于功能的设计方法在阐释设计问题时具有提高技术效益的合理性，却在人性化设计方面有着显而易见的缺陷，运用反映人与自然本原联系的可供性生态理论，或许能够协调强势的功能主义。今后发展的方向是尝试将可供性的设计理论与功能导向的设计理论相结合，形成具有更大解释能力的设计理论和具有更强解决问题能力的设计方法论。

三、基于可供性的界面设计方法

好的界面设计应当真正实现人性化设计。什么是人性化设计？第一，基于人的知觉-行为天然本性；第二，满足人的社会性需要。前者是后者的基础。

（一）实体界面的形态、质感设计重于符号功能

任何物的形状都是由轮廓和表面形成的。由于身体会直接感知物体表面的纹路、材质、形状等信息，并产生动态反应，所以设计师不需要主观强加符号等概念于人工制品。“好的设计通常在毫不自觉地被撷取出来的可供性中，包藏在某种状态下特别显著的性质，并融于不自觉的行为流程中，很少和印象之类的主观性挂钩。”（后藤武等，2008：156）如果设计师的概念、符号过于强势，结果是让使用者用有意识的认知克服不自觉的行为，那么使用过程会变得刻意和强制。如果符号设计引导的行为与作品的形态、质感所引发的不自觉行为恰恰相反，则会引起使用者的行为犹豫甚至误用。

真正实现站在使用者的立场去进行设计，设计师必须对界面的形态和质感被赋予什么样的可供性、人在界面中如何感知特定的可供性、界面会诱发人的什么行为，以及人如何使用界面等诸多方面进行研究。适宜的界面设计体现了设计师预设的使用行为与人的自然感知相符，与人的自然行为相符。在人与物品的交流界面，设计师与使用者不费劲地就能彼此读懂。

日本设计师深泽直人认为，可供性内涵所揭示的人与环境的规律令人忌妒，“那是暴露在无知（未知）中的已知：甚至有种证明了‘将看不见之物化为可见’的方法的感觉”（后藤武等，2008：141）。有学者做过实验，人与物保持着恰当的距离，在墙向后移了 2 厘米后，实验对象也下意识地

向前进了 2 厘米。也就是说，有机体会自动地拾取可供性，不自觉地产生契合环境的行为。因为环境对于这个有机体的生态信息（或行为价值）就蕴藏在可供性之中。有机体对可供性的已知（直接拾取）又表现为完全的无意识（无知）。

（二）遵循知觉动作关联原则设计好操作的界面

吉布森的直接知觉理论在讨论行为的界面性时，特别强调知觉与行为的关联性。基于可供性的设计赋予了设计者处理人与人工制品知觉和操作行为互动的生态域，其中最重要的是要从知觉与动作相互关联的角度进行设计。在计算机界的设计中，通常需要解构手势，如手势注册，手势存续，手势终止时的触摸、移动、抬起行为等。如果解构得不好，就会出现麻烦（Wigdor and Wixon，2012）。这就是复杂的人工制品必然引起复杂的行为与之相对应。这正是盖弗所讲的在复杂的设计中要考虑的相续式可供性和嵌套式可供性问题。

知觉与动作契合的相续式界面设计的目的是使使用者的使用意向性、直接知觉、产品的可供性三者构成一个动态知觉行动关联系统。使用者使用人工制品前有自身的使用目的，形成操作意图，使用者直接知觉于人工界面，具有可供性的界面引起使用者的合目的的操作动作，整个过程是动态的、联系的过程。相续式界面随知觉、认知的动态演变生成，动态演变即系统演变的时间依赖，在这个演变进程中，由人与操作台的操作界面过渡到机器与物的操作界面，动作无障碍地相续实现。

基于嵌套可供性的多层界面设计体现了技术复杂性的一个特性。无机物的表面与人的知觉-动作的契合，并非固定在一个层面，表面总是由内部结构所承载的。机器不仅有操作盘那些看得见的外界面的设计，还有内界面的设计。基于嵌套式可供性设计，需要整体考虑任一层次的操作者与物之间的操作行为。嵌套式不仅存在于实体人工制品设计中，网页结构设计也会采用。嵌套可供性的多层界面设计须形成系统的联系过程，以保证人的认知的连贯性与操作的协调性。

（三）媒介界面设计的知觉、动作、符号统一

媒介界面设计是运用各种符号实现信息传递的载体。好的媒介界面设计可以通过多感知融合与符号寓意整合实现知觉、动作等统一。

人对媒介界面的感知也是多重感觉系统的综合作用，包括视觉、听觉、触觉等多方位的感知。在媒介界面的设计中，虽然使用符号是不可避免的，但符号与界面知觉属性的统一，保证了符号语义的理解。

发挥触觉在媒介界面设计中的统合作用。触觉的界面是人的身体部位与人工制品相接触的表面。眼的运动和手的触摸运动，在知觉中起着重要作用。人在知觉周围环境时，触觉的主动参与能使人更容易地知觉环境。英国朴次茅斯大学的古慕陶·西蒙娜（Gumtau Simone）认为，触觉是统合视觉等多感官的途径。“在多感官的交互设计中，触觉能力的交互会调动感官方面的潜在沟通，涉及更有效的、个体的、创造性的表达。”（Simone，2011）触觉表达设计可用于远程交互，需要建立一种触觉语言，并且是一种能学习的触觉语言。这就需要基于可供性概念，探讨有意义的、整体的、围绕使用者互动经验的触觉参数。好的设计能激发知觉与身体自然动作的协调。媒介界面同样依靠手的动作操作。

（四）灵活运用介质、形态和布局的可供性

对于界面可供性的理解，可在人与环境、产品之间搭建起认识真实的桥梁。增强体验性和灵活性的设计手法包括：①通过可供性预设，要让人们清晰地意识到人与环境在当下的真实关系，以及环境中的介质、表面、包围光、遮蔽边缘等要素；②在界面行为方面，要充分了解人们在环境界面中的行为可能性，特别是可以引发某些自远古时期遗留下来的潜意识习惯性动作，通过行动的发生，让人意识到可供性的具体体现；③在共感方面，通过对人与环境之间关系的客观表达，使得产品的作者与使用者之间对于特定环境下的行动可能形成一致的感觉。通过表面、介质和光线的变化认知自身与环境的关系，构成体验性设计的基本面。

界面的经验十分繁杂，既可以是简单的，也可以是复杂的，但任何界面经验都是由表面介质、表面形态和表面布局共同决定的。

（1）表面介质和行为。界面也是人与自然中的介质接触的空间。利用空气介质的具身性感知营造人工环境氛围的设计方法是指利用空气的“具身”特性和“传递”特性，运用其对声音、气味、光的感知信息的传递设计，来实现具有感染力的环境氛围设计，能够感染空间中的每一个人，且每一个观察点的感受都是独一无二的。例如，中国园林设计中，将小桥流水声、植物的香气、月亮门和雕花窗的光影变化融为一体，让每一处都体现中国人对自然的独特感受。

（2）表面形态和行为。赫夫特最早将四种环境形态属性运用于儿童环境行为设计中，他根据环境形态属性提出的可供性分类法被用于不同程度城市化的儿童环境的研究（Heft，1988）。芬兰学者凯塔研究了不同国家的儿童对于环境形态属性相关的行为，场景涉及芬兰、白俄罗斯的放射性污染地区的环境。她发现，可供性的获得在国家之间和社会之间存在重要的差异，存在可供性（感知的、使用的和形成的）层次上及分配上的差异（Kyttä，2002）。

（3）表面布局和行为。设计可供有机体知觉和利用的特定行为空间场所，如有遮挡的空间为庇护所和掩蔽处，开阔的空间为觅食和狩猎场所。半圆形桌椅排列的向心聚焦力用于课堂讲课，分散式小桌椅排列用于讨论。围合空间的布局形态设计，要充分考虑人工制品与人工制品之间的关系，围合度越强的布局，向心力越强；围合度越弱的布局，向心力越弱。例如，沈阳某滨河小公园设计的凉亭可坐设施离地450毫米，周围有三处植物藤架长廊，与凉亭形成了一个闭合的区域，适宜声音的围拢。凉亭内相对而设的座椅之间的尺度，正好适合于人唱戏与拉琴伴奏的相互配合；而凉亭与园内其他设施遥相呼应，构成了一个唱戏戏台和听戏观众席的最佳空间。假如其中有一个要素不太适合，这一地点恐怕也难以成为戏迷们的天地，而可能成为被用作打牌、练功、聊天的地方（罗玲玲和王湘，1998）。一个空间若同时满足向心和离心的需求，则需要在形态布局上精心考虑。例如设计成连续半圆弯曲的座椅，熟人相聚可利用凹面的向心布局产生聚合力；陌生人休息，则可利用凸面布局产生的离心力，保持各自的私密性。

（五）重视环境视与焦点视的协调和转换

人工环境（场所）也是人工制品的一种，环境设计也需要遵循人的认知环境界面的行为特点进行设计。在人工制品的环境界面设计中，还要注意理解人在环境空间产生的焦点视与环境视具有不可分离的整体性。焦点视产生焦点图像，环境视产生背景环境。背景创造氛围，焦点吸引注意，同时背景也会引导焦点产生。如果背景杂乱无章，分散焦点的注意，扰乱知觉的协调，就会产生不愉快的环境界面知觉和无所适从的行为，影响人的行为操作。另外，随着人在场所中活动，焦点和背景都在运动中变化，动线的设计也要随着环境要素的系列出现，展示序列性界面，在恰当的尺度点，有节奏地设计焦点，同时背景与焦点水乳交融，使知觉界面呈现为一个个画面，引人入胜，悄然而至，这在中国传统园林设计中运用得最为经典。

产品设计中也同样存在环境视与焦点视协调的问题。好的产品设计不仅要考虑产品本身的性质，还要考虑将来融入环境的问题。例如，一个体量过大的产品——家用医疗减压舱，只适合放在公共医疗空间，很难融入住宅的空间。使用者在购买之后有一个环境再设计的过程，由此检验产品是否能很好地融入环境。同时，产品的界面对于使用者来说也非常重要。产品在融入环境时，其操作信息是否容易被使用者识别，从而使用方便，也非常重要。

虚拟空间也存焦点视与环境视的协调和转换。虚拟空间是人类的第二生存空间，在这个空间里，不仅人的感知与真实空间有一定差异，人的社会性也会发生一些改变。由于虚拟空间的行为不依附于现实大众行为所必须依附的特定的物理实体或时空位置，在这样一种数字化世界的环境之中，行为也就成为一种虚拟的行为。但是虚拟空间的环境界面设计，也同样需要协调好焦点视与环境视的关系。还可以通过虚拟空间的界面设计弥补真实空间，如展览空间和商品空间设计的缺陷。处理好背景和图像的关系，要从生态视觉的观念去理解界面知觉的整体性和行为自发性。

吉布森论证了图片形式的知觉与自然的知觉方式是何等不同。图片是一种对自然视觉的简化抽象或模拟，是一种基于模拟、仿真自然的认知，采用对直接知觉对象的间接知觉映射模式。自然的知觉是一手的知觉，图片形式的知觉是二手的知觉。动物的自然化行为受自然知觉的引导，而虚拟化生存是受图像、电影、文字等人工产品工具控制和引导的行为。

吉布森有关图像的论述在虚拟网络盛行的当下是非常有价值的。吉布森特别谈到对平面视觉发展的警惕。已有研究发现，当我们的眼睛自然地汇聚于一点时，看到一个物体逼近不会产生紧张感；相反，图像向观察者"逼近"的技术会引起人头痛。因为实际上人们仍然在注视一块平坦的静止屏幕，所以人们的眼睛受骗了，并因此处于紧张状态。科学家已做出预测，3D 屏幕以及利用虚拟现实技术的小设备将只会更逼真地模拟真实世界。虚拟技术的发展更容易让大脑受骗，从而导致更多的"定向障碍"和"模拟动晕症"。

参 考 文 献

贝尔纳·斯蒂格勒. 2000. 技术与时间：爱比米修斯的过失. 裴程译. 南京：译林出版社.
郭泺，余世孝，夏北成，等. 2006. 地形对山地森林景观格局多尺度效应. 山地学报，24（2）：150-155.
杭间. 2001. 手艺的思想. 济南：山东画报出版社.
赫伯特·A. 西蒙. 1987. 人工科学. 武夷山译. 北京：商务印书馆.
亨利·柏格森. 2004. 创造进化论. 姜志辉译. 北京：商务印书馆.
后藤武，佐佐木正人，深泽直人. 2008. 不为设计而设计 = 最好的设计——生态学的设计论. 黄友玫译. 台北：漫游者文化事业股份有限公司：15.
李恒威，黄华新. 2006. "第二代认知科学"的认知观. 哲学研究，（6）：92-99.
李泽厚. 2008. 人类学历史本体论. 天津：天津社会科学院出版社.
刘春阳，张敬伟，郑雪峰，等. 2014. 基于承担特质模型的机器人动作序列生成方法. 计算机仿真，31（7）：334-337，411.
刘先觉. 1999. 现代建筑设计理论. 北京：中国建筑工业出版社.
卢嘉辉，程乐华. 2012. 论功能可供性的知觉与交互过程//第十五届全国心理学学术会议论文摘要集：271.
罗玲玲，王湘. 1998. 空间异用行为的观察、实验研究. 建筑学报，（12）：50-53，67-68.
罗玲玲，于淼. 2005. 浅议工程技术活动中的设计哲学. 东北大学学报（社会科学版），7（3）：157-162.
马克思，恩格斯. 1972. 马克思恩格斯全集（第23卷）. 中共中央马克思恩格斯列宁斯大林著作编译局编译. 北京：人民出版社.
马塞尔·莫斯，施郎格. 2010. 论技术、技艺与文明. 蒙养山人译. 北京：世界图书出版公司：55.
唐纳德·A. 诺曼. 2010. 设计心理学. 梅琼译. 北京：中信出版社.
汪民安. 2011. 感官技术. 北京：北京大学出版社.
王珏. 2009. 大地式的存在——海德格尔哲学中的身体问题初探. 世界哲学，（5）：126-142.
王璞. 2007. 用户界面设计的人性化. 长春：东北师范大学硕士学位论文：4.
邬建国. 2007. 景观生态学：格局、过程、尺度与等级. 第二版. 北京：高等教育出版社.
徐磊青，刘宁，孙澄宇. 2012. 广场尺度与空间品质——广场的面积、高宽比与空间偏好和意象关系虚拟研究. 建筑学报，（2）：74-78.
薛少华. 2015. 生态心理学概念为何会具有现象学特征. 自然辩证法通讯，37（1）：128-133.
亚里士多德. 1982. 物理学. 张竹明译. 北京：商务印书馆.
颜禄检，陈海峰. 2018. 事物可供性与设计可能性的映射关系研究. 设计，（3）：64-65.
游晓贞，陈国祥，邱上嘉. 2006. 直接知觉论在产品设计应用之审视. 设计学报，11（3）：13-28.
张良皋. 2002. 匠学七说. 北京：中国建筑工业出版社.
iD 公社. 2012. Affordance（可供性）和设计. http://www. hi-id.com.com/?tag=affordance.
Wigdor D, Wixon D. 2012. 自然用户界面设计：NUI 的经验教训与设计原则. 季罡译. 北京：人民邮电出版社.
Cakmak M，Doùgar M R. 2007. Affordances as a framework for robot control//Proceedings of the Seventh International Conference on Epigenetic Robotics：Modeling Cognitive Development in Robotic Systems. Lund University Cognitive Studies：135.
Chemero A. 2003. An outline of a theory of affordances. Ecological Psychology，15（2）：181-195.

Chemero A. 2009. Radical Embodied Cognitive Science. Cambridge：MIT Press：146.

Cummins F. 2009. Deep affordance：seeing the self in the world//Proceedings of the 35th Annual Meeting of the Society for Philosophy and Psychology. Bloomington.

Dotov D G，Nie L，Wit M D. 2012. Understanding affordances：history and contemporary development of Gibson central concept. Avant：Journal of Philosophical-Interdisciplinary Vanguard，3（2）：28-39.

Düntsch I，Gediga G，Lenarcic A，et al. 2009. Affordance Relations. RSFDGrC. LNAI 5908：1-11.

Gaver W W. 1991. Technology affordances//Robertson，S P，Olson，G M，Olson，J S. Proceedings of the ACM CHI 91 Human Factors in Computing Systems Conference. New York：79-84.

Gaver W W. 1992. The affordances of media spaces for collaboration//Proceedings of CSCW’92. New York：ACM Press：17-24.

Gaver W W. 1996. Affordances for interaction：the social is material for design. Ecological Psychology，8（2）：111-129.

Gibson E J. 1994. Has psychology a future? Psychological Science，5（2）：69-76.

Gibson J J. 1977. The theory of affordances//Shaw R E，Bransford J. Perceiving，Acting，and Knowing：Toward an Ecological Psychology. Hillsdale：Lawrence Erlbaum Associates，Inc：67-82.

Gibson J J. 1979. The Ecological Approach to Visual Perception. Boston：Houghton Mifflin.

Greeno J G. 1994. Gibson’s affordances. Psychological Review，101（2）：336-342.

Hartson H R. 2003. Cognitive，physical，sensory，and functional affordances in interaction design. Behaviour and Information Technology，22（5）：315-338.

Heft H. 1988. Affordances of children’s environments：a functional approach to environmental description. Children’s Environments Quarterly，5（3）：29-37.

Hu J，Fadel G M. 2012. Categorizing affordances for product design//ASME 2012 International Design Engineering Technical Conferences and Computers and Information in Engineering Conference：325-339.

Jacobs D M，Michaels C F 2007. Direct learning. Ecological Psychology，19（4）：321-349.

Johnson L N. 1997. Environment as barometer of behavior：a search for security in the Twenty-First century//Proceedings of International Conference on Environment-Behavior Studies for 21st Century：385-390.

Kroes P. 1998. Technological explanations：the relation between structure and function of technological objects. Society for Philosophy and Technology，3（3）：18-34.

Kyttä M. 2002. Affordances of children's environments in the context of cities, small towns, suburbs and rural villages in Finland and Belarus. Journal of Environmental Psychology, 22（1-2）：109-123.

Maier J R A, Fadel G M. 2009a. Affordance-based design：a relational theory for design. Research in Engineering Design,（20）：13-27.

Maier J R A, Fadel G M. 2009b. Affordance-based design methods for innovative design, redesign and reverse engineering. Research in Engineering Design, 20（4）：225-239.

Mark L S. 2007. Perceiving the actions of other people. Ecological Psychology, 19（2）：107-136.

McCarthy J, Wright P. 2004. Technology as Experience. Massachusetts and Cambridge：MIT Press：10.

Moratz R, Tenbrink T. 2008. Affordance-based human-robot interaction//Rome E, Hertzberg J, Dorffner G. Towards Affordance-based Robot Control. Heidelberg：Springer-verlag.

Norman D A. 1988. Emotional Design, Why We Love（or Hate）Everyday Things. New York：Basic Books.

Norman D A. 1999. Affordance, conventions and design. Interactions, 6（3）：38-42.

Oliver M. 2005. The problem with affordance. E-Learning, 2（4）：402-413.

Osiurak F, Jarry C, Gal D L. 2010. Grasping the affordances, understanding the reasoning：toward a dialectical theory of human tool use. Psychological Review, 117（2）：517-540.

Rasmussen J. 1983. Skills, rules, and knowledge：signals, signs, and symbols, and other distinctions in human performance models. IEEE Transactions on Systems, Man, and Cybernetics, 13（3）：257-266.

Raubal M, Moratz R. 2008. A functional model for affordance-based agents//Rome E, Hertzberg J, Dorffner G. Towards Affordance-Based Robot Control. Heidelberg：Springer-Verlag：91-105.

Reed E S. 1996. Encountering the World：Toward an Ecological Psychology. New York：Oxford University Press.

Rome E, Hetzberg J, Dorffner G. 2008. Towards Affordance-based Robot Control. Heideberg：Springer-Verlag.

Schillaci G, Hafner V V, Lara B. 2016. Exploration behaviors, body representations, and simulation processes for the development of cognition in artificial agents. Frontiers in Robotics and AI, 3（39）：1-18.

Simone G. 2011. Affordances of Touch in Multi-sensory Embodied Interface Design. Portsmouth：University of Portsmouth.

Sun J，Moore J L，Bobick A，et al. 2010. Learning visual object categories for robot affordance prediction. International Journal of Robotics Research，29（2-3）：174-197.

Thelen E，Smith L B. 1994. A Dynamic System Approach to the Development of Cognition and Action. Cambridge：MIT Press.

Turvey M T，Carello C. 1985. The equation of information and meaning from the perspectives of situation semantics and Gibson's ecological realism. Linguistics and Philosophy，8（1）：81-90.

Vyas D，Chisalita C M，Veer G C. 2006. Affordance in interaction//Proceedings of the 13rd European Conference on Cognitive Ergonomics：Trust and Control in Complex Socio-technical Systems. New York：ACM Press.

Wellman B，Quan-Haase A，Boase J，et al. 2003. The social affordances of the internet for networked individualism. Journal of Computer Mediated Communication（JCMC），8（3）.

Zhang J，Patel V L. 2006. Distributed cognition，representation，and affordance. Pragmatics and Cognition，14（2）：333-341.

第七章 可供性理论的创造方法论解读

谷神不死，是谓玄牝。玄牝之门，是谓天地之根。绵绵呵！其若存！用之不堇。

——《道德经》

创造是人类最美好的行为之一，也促成了人类在自然界中地位的变化。自然界的创造源远流长，无穷无尽，人类为什么会具有向自然显示力量的智慧？人类的创造力来自哪里？可供性理论代表人与自然关系的生态学视角，它对于解读人类创造力是否可以提供什么新的观点呢？这便是本章的主题——探讨可供性理论的创造方法论意蕴。

第一节　可供性理论引入创造力研究的新视角

一、破除创造神秘性的历史简述

创造来自哪里？是来自神，还是来自人？如果来自人，那么这些创造者天才式的才能是怎么来的，是遗传的还是后天形成的？人的哪些特质影响了创造？是什么在驱使创造者不断地探索？那些不可捉摸的直觉、灵感又是如何产生的？人类的创造性只是在创造者的头脑中产生的，还是与其他因素有关？让我们回顾一下这些创造之谜是怎样逐渐被揭开的，当然，至今还有未解开的谜。

（一）破除创造主体的神秘性

人类破除创造主体的神秘性经历了三个阶段。

第一步，破除“神创论”，确立人的创造性。

创造来自神的意志，这是人类对创造来自哪里的最早答案。无论在西方还是东方，“神创论”都大同小异。“神创论”把世界归为是神创造的，表达了人类对于创造神秘性的崇拜。当创造神秘的面纱一点点被揭开时，人类才意识到神也是人“创造”出来的。承认人的创造，已经打破了某种创造神秘性，随着心理学、脑科学、社会学、人类学乃至神经生理学的发展，仍然有许多问题没有解决。

第二步，破除创造的天才论。

现实中呈现的事实是，创造只发生在少数人身上，尤其是那些惊世骇俗的创造，那是常人无法理解的，也不是通过普通的努力就可以达到的。故人们称创造者为天才。由此也引发了人们的兴趣，开始研究这些创造者天才式的才能是怎么来的，是遗传的还是后天形成的。

对个体差异研究最著名、贡献最大的学者是高尔顿（F. Galton），他通过个案调查得出结论：一些人的不凡智慧或创造才能确实来源于他们的先辈。而且，他们还不仅仅是一般地继承了其先辈的“天才”，甚至属何种类型的“天才”，也同样来自其先辈的遗传。高尔顿关于人的“个体差异”的研究，以及心理测量方法、优生学的倡导都有重要的价值，但其观点确实有些失之偏颇。承认人的个体差异，关键在于差异是有与没有，还是大与小、多与少。高尔顿的天才论似乎认为只有天才人物才具有创造性，对于大多数人来说，是否就没有创造性呢？

20 世纪 50 年代，以马斯洛为代表的人本主义心理学直接继承了由高尔顿开辟的以个体人为重心的研究特点；不过，高尔顿所侧重的是人的个体差异，而人本主义心理学更注重个体差异中所显示的人类的共同性。此外，在人本主义心理学家有关创造的论述中，尽管也使用“创造力”（creativity）的概念，但更多的是使用“创造性”（creativeness）的概念，这也是与其重视从人的本质或特性的角度思考创造问题分不开的。在马斯洛看来，人的创造性或创造力的根源就在于人自身“无一例外。每个人都在这方面或那方面显示出具有某些独到之处的创造力或独创性”；并认为，“它似乎是普遍人性的一个基本特点——所有人与生俱来的一种潜力”（A. H. 马斯洛，1987：179-204）。

第三步，破除创造的智力决定论。

天才论的突破，使人类对于人类创造力的理解又进了一步，但是鉴于 20 世纪 50 年代以前心理学界对智力研究较多，多数人将创造力归于智力的发挥。打破智力决定论的代表人物就是吉尔福特（J. P. Guilford），他在早期的心理学研究中，就对传统智力测验评估人的才能的做法存有异议。所以，他不仅将创造视为某种特殊心智历程来对待，而且关注创造主体的人格品质或特征。吉尔福特对有助于创造性的其他特性，如认知风格、独立性、兴趣、情感、气质等都进行了一定探索，并且最终提出了创造才能与创造性人格（如包括动机和气质等）密切相关的广义的创造力定义（J. P. 吉尔福特，1990）。所以总的来看，吉尔福特的创造力结构模式可以说是建立在智力结构模式基础上的能力与人格的结合体，其实质则是沟通了心理学研究中两个原本相距较远的领域，即在能力研究与人格研究之间架起了桥梁，在一定程度上体现了心理学研究的综合性。吉尔福特开辟的道路，吸引了许多后来者继续探讨，如托兰斯（E. P. Torrance）、阿马比尔（T. M. Amabile）和斯腾伯格（R. J. Sternberg）等。斯腾伯格认为，“创造性在很大程度上归因于对智力的知识获得成分的洞察和对各种智力成分之间的反馈的敏感”（Sternberg，1985）。他们在研究创造性思维和创造性人格方面不断努力，获得了一些新的发现。

（二）破除创造过程的神秘性

对创造过程神秘性的解除主要体现在创造性思维机理的研究上。

对创造性思维的研究主要分为四个方面：一是心理学界对创造性思维的界定、创造性思维的形式、创造性思维的路径方向进行的研究；二是创造性思维的脑神经生理机制研究，主要是斯佩里（R. W. Sperry）关于脑功能特化的研究，为揭示左右脑在创造性思维过程中的作用提供了有力的证明；三是认知心理学有关问题解决的理论，特别是元认知的提出对于创造性思维的研究具有重要价值；四是有关创造性思维的评估研究，经托兰斯长期努力所形成的图形和言语的创造性思维测验（TTCT）是影响最深的评估工具。鉴于很多书中对此都有翔实的介绍，本书只专注于对第一方面做一些概括。

阿马比尔于 1983 年提出的创造力成分模型，弥补了吉尔福特将发散思维作为基本创造技能的不足，主张“创造技能”位于最基本的层次，是一种条件式跨领域的基本能力，因为它能否发挥作用，还有赖于“领域技能”的配合，以及“动机”的启动（Amabile，1983：78）。一些心理学家做了这样的实验：他们让人们利用一些随机挑选的几何图形和字母拼出图像，但并不事先告知这些图像与现实的产品功能有什么联系，只要求这些图像是有趣的和有潜在意义的。他们把这些图像称为前发明（preinventive）结构。然后，再让人们赋予这些图像现实的用处，即设计产品，结果这一过程产生的有创造性的产品高于一开始就让人们设计具有特定功能的产品。前发明结构是创造性的种子，后来的探索围绕着这颗种子展开。他们认为，创造性思维的特征体现在不同的认知过程的运用和组合方式上，可以把创造性思维看成是涉及生成和探索过程的许多分支，涉及各种类型的前发明结构，创造性思维和非创造性思维也不存在明显的边界（罗伯特 · J. 斯腾伯格，2005）。

国内学者对创造性思维做出最主要贡献的是北京大学的傅世侠。她认为，“所谓创造性思维，乃是认识主体在科技实践中，由于发现合适问题的导引而以该问题的解决为目标前提下，基于其意识与无意识两种心理能力的交替作用，当暂时放弃意识心理主导而由无意识心理驱动时，突然出现认知飞跃而产生出新观念，并通过逻辑与非逻辑两种思维形式协作互补以完成其过程的思维”（傅世侠和罗玲玲，2000：286）。她特别指出“思维形式”与“心理状态”的区别和联系问题。思维形式即指逻辑或非逻辑思维；心理状态指的则是关于意识与无意识的心理动力机制问题。它们实属两种既有联系又有区别的概念，而不宜相互混淆。“在意识心理驱动下，既可能是逻辑思维，也可能是非逻辑思维；而有的非逻辑思维如直觉，则为无意识心理所驱动。”（傅世侠和罗玲玲，2000：282-283）

（三）破除创造驱动力的神秘性

创造的成功不仅需要创造者具有知识、创造性思维、创造性人格，最让人难以理解的就是，创造还需要一定的动力驱动。是什么驱使创造者不断探索？为什么创造者有如此不凡的勇气，在艰难的条件下坚忍不拔，在讽刺打击下不为所动，甚至倾家荡产、贫病交加也在所不惜？

弗洛伊德最早提出了一种从生物性出发提升的创造动力。在弗洛伊德看来，力比多作为一种强大的能量，如果压抑在无意识中而不得释放，便会处于紧张状态。弗洛伊德认为，一切艺术创造或达到高尚社会目的的文艺作品，都是使力比多能量得到转移的“升华作用”的产物。弗洛伊德将精神分析理论建立在潜意识和性本能这两个基本信条的基础之上，对于人的本能，弗洛伊德更多地强调人的生命延续的本能，而忽略了人面对环境的生存本能和探索意识。可供性理论的引入或许可以做出解答。

人本主义心理学家马斯洛所创立的需要层次说的动机理论，提供了介于生物性与社会性之间的创造驱动力学说。需要层次说认为，人乃是有组织且总有不断需求的完整机体，其基本需要在潜力相对原理基础上按相当确定的等级排列，或“组成一个相对的优势层次”系统。由此，则可将其区分为在种系和个体发展上较早的“低级需要”与较晚的“高级需要”。它们从低到高有五个层次，即生理需要、安全需要、归属和爱的需要、自尊和受尊重需要、自我实现需要。在这五个基本需要之上，人类还存在理解和认知欲望及审美的需要（A. H. 马斯洛，1987：40-62）。认知需要和审美需要是“似本能”，意思是这些高层次的需要又出自人性的自发过程。

（四）破除创造环境的神秘性

阿马比尔基于社会背景的创造动机阐述，主要想找出并证实创造主体的动机水平受环境影响的制约因素，但缺少从更深层面揭示环境因素对创造个体或创造团体究竟起到什么样的重要作用。美国芝加哥大学的奇凯岑特米哈伊（M. Csikszentmihalyi）在访谈了 96 名顶尖创造者之后，归纳了这些访谈者的创造经历，提出创造力的系统模型。奇凯岑特米哈伊指出，所谓创造力，只能是在由个人熟悉或从事的“专业”“领域”“个体”三因素组成的“系统”及其“相互作用中才能观察到”（米哈伊·奇凯岑特米哈伊，2001：27）。专业作为文化资本存在，是一系列符号系统，具体包括专业知识、技能、规则和价值等，个体通过一系列专业学习和培训可以获得；领域则是社会资本，是由一群人组成的，他们是具有相关的某专业知识和技能并从事相关研究和实践的专家、学者、教师等；个体就是具有一定专业知识与技能、从事专业研究与实践并提出有创造性观点的人。个体在专业内容上产生一种新的观点，该新观点必须由该领域专家、学者或者导师做选择，决定是否包含在该专业范围内。图 7-1 是奇凯岑特米哈伊的创造力系统模型。

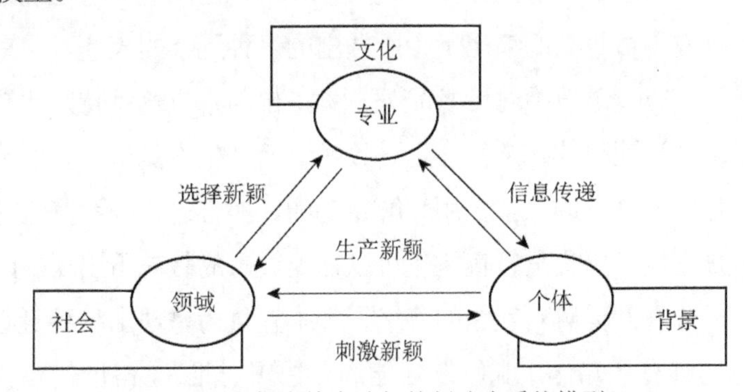

图 7-1　奇凯岑特米哈伊的创造力系统模型①

奇凯岑特米哈伊的创造力系统理论很好地揭示了社会文化环境对创造力的影响。“创造性并非在人的头脑中发生，而是在人的思想和社会文化环境的相互作用中发生。”（米哈伊·奇凯岑特米哈伊，2001：23）

二、悬而未决的创造过程神秘性

（一）对悬案的现有解读

传说希伦王召见阿基米德让他鉴定纯金王冠是否掺假。他冥思苦想多日无果，在跨进澡盆洗澡时，从看见水面上升中得到启示，“在这电光火石的一刹那，阿基米德福至心灵，王冠的体积就是王冠排出水的体积，想到这里，阿基米德大喊数声‘Eureka!’”（万维钢，2016）。阿基米德取得了

① 引自 Hooker C，Nakamura J，Csikszentmihalyi M. 2003. The group as mentor：social capital and the systematic model of creativity // Paulus P N，Nijstad B A. Group Creativity：Innovation through Collaboration. New York：Oxford University Press：第 229 页，图 11.1。

关于浮力问题的重大发现，并通过王冠排出的水量解决了国王的疑问。在著名的《论浮体》一书中，他按照各种固体的形状和比重的变化来确定其浮于水中的位置，并且详细阐述和总结了后来闻名于世的阿基米德原理：放在液体中的物体受到向上的浮力，其大小等于物体所排开的液体重量。从此使人们对物体的沉浮有了科学的认识，奠定了流体静力学的基础。

灵感，又被称作“神的启示”，是人们在对自己的主观心理现象缺乏了解而感到神秘不可思议的情况下，所做出的一种无奈的表述。北京大学的傅世侠认为，“灵感虽不属于认知心理过程，但与直觉这种特殊认知心理现象联系紧密，也即灵感状态往往会导致顿悟而产生直觉认识。但灵感本身并不具有直觉所具有的认知作用和解题功能。换言之，导致直觉并不等于其本身就是直觉；事实上，直觉也可以在无灵感的状态下出现。因此，我们虽然要充分看到灵感对直觉的意义，却不宜认为呈现出种种身心感受的灵感，也是具有认知作用和解题功能的非逻辑思维”（傅世侠和罗玲玲，2000：317）。也就是说，在傅世侠看来，阿基米德在浴盆中身体浮起，看见浴盆中水的溢出产生的灵感，只是直觉产生的前期状态，只有这个灵感与他解决的王冠问题联系起来后，所产生的直觉才具有解题功能。所以傅世侠说：“与其说直觉是从感性向理性的过渡，不如认为直觉实乃感性与理性的共鸣。”（傅世侠和罗玲玲，2000：331）

灵感、直觉、顿悟都是创造性思维的一种形式。以傅世侠的创造性思维的定义去解读灵感与直觉，有助于在某种程度上揭开它们的神秘性——它们都是由问题引发的，都属于非逻辑思维，大都产生于无意识心理状态，也有的产生于意识状态。

第一，问题引导的重要性。“只有在主体思维中有了‘问题’或合适的‘问题态’，才谈得上有进一步的创造性思考，以及对该问题的创造性解决。从这一要点来看，我们可以说，‘问题’或‘问题的发现’，正是创造性思维过程的‘启动器’，而该问题的合理解决便是完成这一过程的实实在在的

'标志'。"（傅世侠和罗玲玲，2000：274）

第二，长期积累的重要性。那些"尤里卡"时刻并非一蹴而就的。"尤里卡"时刻"其实是慢直觉到一定程度导致的突破时刻，你必须脑子里中一直想着这个问题，所有的东西都齐备了，才可能发现这个关键的新链接，人们关注这个高潮，却没有注意这个高潮是如何铺垫出来的"（万维钢，2016）。

第三，灵感、直觉、顿悟都是非逻辑思维形式，产生于意识和无意识的交替状态。"如果主体存在灵感体验的话，则正是通过顿悟的爆发式行为反应，而显示出从其灵感状态进而达到直觉认识的戏剧性过渡。"（傅世侠和罗玲玲，2000：332）

第四，暂时离开要解决的问题，心理放松。例如，达尔文在其自传中，谈到他"终于得到了一个据以工作的理论"时，即认为那是他在"偶然阅读马尔萨斯的《人口论》来消遣"而"立刻觉得"的。可以说，这既表明了一种客观上的机遇，即达尔文那时恰好能读到马尔萨斯的《人口论》；同时，也是由于他把注意力转移到了读"闲书"上，而暂时放弃了正在努力思索的问题。从这里我们可以看到，所谓灵感引发的偶然性，与沃勒斯创造过程论强调明朗期到来之前，需要有一个意识思维"间歇"的思想是完全一致的（F. 达尔文，1983）。

（二）未释的疑问

1. 有关灵感直觉的解读还有未释的疑问

以阿基米德为例，现有的解读交代了问题引导的重要性、前期探索的知识积累和当时的心理状态（暂时离开了解题情境，心理放松或处于无意识状态），也探讨了这种思维的出现不是遵循逻辑推理得出的。但仍然有许多悬而未决的疑问——灵感究竟是如何进入创造者的头脑中的？即灵感究竟是怎么产生情境机制的？所谓情境机制是指当时的所有环境要素与创造者之间的互动机制。

以阿基米德发现浮力定律为例。现有的描述交代了阿基米德洗澡时，一入浴盆，身体浮起，水溢出。首先，没有解释为什么身体感知对于解题会有这么大的作用。其次，没有解释水与身体接触的刹那间发生了什么，如果没有身体的感知，会产生思维吗？最后，没有解释澡盆对他看到水的溢出又有什么作用，如果阿基米德在江河湖海里洗澡，会产生浮力定律的灵感吗？

这些用可供性理论恰恰可以很好地解释身体的作用，说明创造不仅仅是思维的问题，还是全身心的感知过程，即创造的具身性。感知到水与身体的互动的可供性、浴盆与人之间的可供性，这才是灵感产生的重要机制。亚里士多德也认为，思维是离不开视觉意象的。例如，他在《论灵魂》(*De Anima*)中曾指出："缺乏一种心理上的画面，思维甚至是不可能的。它在思想中的影响，如同在绘图中的影响一样。"(托马斯·R. 布莱克斯利，1992)现在可以说，如果没有身体参与的直接知觉，就不可能有心理上的画面，思维也是根本不可能的。

2. 创造的原发过程解读存在巨大的空白

上述几桩悬案中的科学家都取得了科学史上具有原始创造性的成果。

创造的水平和层次，与创造过程相关。阿瑞提在《创造力：魔术的综合》(*Creativity：The Magic Synthesis*)中指出：所谓"原发过程"(primary process)，弗洛伊德是指"心灵的无意识的活动方式"，它在梦中或精神病状态下即占优势；与之有区别的"继发过程"(secondary process)，则是"思想处于清醒状态下使用正常逻辑时的活动方式"(S. 阿瑞提，1987：14-15)。

马斯洛也指出，所谓原发创造性，也就是指那种潜藏于深层自我或无意识之中的创造性，正是新发现、真正新奇的，也即那些远离现实存在的观念的来源。他进而推论，原发创造性是遗传获得的，在原发创造性的成果基础上而进行的一种沿袭的或延续性的次一级的创造就是继发性创造(Maslow，1993)。爱因斯坦也曾说过："只有通过那种以对经验的共鸣的理解为依据的直觉，才能得到这些定律。"傅世侠也同意这样的观点："与继发创造性思维比较而言，那种异峰突起并且旷古难遇的独特观念的提出，却往往倚仗于无意识心理驱动而突然出现的原发创造性思维的作用。”（傅世侠和罗玲玲，2000：295）。

那么，究竟如何解释处于无意识的创造过程呢？都发生在梦境中吗？如果是那样，正像有些人调侃的：“让我们都去做梦吧！”对于处于无意识状态产生的原发创造过程，现有的解释还是存在着巨大的空白，缺少具体的描述。笔者认为，如果将可供性理论引入，也许可以从某种程度上解释人与环境的互动发生了什么；无意识的环境-知觉行为为创造累积了什么经验；人为什么关注一些事物而忽略另一些事物，可能性在其中起到什么作用；人为什么能直接知觉到环境的有价值的信息，从而为建立新的关系性打下基础，而建立新的关系正是创造。

三、可供性概念引入创造力理论的尝试

（一）引入可供性概念的 5A 框架

丹麦奥尔堡大学的格拉威纽（V. P. Glăveanu，）于 2013 年发表了《重写创造力：5A 框架》，首次将可供性概念引入创造力的理论框架中。他这样做是出于对旧的创造力 4P 框架的反思：“支持一个个人主义的、静态的和经常脱节的创造力。”（Glăveanu，2013：69）他的新框架强调系统性、背景性和动态性，将行动者（actor）、行动（action）、人工制品（artifact）、受众（audience）、可供性（affordances）融为一体，故称 5A 框架。该框架建立在社会文化和生态心理学理论之上，运用分布式认知的思想，展开创造力考察的更全面和统一的视野（Glăveanu，2013：70）。

他将生态心理学与社会文化心理和分布式认知联系在一起，构成了他对创造力的新理解。他也认为吉布森的理论对于克服笛卡儿身心二元论的价值，“并没有引起研究创造力的主流心理学的共鸣，这在很大程度上是因为人们对个人创造者创造性过程的‘外部力量’的无知（除了更多地在组织、教育和社会创造力等应用性文献中出现一些例外）。然而极大关注恢复

身体的作用，尤其是创造力最终代表的行为与现有人工制品接触，通常通过物理和创造者的脑力结合，创建新的人工制品”（Glãveanu，2013：71）。

对比 4P 框架，5A 框架做了以下的改变（表 7-1）。

表 7-1　4P 框架与 5A 框架对比[①]

创造力的4P框架		创造力的5A框架	
研究内容			研究内容
人的内在属性	人（person）⟶	行动者（actor）	社会语境下的个人属性
初级认知机制	过程（process）⟶	行动（action）	协调心理和行为的表现
产品属性的评价	产品（product）⟶	人工制品（artifact）	文化语境下人工物的生产和评价
社会是一个外部设置，作为变量调节创造力	压力（press）⟶	受众（audience） 可供性（affordance）	创造者与社会和物质世界的相互依存关系

（1）从“人”变成“行动者”。4P 框架中的“人”是一个抽象的人，是不与环境，也不与他人发生互动关系的人，而行动者则是融入物质环境、社会文化环境的一个活生生的人。“行动者是一个内含于社会关系领域内的人，他可以在任何的人类社会中。行动者承认人的社会化的自我，人类由一定的社会文化环境所塑造，他与环境相互作用，与他人相协调，并以合适的方式改变和影响环境。因此，一个行动者既学习和执行社会剧本，同时也作为一个代理人，与这些剧本中及其他的行动者互动。”（Glãveanu，2013：72）

用“行动者”来代替原来的人（person）还有两方面的意义：一是不会产生创造只是少数天才人物独自站在舞台完成的创造，其实创造是天才人物与普通行动者一起完成的；二是定义为行动者，赋予了行动者更积极参与的责任。

（2）从“过程”变为“行动”。由“过程”变成“行动”意即改变了原来的研究，弥补了将创造过程与创造思维分开的缺点。“意味着承认创造力

---

① 引自Glăveanu V P. 2013. Rewriting the language of creativity：the five A’s framework. Review of General Psychology，17（1）：71，图 1.

的双重性质：一个内在的、心理学的维度和一个外在的行动的维度。行动既是心理的，又是物质的，既是内在的，又是外在的，是目标导向的、结构的、象征的和有意义的。”（Glăveanu，2013：73）另外，原来的4P框架中的过程，通常总结出一个通用的过程，而“行动”则更注重创造的领域、创造者的特征及情境的特点。新的框架体现了创造力理论与行动理论的结合，杜威强调行动的目标与手段之间的相互关系与当前的观点广泛产生共鸣，正在进行的行动和已经经历的行动之间的持续循环，提醒研究者关注后继的行动——感知循环。

（3）从“产品”变成“人工制品”。人所创造的一切是否都可以称为人工制品呢？如果从任何精神产品都有物质载体考察，这样的论断也是可行的。第一，“将产品改为人工制品，提醒人们注意它们的‘文化’本质，以及人类群体和社会中的创造力的累积特征”。第二，人工制品具有不能单独存有性。“人工制品具有双重属性，既是物质的又是精神或概念的。因此，人工制品不能单独存在是因为它们的物理属性，但主要的是因为它们携带着意义，它们是制造意义的活动的对象。”（Glăveanu，2013：74）人工制品是一个可以联系创造者、受众、创造产出和创造行动的概念，是一个可以追溯人类创造历史的概念，也是一个可以考察文化基本构成的概念。

（4）从社会“压力”（press）到“受众”。这一改变“将一个抽象的、不直观生动的概念变成一个由多人协助、贡献、判断、批判的创造行为图景，结果产生实用的、生动的人工制品。受众是大量的个体创造者的集合，他们从潜在的合作伙伴和家庭成员到反对者、同事，还包括最后接受、采用或拒绝创造产品的广大公众”（Glăveanu，2013：74）。

确实如此，在创造过程中，不仅有把关人对创造者的产品进行评价，就是普通人的反馈也能起到想象不到的作用。周围亲属的一个点头，师徒间的一个对视，都可能影响到这个创造成果的诞生。在以往的创造力促进模式中，往往忽略了这些普普通通的受众，以及点点滴滴的影响。受众的评价不仅对创造者产生影响，受众与创造者还共同参与了创造，如用户体验、用户调查、用户参与设计等，都是典型的受众对创造者的影响。

（5）增加了可供性。5A 框架创造性地引用了“可供性”，增加了物理维度的表述。大多数研究创造力的人都忽略了物质环境的影响。我们感知我们环境的是可供性而不是环境特征，我们首先注意的是对象能够做什么，而不是对象怎么样。可供性是行动的可能性和机会。“一个创造性的行动者可以说是一个以一种创新的方式利用他周围环境的可供性，去发现新的可供性，甚至‘创造’一种人们需要的可供性来完成某个特定的行为。”（Glăveanu，2013：76）格拉威纽认为，可供性和能力两者都需要文化选择，以及系统发育与个体发育的时间“演化”。他列举了一个小提琴的例子来说明可供性与能力共同进化的过程，小提琴与小提琴的不断改进，要求小提琴手的技能也要提高。

5A 框架使用一个媒介联结了旧的社会文化模式与人类存在于世的基本物理过程和心理功能。“创造性的行动呈现于行动者与受众（actor-audience）之间的关系，它通过在物理、社会和文化环境中产生与使用新的人工制品（对象、标志、符号等）而建立，这种关系既是产品又是媒介。最后，这个环境及其可供性也逐渐改变了创造性的行动，因此，该模式提出了一种动态集成的 5A 框架。”（Glăveanu，2013：72）（图 7-2）

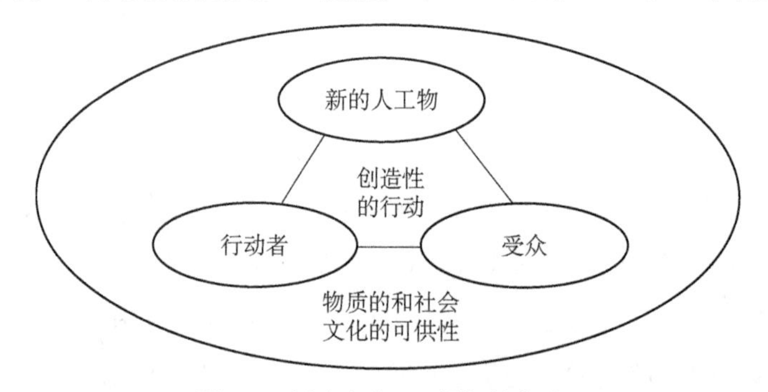

图 7-2　创造力的 5A 框架的集成①

① 引自 Glăveanu V P. 2013. Rewriting the language of creativity：the five A’s framework. Review of General Psychology，17（1）：72，图 2.

（二）5A 框架的突破性

基于对可供性的理解，以及研究普通工匠的创造力的经验，格拉威纽提出这样的框架是十分合理的。建立的 5A 框架对于创造力的研究具有重要的理论意义，主要体现在以下四个方面。

第一，从生态学的角度突出了物理-心理环境元素对创造行为的诱导作用，即环境的意义。特别是物质环境引发知觉和行为的重要性一直被忽略。可以说，到格拉威纽发表他的论文之前，创造力研究领域的学者都没有接触过吉布森的可供性理论。艾萨克森（Isaksen）和特瑞芬格（Treffinger）对创造性解决问题研究 50 年进行的总结，迈耶（R. E. Mayer）对创造力研究 50 年的概述（里查德 · E. 迈耶，2005），都未提到过生态学视角。

第二，强调了创造力产生的互动性。创造力是指单个行动者或成组行动者的行动，不断地与各种各样的受众和物质世界的可供性相互作用，导致了新的有用的人工制品的产生。

第三，论述了创造力的分布特征。分布式认知是指认知分布于个体内、个体间、媒介、环境、文化、社会和时间等之中。它提出了一种考虑认知活动全貌的新观点，注重环境、个体、表征媒体及人工制品间的交互，认为分布式的要素必须相互依赖才能完成任务。因此，创造不只是内在地发生在头脑中，而是“分布在人的大脑和躯体、个人与环境中的。这样一个视角对于我们探讨创造力是十分重要的，创造力在传统意义上被认为是‘内在’于人中的，是创造者难以捉摸的心和它的功能”（Glăveanu，2013：71）。这是由于物质环境、人工制品、他人、社会文化都会包含在、内嵌于规定的和扩展的心灵中。

第四，5A 框架扩展了“心流”理论[①]，丰富了社会文化环境对创造力的影响。奇凯岑特米哈伊强调了个人的心理状态和把关人的重要作用，但

① 心流的概念，最初源自美国芝加哥心理学家奇凯岑特米哈伊于 20 世纪 60 年代对艺术家、棋手、攀岩者及作曲家等的研究。他观察到当这些人在从事他们的工作的时候，几乎是全神贯注地投入工作，经常忘记时间及对周围环境的感知，因此将心流定义为一种将个人精力完全投注在某种活动上的感觉，心流产生的同时会有高度的兴奋及充实感。心流是创造者的一种最佳体验。

是忽略了普通旁观者对创造的微观影响，只有把关人与普通旁观者的作用综合在一起，才是完整的社会作用，把关人确实代表社会发挥了关键作用，但是普通人的细微影响，以及他们的承认，大概是创造者能在把关人暂时不予承认的困难期坚持下去的主要力量。

（三）5A 框架并未解决的问题

第一，虽然通过引入可供性，将环绕性的物质环境背景的影响显现出来，但对于可供性在创造过程中的微观作用机制理解不深，只说明了环境中存在着意义，并没有详细地阐释环境物质性对于创造的物质根源性的影响，没有反映物质环境对人的方向性影响，也没有揭示如何通过知觉可供性这个中介完成外在-内在的联结，形成关系概念后，又转化为物质人工制品。

第二，揭示了创造中的互动性，但更多地描述了人与人之间的互动，即行动者与受众的互动，没有详细地说明直接获得可供性机制在互动中的特殊作用，也没有论及知觉表面性在可供性机制中体现的作用。

第三，没有探讨创造的具身性问题，只是用行动理论去解读这个行动过程。其实生态心理学对于知觉行为的解读更为基础，生态学的观点应当与社会行动理论所强调的行动实践结合，才能更加深刻地描述创造的过程中人与环境的关系，以及创造的全身心机制。

第四，没有很好地利用可供性理论去揭示灵感产生的过程机制。对灵感的探讨不仅涉及具身性，还需要讨论创造力与搜索本能的关系、创造力与建立联系的倾向。为什么会对某些事物特别关注和好奇，大概源于可供性暗示了可能性，有一种可能性敏感依赖。在吉布森之前，许多人没有发现可供性的存在，这是人与环境关系的生态机制，因此对很多在无意识状态下产生的感知结果和行为不能解释。无意识状态和意识水平不仅可以解释心理能量的问题（如弗洛伊德），还可以解释感知与行为的直接关联的状态，以及感知的创造性来源。

总之，需要探讨人的认知能力的“生态建构性”与创造力的关系。传统的创造思维研究缺少发生学机制的贡献，引入可供性理论是一个突破，笔者将在格拉威纽的工作基础上再前进一步。

一个好理论的适用性在于，不仅可以解释原有的理论能解释的现象，还能解释原有的理论不能解释的现象。将可供性理论引入创造力研究，在某种程度上达到了这一标准。创造力的汇合理论和现象学方法论研究也揭示了环境与创造的关联性，但是缺少动态性、细节性的描述，同时也缺失了一个重要因素——物质环境信息资源与创造者的互动。吉布森的直接现实主义的知觉生态观，也许会对那些原来说不清的创意产生的机理有新的解释，可以在细节上说明非逻辑思维形式的运用和无意识心理能力所具有的直接性、无努力性的特点。在前几章归纳了可供性理论在具身认知方面的意义之后，具身认知理论自然也对创造的具身性有所启发，那些引发建立新关系的注意可能来自对可供性提供的可能性的敏感。生态自我的讨论也进一步增加了对创造元问题的理解。

第二节　解蔽物质环境与人的微观互动

5A框架最大的贡献是引入可供性来解释物质环境与人的互动。物质环境与人的互动一直隐而不显，是因为可供性虽然是确实存在的关系性，但又确实不能用一个具体的实体来证明它的存在，所以有些互动过程能够体会到，有些互动过程只能意会不能言传。同时，互动有时处于遮蔽状态的原因还在于一种文化传统：认为互动只存在于人与人之间。至于引入可供性的理论是否可以完全显现创造过程中物质环境与人互动的微观机制呢？笔者认为，还有待更多的研究，以及多学科交叉的努力才能完成。

一、坚持创造性来源于自然的本源性

可供性强调环境信息是一种重要的资源，利用可供性就是有机体知觉到环境信息的价值并加以运用，产生有利于有机体活动的环境应对行为。可供性理论引入创造力研究的一个重要作用就是让物说话，让环境的价值

作用逐渐显现。人与物质环境的关系，在一部分人眼中，物质环境在人的创造过程中仅起到微不足道与可忽略的作用；另一部分人则认为物质环境起到工具的作用；还有一种观点认为物质环境是滋养人类重要价值和文化环境的背景。上述观点都不是将物质环境看作与人密不可分的生态环境，而是以脱离人的存在的物理科学的观点去看待物质环境。

（一）物是会说话的孩子

"吉布森强调知觉直接提取信息的性质，而这一提取源于人与环境在漫长进化过程中形成的共生关系。"这其实"揭示了知觉具有的先天成分"（秦晓利，2006：16）。如果拟人化地看待物，让物说话，让环境作用显现的话，可以发现，阿基米德的"尤里卡"来自环境与身体的契合产生的可供性知觉，即灵感，由此诱发他得出答案的直觉。多少年以来，我们只限于探讨大脑中发生了什么，或者限于如何换了一个无关的环境，产生了心理放松的作用，却没有探讨大脑与环境物质因素之间产生什么互动，特别是忽略了"物-身体动作"的关系。创造性不仅发生在人的思想与社会文化环境的作用中，还发生在人的身体与周围物理环境的相互作用中。

1. 看无处不在的环境之物暗示了什么

吉布森认为，生态信息不仅是客观的，还是主观的，因为环境信息与肢体运动信息同时获得，直接提取，由此保证了知觉与运动的协同。环境表面特质与人的互动尤其重要，解读人的灵感产生的影响要素一定要关注环境表面特征。所以，要重视创造中环境的所有要素对人的影响。声音、气味、光的介质可以充满一个空间。同时，"物品是身体的延伸，物品出自双手，每个物品都有一个身体的痕迹"（汪民安，2011）。工匠说物仅是身体的延伸是有局限的，物的出现，除了需要眼、手与脑的相互作用外，人还与自然界、人类社会相互作用才有物。因此，物是身体与自然界、社会相互作用的延伸。

2. 觉察无时不在、无处不在的人物互动

人与物质环境、人与人之间一直发生着互动，这些互动对于创造者来

说虽然存在，却往往不曾知觉到。互动的经常性在互联网出现后得到公认，因为互动留下了痕迹。纽约大学的席琳（Schilling）认为，创造性认知领悟发生于一个非典型的联合中，通过随意再组合或是定向探究在个体的表现网络中产生一条捷径。中国教育家陶行知在《创造宣言》中也曾经宣告“处处是创造之地，天天是创造之时，人人是创造之人”，他的创造宣言不仅从精神上鼓励所有人要树立创造的自信，也揭示了创造发生无时不在、无处不在的道理。

（二）人–物互动是创造灵感的源泉

有的创造力研究文献称创造者在灵感出现时需要特殊的环境，如苹果腐烂的气味，但这只是对环境氛围的作用——让人放松的氛围做出描述。阿基米德发现浮力定律的案例虽然也描述了物与人的相互作用——阿基米德进入浴盆看到身体在水中浮起，悟出了浮力定律，却没有指向环境信息知觉是灵感来源的源头，而是更多地归功于阿基米德天才式的思维——灵感。这种片面性的产生一点也不奇怪。在创造力的研究历史中，在环境-人（E-P）、环境-人-人（E-P-P）、人-人（P-P）的研究取向问题上，更趋向于 P-P，E-P 一直被放于辅助的地位。但恩格斯早就指出，“人的思维的最本质和最切近的基础，正是人所引起的自然界的变化，而不单独是自然界本身；人的智力是按照人如何学会改变自然界而发展的”（恩格斯，1971）。

等价变换法是日本创造学家市川亀久弥概括总结的一种发明方法。等价变换理论的核心思想是：新事物或新发明从来都不是对原有事物的彻底否定，而是对原有事物进行改造的结果，即舍弃过时的、消极的东西，保留积极的和合理的内容，并且将保留的内容赋予新的关系、新的秩序和新的形式。也就是说，新旧事物之间总存在某种等价性（即相似性或共性），如果发明人能够寻找到这种等价的共性，并按照新的要求进行变化，即实现了等价变换，则可产生创新设想，最终实现创新（赵惠田和谢燮正，1987）。

市川亀久弥分析了一些发明产生的过程，如一位名叫岩田继清的日本发明家一直致力于改进打稻机，但一直没有思路。雨后的某一天，岩田继清在田间散步，他在水稻长势很好的田间小路上抡着雨伞行走，一不小心，雨伞被甩飞出去，雨伞尖碰到了垂下的稻穗，结果稻粒“哗啦哗啦”地离开稻秆，零散地落在地上。岩田继清受此启发，获得了新型打稻机的构思。这种新型的打稻机不是用方木的间隙来撸稻穗，而是用上面布满折成尖形的铁丝旋转圆木。这里，“雨伞”就是引发思考的素材，雨伞头与尖形的铁丝在功能上等价，雨伞其他部件被舍弃，置换为打稻机的其他部件。

发现等价因素的前期认知活动其实就是知觉到可供性。发明家看到雨伞的铁头碰撞稻谷，谷粒掉落，快速冲击性动作造成伞尖与稻穗之间的一种关系。雨伞作为身体的延伸与稻穗发生了关联，提供了让稻穗脱落的可能性，可供性被知觉。发明家由要解决的问题引导，迅速联想到打稻机的发明，由此豁然开朗。当然，市川龟久弥把这一过程归纳为等价变换理论时，这种自动地发现可供性的环节已经被抽象成纯粹的思维的过程，因为只有这样，才能被思维复制和操作。等价变换理论作为一种发明方法被应用时，要抓住几个关键点：首先，是正确提出问题；其次，是在不断变动的观点中寻找和确立解决问题的重点，选定构思素材；再次，是把握新旧事物的共同本质；最后，是找到专门的技术资料，实现细节设计。在这些要点的阐述中，已经将最具创造性的知觉过程漏掉了。

二、强调人–物互动中物的非被动性

人与自然互动决定了人的创造自然本性。人类早期都认为创造性是由外部的神意进入人的身体，否则普通人不可能做出创造，所以古希腊有“神谕”之说。到了近代，人文精神的发扬，对人的创造性的褒扬，更多地将创造性归于人的心灵的工作，人可以自主构造对世界的认识，并据此改变世界。可以说，这种对“创造性”的理解，是人对人自身能力的图腾崇拜，替代了人在古代对自然的崇拜（李创同，2004）。其实，人的创造既离不开外部的环境，也离不开人的自主创造性。任何把两者分开的观点，都是不全面的。人与自然的互动、人与人的互动、人与社会的互动其实都复杂地交织在一起。可供性概念的可贵之处在于，内含两者的关系，重新找回人的创造自然本性——人既是自主构造的，又是被自然形塑的。

（一）人物互动中的自然痕迹

让·皮亚杰等较早研究儿童思维的科学家认为，婴儿的想法毫无理性和逻辑可言，只以自我为中心，对因果关系没有概念。但在20世纪80年代中期及整个90年代，科学家发现，婴儿对周围世界已有很多了解，他们的认知并不限于具体的和当前的感受。美国伊利诺伊大学的勒妮·巴亚尔容（Renée Baillargeon）和哈佛大学的伊丽莎白·S. 斯佩尔克（Elizabeth S. Spelke）发现，婴儿能够理解一些基本的物理关系，如运动轨迹、重力和容量等。当玩具车似乎要穿过一堵实心墙时，他们往往看得更起劲，对日常生活中符合基本物理学原理的事件却不太关注（艾利森·戈普尼克，2010：42）。婴儿甚至能理解统计样本和取样群体间的关系（艾利森·戈普尼克，2010：43）。婴儿为什么有这些本能的心理机制呢？神经生理学家解释说，是人类的进化过程塑造了可塑性更强的大脑，理解人与物生态关系的神经元联结在婴儿出生之前就由遗传嵌入了他的大脑。

因此，互动是历史结果与当下的融合。“如果意义是通过互动而建构起来的，那么就不可能有先行存在的涂尔干所言之‘集体意识’。”（罗伯特·莱顿，2005：166）。但是，如果意义是通过人类与环境互动的进化过程形成的呢？人类就具有了集体潜意识。荣格的集体潜意识一直被当作一种猜想：可供性的实验，如“视觉悬崖”实验证明人类先天具有对可供性的知觉倾向，这种可供性又是在人类与环境互动的长期进化中形成的。“可供性并非使事物特征化的各种属性中的一种，也不是人与事物之间的关系。可供性是以有机体的现象学世界为原则导向的。因此我试着这样想，可供性不是浅层意义上的可供性，而是‘深层可供性’。”（Cummins，2009）布兰迪将进化认识论分为EEM与进化认识论理论（EET）纲领时，强调EEM是研究认知能力的生物机制，EET是研究知识进化的机制。生物基质、大脑、心理和种系都是认知结构的一个层次，任何一个层次都存在生理基础和生物进化的机制，在揭示人类认知机制的特殊性时，不仅涉及认知能力，还涉及认知的产物；不仅要从生物进化机制加以解读，还需要心理进化机制和文化进化机制的解读。

（二）当下的互动揭示环境对人的形塑

由于新兴学科的兴起与网络的发展，很多人开始研究外脑，认为人的认知过程延伸到个体、行为者的世界之外。外脑依赖于交互工具和人工制品这些中介，需要驾驭环境认知过程的重要作用，运用外脑解决问题是人性化环境生态方法。吉布森有关意义存在于环境的观点，从根本上改变了人们对世界的看法——我们感知世界的属性不单独“属于”感知或世界，而是两者的函数。吉布森的理论提供给心理学家一个新的物质环境影响认知发展的解读。心流不仅是个体的心流，还是实体与虚拟的心流并存的社会心流，同时是个体与其他贡献认知盈余的人的共同心流。

在讨论环境与人的互动时，对于语言间的互动较容易捕捉，因为“语词具有如此威力是因为它们扩展了个人体验的范围，从而丰富了生活。如果没有故事和书籍，我们就会仅限于知晓发生在我们身上或我们所遇见的人身上的事……文字使我们更好地理解我们身上发生的事。通过把真实或想象的事情记录下来，作者抓住转瞬即逝的生活体验”（让-弗朗索瓦·利奥塔，2000）。词语的力量能够发生作用，将基于个人表象，模仿其他人与环境的可供性，用虚拟体验开拓实体经验。人与物质环境的互动尽管难以被发现，却总能找到痕迹。一个从小在南方古镇上长大的人，他的小生境可能是小桥流水，不可能是成片的高粱地，这就决定了胡毅萍的《南方姑娘》和莫言的《红高粱》的文化意境的不同。这便是生他养他的生态环境与其成长过程的互动。生态环境不是纯粹的物理环境，是与人密切联系的小生境。现象学所倡导的回到生活世界不仅回到了文化世界，还回到了生态物质世界。当胡毅萍写作时，她感受的环境是鸟语花香、吴侬软语、空气湿漉漉的雾状烟云，这些环境塑造了胡毅萍的用词习惯和语言风格。

当下的互动对于创造的价值特别重要。笔者认为，发现互动的痕迹、揭示互动的机制非常重要，从此一种动态的、发展的生态创造过程模式被发现。互动者双方可定义为施动方（即输出为主，也有输入，没有因输入而产生实质性变化的创造）和接收方（即输入为主，也有输出，但主要因输入而对创造成果产生实质性的影响）。后来的实证研究要突出对互动过程的精细研究。与互动者一起并存的工具、材料、眼神、动作、情绪、文化符号都会影响到接受方，同时，互动是持续的，接收方对施动者回馈了什么信息，施动者又反馈了什么，持续的过程发生了什么反应，这些都值得讨论。

三、实现人与物微观互动的教育

重视环境与人的互动在培养人的过程中有重要的意义，特别是要重视能提供丰富可供性的环境营造，笔者所要强调的是自然性和丰富性。

（一）倡导儿童成长环境的自然性

坚持人的创造源于自然的观点，对于人才培养的意义就在于，要充分重视儿童成长环境的自然性和丰富性，多给儿童与自然接触的时间，同时考虑环境的丰富性。丰富的环境促进空间的拓展，互动的过程是时间的拓展。弗洛伊德曾多次讲到童年时代被压抑的欲望对儿童成长的影响，却没有涉及童年所获得的东西带来的正面影响。儿童时期是感知发展的最关键期，也是获得行为能力的关键期，儿童在与外界的联系中所获得的感知信息会影响他的一生。许多创造者都谈到童年感知存储在他的意识中的自然信息，对中年的创造产生了巨大的影响。

大自然能提供最丰富的环境信息。童年所处的感知和全身心的行为都可以增加对环境可供性的体验，因此童年时期感知缺乏是创造的大忌。学者陈昭仪调查发现，发明家都宣称童年时在农村大自然的环境中长大的益处，大多数有丰富的自由自在玩耍的天地，且因不富裕，许多事都要自己想办法解决，而养成了勤于动脑动手的习惯（陈昭仪，1991）。那么处于过于技术化的社会，城市化的生活是否让孩子丧失了一些最本原的创造力呢？现在城市中的儿童被禁锢在城市钢筋混凝土的“森林”中，与大自然分开的时间久了，个体探索活动减少，发觉可供性的能力是否变弱了呢？如果儿童得到了成人更多的保护，只能生活在优越的环境中，个体生存能力是否变弱了呢？“我们每个人都生而具有两种互相矛盾的倾向：一种是保守倾向，由自我保存、自我增加和节省精力等本能构成；另一种是扩张的倾向，由探索未知、喜欢新奇和冒险——导致创造性的好奇就属于这个范畴——的本能构成……如果不是有意培养就会消退。”（米哈伊·奇凯岑特米哈伊，2001：11）可供性与保守有关还是与扩张有关？答案应当是有探索导致扩张的倾向，也有探索发现限制（不好的可供性、虚假的可供性）的保守。

目前，媒体技术（印刷机、录音机、复印机、录像机）的便利改变了人与现实环境的接触频率。儿童通过虚拟技术学习知识有其优点，但也存在巨大的隐患。通过虚拟的在场性代替人与真实的物质环境的接触会让儿童丧失体验的丰富性，使其某一方面的身体知觉退化，因此，不宜过早让儿童接触虚拟技术，甚至大量通过媒介工具学习。媒体技术就是用技术的现成化、存贮化，消解人的现场性、一次性和不可再现性。尽管媒介技术发展的源头来自镜像神经元的存在，却不能替代人存在的生态丰富性。

（二）重视创造环境的丰富性

美国学者卡尔·加伯德（Carl Gabbard）和罗德里格斯（Rodrigues）根据儿童早期运动发育的现代观点认为，环境作为关键因素影响儿童最佳生长期的行为。家庭是主要施动者，家庭环境能否提供丰富的可供性，对于孩子的成长至关重要。家庭环境的可供性是否可以评估呢？为此，她提出了一个家庭环境运动发展可供性（affordances in the home environment for motor development，AHEMD）评估工具来评估家庭环境可供性的质量和数量，以利于促进儿童运动发育。经过专家意见反馈和选择性试验测试，确定工具的结构效度和内容的效度都是较高的，结果表明 AHEMD 是一个有效的和可靠的工具，可为科学家、教育家和父母提供可靠的工具。“我们预计这个工作对于优化孩子运动发展，了解家庭环境具有的巨大潜力做出贡献——这个因素已经被认为是婴儿和儿童整体心理健康的关键。"(Gabbard and Rodrigues，2008)。

根据吉布森的可供性理论，教育界人士提出一种新的学习方式——抛锚式教学模式。这种模式主要强调以技术学为基础的学习，由范德比尔特认知与技术小组（Cognition and Technology Group at Vanderbilt，CTGV）在约翰·布兰斯福德（John Bransford）的领导下开发。CTGV 把"锚"视为一种宏观背景，而与微观背景相区分。微观背景是与课本直接相联系的内容，具有"应用题"的特征。创设这种真实的宏观背景是为了重新使儿童和学徒制中的人能够利用在背景中学习的优点。可供性指情境能促进学习活动的潜力。不同的环境特征能够给各种特殊的有机体供给不同的活动，如"能走的""能爬的""能游的"等物质环境要素的提供，为学生们提供接触动物的情境，有助于幼儿完成戏剧动作的设计，有助于高年级学生完善机械动作的设计。因而应该设计能够供给学生探索性活动的教学材料，这些活动类型不同于其他类型教材所提供的思考活动类型。有人认为，抛锚式教学与情境学习、情境认知及认知弹性（cognitive flexibility）理论有着密切的关系，可以促进元认知，对于提高学生创造性解决问题的能力有很强的作用（Cotterall and Murray，2009）

第三节　发现具身性的创造过程机制

具身性的创造过程机制主要体现在可供性理论揭示了知觉与动作的关联，知觉-行为经验构成创造性思维的基础，从创造的思维过程解读过渡到创造的身心整体过程解读。

一、知觉-行为经验构成创造性思维的基础

（一）生态学观点的解释性潜力

可供性强调知觉与行为的关联这一观点证实了雅克·阿达玛（Jacques

Adama）有关创造性思维调查中许多人所谈到的视觉、动觉体验。

雅克·阿达玛是著名的数学家，却对创造性思维的过程和机制特别感兴趣。他利用的是一些数学家在两位心理学家协助下制定的调查问卷，该问卷曾发表在法文杂志《数学教育》（*L'Enseignement Mathematique*）第四卷（1902年）上。

问卷发放给了世界著名的科学家，问卷调查获得一些极为宝贵的资料。雅克·阿达玛根据数学家的调查结果指出："实际上，他们中几乎所有人……不仅避免使用词语，而且避免在心中使用代数符号或其他精确符号……大多数人的心理画面经常都是视觉型的，但也可能是其他类型，如动觉[①]型的。"（雅克·阿达玛，1989）其中，最典型的是爱因斯坦的回答，他也提到自己的心理画面类型是视觉型的，有的是动觉型的。所谓"动觉"源于"本体感受性"，这表明视知觉与动觉的联系尽管那么难以捕捉到，但也在创造者头脑中留下了深刻的印迹。

瑞士心理学家让·皮亚杰的研究认为，两岁半以前的孩子是以动作带动思维，越是原始的本能，作用越大，越是无意识的，人们对此意识不到它的力量，因此将灵感、顿悟神秘化。格式塔心理学家韦特海默（M. Wertheimer）在《创造性思维》一书中提到他做的一个实验：让孩子解决平行四边形的面积问题。孩子必然是一边看，一边动手摆弄这些三角形，动作与思维的不可分性在以往的研究中过分关注思维，而将信息与动作分割的态度，是受原子主义、分析主义影响的一种研究方法，将创造仅看作是思维的过程，又将思维看作是加工信息的过程。

（二）强调身体体验在创造中的重要性

早期经历为什么影响了一个人的一生？因为此时正处于身心发育的关键期，身心经验塑造了一个人的"底色"。

一个例子更能证明这样的观点，这是日本著名建筑师安藤忠雄的

---

① 动觉是主体对身体的运动或位置状态变化产生的感觉，其感受器位于肌肉、关节等组织，称为本体感受器。

经历。安藤忠雄证实了自己的创意来自童年生活中的身体体验。他承认在自己的许多建筑设计中追求那种地下的、下沉的“暗空间”，是由于他的潜意识情感倾向更加强烈地显露这种方案，原因之一可能是与儿时的成长、生活环境有关。他在大阪下町街区的两坡顶长屋中长大，长屋是日本城市化初期一些地位低下的人为了在城市居住所采用的狭长的房屋形式。长屋的日照、通风、绿化都被抑制到最小限度。即使是中午，阳光也难以直接照进房间。回想儿时在长屋的居住经历，“浮现在脑海中的总是被黑暗包围着、要融化于其中的空间感觉”“每天在追逐随时间变化而变换的微弱光线中度过”（安藤忠雄等，2009：18）。安藤忠雄暗示了这是一种身体的体验，“这种对暗空间的指向性，不是用语言可以说明的，是我的身体本能的要求”（安藤忠雄等，2009：17）。这可看作是人与环境相互作用的可供性的知觉和积淀。所以这个“暗”的感觉，超出了他自己的想象，强烈地、深入地渗透到他的心灵深处。这种身体体验构成了安藤忠雄以后在设计中被唤起的环境可供性。他巧妙地利用了可供性，设计出具有独特体验感的环境——教堂里没有实体的十字架，只有透过凿空的墙形成的十字架光影。

这种身体体验来自环境界面和空间构成与人的身体的互动，这些可供性知觉-行为积累下来，成为以后可以被利用的经验。据说对于建筑师而言，不管是谁，在反复地思考中，终要自己回归到生活的原点。对法国现代主义建筑大师科尔比西耶（L. Corbusier）来说那是地中海：在湛蓝的天空和大海的背景中熠熠发光的纯白的集落风景，朗香教堂就是他生活原点的回归。

（三）建立身心统一的创造过程理论

用可供性理论解释有关灵感的疑问。阿基米德一入浴盆，身体浮起，水溢出。一是原有的理论没有强调水与身体接触的刹那间，水作为环境要素与身体之间的互动性。没有水，身体不能浮起，没有身体，也不会感知到浮力。以往的解释没有点出整个身体感知运动对于解题起关键作用，只谈思维的作用，把感知运动与思维割裂开来，只认为思维才是最重要的。

二是原有的理论没有解释浴盆作为环境要素的作用，如果阿基米德在江河湖海里洗澡，不会看到水的溢出，因此也不会产生灵感。只有在适当的澡盆空间，身体进入，水会溢出，并被知觉到。

由此可以发现两个效应。

（1）澡盆效应1：创造的具身机制。水与身体的接触；整个身体浮起来知觉动作起到关键的作用——不光是大脑在运转。关键作用就是身物互动产生可供性知觉（灵感），吉布森称为直接知觉，然后才有浮力解题的直觉，这一过程通常被简单概括为心流体验。

（2）澡盆效应2：创造个人与所有环境物的互动机制。不只是水，还有澡盆的作用；看到水从澡盆中溢出来，不是海水漫过去，这是产生浮力定律灵感的关键。

在传统的创造理论中，因为最终表达出来的创造成果的形式都是可见的、可遵循的过程，因此物被忽略，人被显现；身体被忽略，思维被显现，创造过程被解读为人的创造性思维的结果。其实没有身体不参与的思维，也没有思维不参与的身体活动。灵感产生时，人与物互相作用，相互契合，合为一体地存在，可供性理论揭示了物与身体之间那么隐蔽的相互作用，让我们充分认识到身体对创造的作用。克服只关注大脑，不关注身体，分裂大脑与身体整体性的偏见，从仅关注思维到关注全身心。充分认识到身体动作对创造的影响，有助于建立身心统一的创造过程理论。具身性不仅与尺度有关，也与能力契合。人的身体反应产生的运动觉、内觉与大脑的思考共同作用才产生想象力。可供性反映人的身体和意识与物质世界的双向性影响，绝没有身体不参与的思维。可以说中国古代的心悟说反映了一种整体观，而西方“近代却割裂了人与自然的依赖关系，从这一意义上，古代的泛灵论正反映了古代人对自然的知觉智慧，尽管是相当原始的”“不仅在人类学中泛灵论被重估，现代的生态智慧也开始从新的角度评估动物、自然自身的价值”（秦晓利，2006：112）。

二、以创造的具身性解释知觉的解题功能

（一）知觉的解题功能在于知觉中有思维

创造的具身性机制可以破除创造神秘性还在于可供性的直接知觉。可供性的直接知觉理论与阿恩海姆的视觉思维观点吻合，也可以更好地解释知觉中包括思维，因此具有解题功能。

艺术心理学家阿恩海姆应用格式塔心理学的理论和方法研究艺术心理学问题。经进一步研究，他不仅继承和发展了韦特海默关于知觉和创造性思维的研究思想，而且从更高的层次或更一般的意义上，探究了视知觉的理性功能问题。他在《艺术与视知觉》（*Art and Visual Perception*）一书中虽未明确使用“视觉思维”概念，却已提出“一切知觉中都包含着思维，一切推理中都包含着直觉，一切观测中都包含着创造”（鲁道夫·阿恩海姆，1984：5）的重要思想。后来，阿恩海姆关于视觉思维的一些基本思想便形成了，并在标题为“视觉思维”的专著里阐明了视知觉具备思维的理性功能，以及一切思维活动，特别是创造性思维活动离不开“视觉意象”的思想，可以说正是阿恩海姆关于“视觉思维”概念所阐明的最基本的内容。正是因为人们长期以来对感知觉与思维、感性与理性，进而延伸为对艺术与科学的割裂，在阿恩海姆看来，人们的视知觉，就是在这种知觉活动中进行着对事物的理解、选择、概括和抽象。他鲜明地认为：“所谓视知觉，也就是视觉思维。”（鲁道夫·阿恩海姆，1984：56）而且他认为，之所以造成这种认识上的割裂，根源在于西方文明的偏见。可以说，视觉思维是最接近直接知觉和可供性理论的观点，阿恩海姆的贡献是把视觉与思维联系在一起，完成了认知后半段的工作，吉布森把环境、动作与视觉联系在一起，回答了认知前半段的谜题。

北京大学的傅世侠认为，视觉思维确是一种不同于言语思维或逻辑思维的富于创造性的思维。概而言之，其创造性特征就是：源于直接感知的探索性；运用视觉意象操作而利于发挥创造性想象作用的灵活性；便于产生顿悟或诱导直觉，也即“唤醒”主体的无意识心理的现实性（傅世侠，1999）。

傅世侠指出了视觉思维源于直接感知的探索性，这与吉布森直接知觉的观点，以及知觉可供性具有探索性不谋而合。

（二）知觉的解题功能与隐性知识

可供性理论还可以让我们更深入地理解隐性知识。隐性知识的存在与认知中身体的隐性一致。“每当我们通过感知隐性知识的近期阶段来关注隐性知识的远期阶段时，我们就像用身体感知外部事物那样的方式，使近期阶段发挥作用。根据波兰尼的理论解释，类似的词组‘身体经验’获得了一个新的维度。实际上，学生进入一个科学传统就是将他或她自己的身体经过隐喻的延伸，通过所关注的特定实验延伸到科学知识中。这样隐性知识的第二阶段，构成了知识公开的一面。”（克里斯・亚伯，2003）

身体与环境互动引发隐性知识产生，可供性只限于知觉-行为层次，只有当这种可供性的知觉积累、存储起来成为经验时，才变成了隐性知识。理解可供性可以更好地理解隐性知识。隐性知识的存储依赖于身体，“我们的身体是我们接收一切外部知识的最终工具。我们工作的时候，通过感知身体同外界事物的接触，来关注事物。我们的身体是唯一的，我们从未把它当作一个普通的物体来体验，而是通过身体体验来感知世界。”（Polanyi，1996：10）

隐性知识的形成分为两个阶段：第一个阶段（近期阶段），依靠身体接触的感觉；第二个阶段（远期阶段），感知事物，意味着远离身体。“当我们把某种东西作为隐性知识的近期阶段时，我们把它留在了自己身体里面——或者延伸自己的身体来包围它”（Polanyi，1996：10），以便我们能够逐渐在内心驻留它。在库恩看来，内心驻留是历史上的关键实验的范式。科学研究并不是完全客观的，没有科学家不受这个传统的范式影响。

三、基于创造具身性的学习体验过程

理解环境-知觉直接获得与知觉-行为的关联这两大原理对于培养创造性具有重要的实践意义，肯定所见即所悟的“母思维”对于创造的意义。

（一）认识“母思维”的作用和地位

镜像神经元原理告诉我们：人的视觉有思维能力，但这种思维不是一般理解的思维，而是一种顿悟的思维，北京师范大学的陈建翔称其为“母思维”，而抽象化的思维，他称之为“子思维”。“母思维”是“子思维”的基础，在于它是与生俱来的直观能力与感性对象之间的直接作用，这种作用及其积淀物——意象，支撑了抽象化的“子思维”（陈建翔，2013）。孩子们的思维，早先就是顿悟型的“母思维”，也就是所见即所悟。

可以说，镜像神经元理论从神经生理学角度论证了直接知觉的合理性，以及认知能力的进化与认知结构进化的同一性，而可供性理论从生态环境角度提供了原始意向的来源，在环境小生境下，人会直接地、自动地对环境做出适宜的反应。

发现身体体验的重要性，以及“母思想”的即时所悟的认知作用，对于儿童教育有重要意义。陈建翔认为，我国家庭教育和基础教育存在的一个普遍问题是没有充分认识到“母思维”的作用和地位（或者根本不知道它的存在），过早地、片面地、畸形地培养了儿童的“子思维”。让孩子过早地识字，进行抽象数学计算，以为比别的孩子早学就是优势，殊不知这样的做法却大大地扼杀了本该通过“母思维”获得更多通过身体直觉和知觉积累的默会知识的机会。过早发展“子思维”，只能让孩子将来从事继发性创造，再也难以开展原发性创造。

所见即所悟的整体知觉也反映在对数的感觉上。新西兰的伯恩斯（K. C. Buins）及其同事在野生动物保护区以知更鸟作为研究对象，设计了一个实验，当着知更鸟的面，在原木上钻了很多洞，每个洞中放入数目不等的米虫，知更鸟会直接扑向米虫最多的洞。趁知更鸟不注意，实验人员拿掉一些米虫，知更鸟会花双倍的时间找那些丢掉的米虫。科学家由此得出结论，动物能“识数”（迈克尔·斯坦森，2009）。它们的“识数”可称为一种对数的整体知觉，又称数感，即对多和少的辨别。儿童学习数学也要从培养数感做起，可以说，数感是儿童学习数学的“母思维”。如果能发现儿童天生就具有的数感，很好地引导，几乎所有孩子都可以理解数学。如果丢掉这些宝贵的生态资源，一开始就以抽象的数字、枯燥的计算强迫儿童接受数学，会造成某些数学天赋较差的儿童从小畏惧数学，一辈子也学不好数学。让·皮亚杰也认为儿童理解数字是靠感知-动作，儿童用手拍三下，用脚跺三下，才能真正明白数字“三”的意义。

（二）重视动作对解决问题的原发性引导

许多事例可以充分说明知觉动作对于解决问题的原发性引导不亚于纯粹的思考。

英国广播公司拍摄的电视片《小动物大智慧》（中国网络电视台，2012）的第一季中，展示了一些动物的智慧。德国莱比锡动物园的红毛猩猩能够解决从未遇到的困难。将花生放在细长的管道里，管子固定在墙上，用手够不着，红毛猩猩住的房间没有任何工具，只有水龙头，它竟然用嘴含着水，吐在管口中，几次下来，花生漂在水面上，它吃到了花生。红毛猩猩在自然中感知到树枝树叶在水上漂浮的现象，所以能马上觉察水与花生关系的可供性。给红毛猩猩一个细长的装水容器，固定在墙上，不能端起来喝，给它三种工具供它选择，它会直接选择吸管，而放弃另外两种对它来说没有用处的工具。

电视片还展示了动物与人的行为对比。一个细长的容器中放了一块糖，也放了点水，容器太狭窄，手伸不进去，现场提供两种球：蓝色的轻球和黄色的重球。7 岁的孩子可以做到先试蓝球或黄球，再决定如何做，能够顺利解决问题。让一只松鸦面对类似的问题：一个瓶子里的小虫子浮在水上，但瓶子很深够不到里面的虫，它会很快选择重的石头和轻的软木塞各试一次。关键的第三步是，它选择重的石头解决问题。

小狗学滑板，不用特别训练，看看人怎么做的，它也能学会。依靠镜像神经元，动物学习自然动作非常容易。人在成长的过程中，更重视抽象语言的发展，在学习自然动作方面，有些天生的知觉-动作能力被压抑，即大脑的某些神经元的联系没有得到强化，7 岁的儿童在解决这类问题时，有时还不如动物。当然，人类的学习能力高于动物的层次，人类不仅能学习动作，还能学习抽象的语言文化符号。使用工具的行为也非常普遍，而动物只是偶尔为之。人类不仅向同类学习，向动物学习各种本领，而且能抽象出动物本领的技术原理，运用它的普遍性。

但是，对于人的智慧发展来说，身体活动具有与大脑智力活动同等重要的作用，越是在儿童发育的早期，越不能忽略儿童的动作游戏，不仅是动作协调的问题，还关乎是否给运用身体知觉的解题智慧以发展的空间。运动能使大脑处于最初的启动或放松状态，使思维变得更加敏捷，更有利于创造力的发展。运动又以弹跳最为有益，主要得益于弹跳过程中身体各种部位产生的振动，刺激全身心的舒展。至于运用身体知觉解题，可设计解题程序与身体动作结合的活动，促进体育教育与其他学科教育的融合，如目前中小学体育教育中引入拓展训练，培养学生的团队协作精神，面对困境解题，磨炼意志品质，这是非常好的实践。

第四节　打破功能固定与心灵开放性

心灵的开放性是创造性的重要品质。可供性提供了一种对环境（物）的开放态度，同时打开了心灵对信息封闭的门。可供性内涵的多种潜在可能性有助于打破功能固定的认知障碍，这一机制的运用可能对于解题中的思维开放、培养心灵开放的创造性人才十分有利。

一、思维的开放性与心灵的开放性

（一）心灵开放是创造性人格特质

与思维的开放性不同的是，心灵的开放性涵盖了更广泛的内容。

在英文中，open-mindedness 中的 mind 具有感觉、意欲、心意、思想、愿望、意向、目的等多重含义，可狭义地译为“开放的思维”“思维的开放性”，但更精确的释法应当是“开放的心灵”“心灵的开放性”，心灵开放则至少涉及感知、思维、意向、观念、态度。心灵开放性是创造性人格特征之一。首先，在感知方面，心灵开放的人不拒绝各种观点输入大脑，因此需要常有惊奇感和好奇心；其次，从思维方面看，心灵开放的人的必然结果是见多识广，思维活跃，思想自由；再次，从意向上来说，心灵开放性的人能够没有心理障碍地输出信息、表达设想；最后，从观念和态度上分析，心灵开放的人宽容地待人待己。对自己宽容，即敢于发表不成熟的看法，不会将处于摇篮中的新设想扼杀。宽容待人即善意地对待别人的不成熟设想，不给别人产生心理压力，以利于每个人都能发表自己独特性的体验。

阿马比尔在《创造性社会心理学》中归纳了与创造性技能有关的认知风格特征，它们是：打破知觉障碍；打破认知障碍；理解复杂性；尽可能保持无限制的反应选择；延迟判断；运用广泛的策略；精确回忆；摆脱早期的“行动方案”，创造性地对问题重新理解（Amabile，1983：72-73）。而思维的开放性至少与其中的七点关系密切。可供性与知觉的开放性关系更为密切。

第一，思维的开放性使信息输入的量增加，有助于打破知觉障碍，促进观察。

第二，思维的开放性不会固守原有的观念，有助于打破认知障碍，不囿于成见，不先入为主地划定什么有用什么无用，从而保证了信息的大量输入，并使用新的概念和含义。

第三，使问题空间扩大，有助于打开思路，冲破领域知识的界限，因此心灵的开放性有助于克服思维定式，即功能固定或称心向，是由一定的思维活动所形成的倾向性心理准备状态，是人们对刺激情境以某种习惯的固定的方式进行反应。这种反应有时运用特定经验、习惯方法，顺利解决某些问题；但也易使人盲目地对待一些外形貌似而神异的问题，从而陷入窘境。

第四，思维的开放性会使人接受更多的评价标准的冲击，有助于暂时脱离逻辑王国的法则，在评价标准上延迟采用。

第五，思维的开放性开拓了新的信息渠道，有助于运用广泛的策略，使用各种信息渠道的信息。

第六，思维的开放性会展示更多的可能性，有助于摆脱原有的行动方案和计划，重新考虑，从头再来。

第七，思维的开放性会增强各种观念交流的机会，有助于创造性地理解事物，从不同的人、不同的专业去理解，从不同的角度切入。

可以说，心理学中思维的开放性是指创造性人格特质在解决问题中体现的风格，即一种认知风格。

（二）RPC 与思维开放性

托兰斯在修订创造思维测验 1974 年的版本时，增加了 RPC[①]指标（Torrance，1984），他认为有创造性的人能保持足够长的时间延迟思维上的封闭倾向，得以产生心灵上的跳跃，使设想更为独立。而缺少创造性的人总是思维过早地跳到了结果，没有考虑信息的交换。在 TTCT（图形）活动 2 的答案中，直接用直线或曲线把未完成图形封闭的人，容易受给出的未完成图形的暗示，思维局限在一定范围，往往放弃更有力、更奇特的想象的机会（Torrance and Ball，1984）。

克拉彭（M. M. Clapham）曾统计了 334 名成人的 TTCT 图形 A 和 B 的测验结果，通过共同性分析（commonality analysis），证明了流畅性、灵活性、标题抽象性、精细性和过早封闭的抵御能力五项因素为相对独立的因素。统计数据还表明，RPC 在 TTCT 中是比灵活性更有价值的指标（Clapham，1998）。但是，需要注意的是，这种测试方法带有心理测试所固有的缺陷，即时间上的过分限制，不同于现实中解决问题的情境，因此测验本身就是对真实创造力的约束。笔者曾使用托兰斯创造思维测验图形 B，

---

① RPC 是过早封闭倾向的抵御能力（resistance to premature closure）的英文首字母缩写，RPC 是概括托兰斯创造思维测验（torrance tests of creative thinking，TTCT）（图形）的评价指标，通过在对活动 2 未完成图形填补线条，形成完整图形的过程中，考察被试所填线条是倾向于受给定线条形态的暗示，尽快将图封闭；还是倾向于线条复杂多变，甚至始终未将其封闭，得到出其不意的答案。

在国内做了些测试，国内学生过早封闭倾向的抵御能力（resistance to premature closure，RPC）的得分与美国常模比较显得较低（Luo and Hu，2001）。当然，这一结果还需要其他样本测试结果的佐证。但该研究至少已经有了部分大学生、高中生、初中生和小学四五年级学生的纵向数据，应当从认知风格角度深入研究。

美国心理学家杰克逊（Jackson）和梅西克（Messick）曾从智力、人格和创造性产品三方面结合的深度，提出了具有创造力的四种特征，其中第三个特征有关心灵开放。他们认为，心灵开放即智力上表现为开放心灵，人格上表现为灵活变通，带来的产品特征为创造性的变化（Jackson and Messick，1965）。认知和人格的开放性，既能够保证接收更多的信息，又能冲破刻板的认知模式，这就为心灵上产生新的跳跃提供了前提。

（三）思维开放与功能固定

在认知科学研究解题模式之前，格式塔心理学家就对顿悟做了大量的研究。比较著名的实验就是邓克（K. Duncker）关于所谓“功能固定”（functional fixedness）的研究，颇具代表性。邓克于1930年首先提出“功能固着”的概念，以说明人类一些先入之见或心理定式（mental set）对顺利解决问题的影响，即当一个人曾看到某物起某种作用后，就不易再看到该物的其他用途。而且，“物体-用途”固定联系的程度，似乎以最初看见它的功能的重要性为转移。一开始了解到的某物的某种功能越是重要，就越难看出它的其他功能。另外，把那些在功能上经常联系在一起的物体在空间位置上放在一起，也会影响到重新考虑这些物体的其他功能。

例如，在邓克的所谓“盒子问题”的实验中，被试被领进桌子上放有一支蜡烛、一盒图钉和一盒火柴的房间，他的任务是用桌子上的任何物体把蜡烛固定在墙上。显然不可能直接用图钉把蜡烛固定在墙上。而火柴装在原来的盒子里则强调了火柴盒是一种容器，鼓励了被试把它的功能仅当作容器来考虑。只要火柴盒仅仅被当作容器，被试就不会再以任何其他方式看待它；而一旦被试改变了对火柴盒的这种考虑方式，答案也就出现了

（Duncker，1945）。

另一项双绳实验研究也证实了这一点，实验中要求被试将两条悬着的绳系在一起（问题是抓到其中一条绳的时候却没办法够到另一条绳）。为了解决这个问题，被试不能将一把钳子看成抓的工具，而是看成一个（足够大和足够重的）物体，能够系在其中一条绳上，成为一个摆动体。即使实验中的被试确定摆动体方法后，他们仍需要时间察觉钳子的相关属性来解决这个问题（Maier，1993）。有证据表明，似乎早在 6 岁的时候，人类就有这种关注物体的典型功能倾向，这与语言概念的抽象分类强化有关。

邓克的研究，加上后来现代创造心理学创始人吉尔福特对发散和转化在创造性思维中作用的强调，都对创造学有关创造性思维的测验研究和训练项目设计产生了重要影响。现在，差不多所有的创造性思维测验和训练设计，都有"一物多用"这一项。那么，可供性理论对于功能固着的解决有什么价值呢？

二、可供性与打破功能固定障碍

吉布森的可供性理论强调人与物的生态联系是不受语言逻辑束缚的原发状态，因此可供性有助于打破语义学的分类，克服功能固定的认知障碍。

（一）可供性有助于打破语义学的分类

有关功能固着的大多数解释是，人们对物体的最一般功能熟悉的情况会不利于他们觉察物体的其他潜在用途。遗憾的是，有关功能固着的讨论大多是描述性的。诸如"固定"（fixation）、"阻碍"（blocking）、"转移失败"（failure of transfer）以及"洞察"（insight）等术语在很大程度上是有启发意义的，但解释力不够。同时，这些术语不利于理解促使人们觉察物件的次级功能的缘由，即突破功能固着。

吉布森明确地指出："感知一种可供性并不是把一个物体进行分类。一块石头是一支飞镖这一事实，并不意味着它就不能也是其他东西。它可能是一个镇纸、书挡、锤子或者钟摆的摆锤。它可以被接到另一块岩石上来形成堆石界标或者一堵墙。这些可供性之间全都是兼容的，它们两两之间的区别无法清晰划定。通过武断地命名来称呼它们，对于感知而言是没有价值的。如果你知道一个能够抓握的独立物体可以用来干什么、可以怎样被使用，那么你尽可以随便把它叫作什么。"（Gibson，1979：124）一些后续的实验研究也证实，一般来说，感知可供性，并不像专门进行科学研究活动那样，去感知一个物体的物理属性，而是着眼于它的整体特征与行为指向的关系。在不同的情境下，人的行为与物体的关系发生着变化，决定了物体"它是什么"和"它用来做什么"。

所以吉布森说："可供性理论把我们从设定固定的物体分类——每种物体都要确定常规特征然后被给定一个名称的这种哲学泥潭中解救出来。就像路德维希·维特根斯坦知道的那样，你不可能仅用一类事物的名字就把它们必然具有的充分特征阐述清楚。它们只有一个'族群的类同性'。但这并不意味着你没法学会如何使用物件并感知它们的用途。你不必为了感知它们所提供的而去给它们分类和贴标签。"（Gibson，1979：124）这一论述也告诉我们，受到语义影响深的成年人，受概念标签的影响较大，儿童则多从本能出发去理解环境，他们对物体可供性的知觉和运用非常灵活。

儿童物体分类实验。某些发展心理学的研究探讨儿童的分类特点，他们是将物体的用途作为分类的重要标准还是依据物体的属性？例如斯密思曼（A. W. Smitsman）等研究发现，对分类概念不清楚的幼儿反而能够区分通过可供性所意指的超特殊物件。斯密思曼等认为可供性为分类提供了原始基础（Smitsman et al.，1987）。杰曼和底菲特研究发现，这些孩子将用途看成分类的基础，而不是看成物理属性的基础。在成年人的研究中，在用途不变的情况下，物体的形态、结构及分子特性发生了变化，这种类属关系仍然不变（German and Defeyter，2000）。对神经受损患者的导致分类缺陷的神经学研究也进一步支持了这种差别。相较于以物理属性为线索确定目标的正常成年人来说，如依赖颜色或形状，患者则保持了他们以行动为线索确定目标的能力（Humphreys and Riddoch，2001）。因为这类患者受语义判断的影响较小，语义引导判断和非语义的视觉引导行动之间的确存在着鸿沟。

"功能固定"的现象表明，当潜在的行动者熟悉物体设计的功能时，很难觉察其他非直接的用途。由于熟悉物体的一般操作，所以行动者会将注意力集中在物体的主要功能（配套的可供性）上，从而使他们很难注意到支持其他用途的属性。（Vatakis et al.，2012）回到原始的可供性，才有可能打破功能固定，这是否找到了思维灵活性的根源呢？

（二）人工制品的复杂可供性与功能固着

在吉布森看来，设计师构建的可供性旨在支持特定活动的需要。因此，当人们感知到这些设计的可供性时，就可能觉察到设计师以目标为导向的行动。不可避免的是，同样的人工制品也会提供除了设计意图之外的其他行为的可供性。如电影《上帝也疯狂》中所示，住在卡拉哈里沙漠的布须曼人捡到了一个可乐瓶，他们第一次接触这个现代社会的产品，这种"怪异"的物体突然改变了他们的生活。女性用可乐瓶洗衣服和敲碎水果；男性用它来挖食物和剥兽皮；儿童将可乐瓶看成玩具和乐器。布须曼人发现和生动地演示了这个新物件的各种用途，特别说明了人工制品通常能承载多个可供性。在我们的日常生活中很容易看到：一个咖啡杯可作为铅笔筒或烟灰缸，一把锤头可充当镇纸或用来钉门框，等等。在世界的许多地方，人工制品具有多种功能。中国人不仅将筷子作为餐具，还作为搅拌工具等。当在执行特定的操作却找不到理想的人工制品时，人们经常会发现物体的其他可供性取而代之。

叶林（Lin Ye）和威尔逊·卡德韦尔（Cardwell）做了一个有关行动者如何能够从许多可供性中觉察特殊的物体可供性的研究。他们的策略是，专注于对物体的一种可供性感知如何影响到感知者察觉到不久后的另一种可供性。为了清楚起见，他们将一个人工制品的设计功能视为原始的或设计的可供性，而物体的其他用途可作为次级可供性。

他们发现，对可供性的探索会融入目标行为。如果潜在的行动者没有获得有关这些行为部分的可供性信息，那么他们就不能将物体视为获得了目标导向活动支持信息。所以，行动者关于信息觉察的探索活动非常重要。因此，几乎在涉及工具或其他物件的操纵（如控、铲、切割、抛）活动中，都能够看到行动者通过捏、举起或挥舞的行为来获得可供性信息，可以说，这些行为融入了更大的目标导向活动中。

他们还发现，很多人工制品都具有嵌套的可供性，先发现一个次级的可供性并不影响他们发现原始的可供性。如果某人首先认识到勺子能刺穿气球的功能，那么这个人同样也能察觉到勺子可以舀东西的功能。这种不对称指向动力系统方面所描述的认知惯性，也就是说，某种状态要比其他状态在将系统推向新的吸引子上更稳定。这种进路可能为功能固着提供更深入的洞悉。

他们注意到，如果可供性彼此差异较小，那么，人们对它们的先后识别影响不大，如可拉伸与可倾入这对可供性。有弹性的泳帽、橡胶手套或气球，可使其拉伸，从而方便获得此信息，这个物体可作为一个潜在容器，倒入液体，液体不易渗透出来。而有的可供性差异较大，涉及功能固着的影响。所以，他们认为，功能固着的一些实验反而从不同的角度挑战了吉布森的可供性理论。例如在梅尔的双绳问题上，行动者可能注意到钳子的设计可供性（作为抓的工具），但没有看到钳子也能作为摆锤将绳子系起来。鉴于两种可供性信息的存在，是什么阻碍了被试觉察到次级可供性呢？也就是说，解题目标与原有的认知系统相离甚远，无法交叉。

为了解决这个矛盾，叶林等从乌尔里克·奈瑟尔的“选择寻找模型”（selective looking framework）（Neisser，1976）研究中汲取营养，认为可供性信息不仅存在，而且在观察者获得信息中发挥着积极作用。当存在两种以上可供性信息时，为了觉察第二种可供性，行动者必须切换到一个新的知觉周期或从事不同的探究活动（Gibson，1988）。这是一个更为简明的解释，因为潜在的行动者获得的是调节行为所涉及的信息，而不是扩散的概念表征中存储的信息。知觉周期用来觉察高层次可供性中承载的可供性，有助于推动主体觉察到某些承载的可供性也能够承载第二种较高层次的可供性。在觉察到第二种以目标为导向的可供性的某些承载之后，有助于增加觉察第二种可供性的其余属性。

必须切换到一个新的知觉周期，意味着换到一个新的情境中，或者从现有的环境中通过物与知觉行为的互动，获得另外一种可供性的信息。例如，处于双绳实验中的被试能把玩手中的钳子、绳子，不断走来走去，要比仅站在地面上想要聪明得多。他可能通过掂量钳子的重感得到启发，也可能通过甩动绳子的动感得到线索。

三、促进心灵开放的教育实践

教育是一种科学技术化的过程，教育一直在某些科学理论的指导下进行。感知丰富性与思维逻辑性对于创造都十分重要，但在以往的教育过程中，往往对于后者更为重视，并标上了思维高级和成熟的标签，认为只停留在感知阶段，就是停留在动物的认知水平。确实，智商越高的动物发育时间越长，学习策略能赋予动物很大的生存优势，在没有学会各种生存技能之前往往不能自保，人类儿童天生就是为学习而生的。人与动物的区别是靠表象可以产生想象、预测、设计，可以抽象和概括形成概念与数理逻辑，可以把知识物化为实物，所有的人类知识都建立在这个基础之上。

可供性理论为我们提供了与传统教育观念互补的方案：如何通过发展知觉-行为能力引导产生原发性创造，这样有利于打开人的心灵，增强大脑灵活性，因此需要多为儿童提供发现可供性的自由探索活动。

（一）思维开放性的培养

有关儿童的大脑机制和学习策略的研究也表明，知觉-行为的探索活动对于儿童创造性有多么重要。相对于成年人，婴儿的大脑可塑性更强，神经元的连接更多，而且没有哪个神经连接的使用频率特别高。但随着年龄的增长，没有用的连接会逐渐消失，有用的则会不断增强。婴儿大脑中还有很多高浓度的化学物质，能轻易地改变神经元的连接。

科学家发现，“前额叶皮层这一区域负责集中注意力，制订计划，控制行为等高级功能。25 岁时这一区域发育成熟……儿童的前额叶没有发育成熟，缺乏控制力看似是一大缺陷，但对学习大有裨益。前额叶会抑制不恰当的思维和行为，但没有了这层束缚，婴幼儿就能自由地探索周围事物。不过，一个人不能兼具孩子般的创造性探索和灵活的学习能力，以及成人才具有的高效计划力和执行力，因为高效行动需要大脑具有快速的自动处理能力和高度简洁的神经环路，学习则要求大脑有可塑性，从本质上说，这两种大脑特征是相互对立的”（艾利森·戈普尼克，2010：47）。

意大利科学家艾利森·戈普尼克研究发现，婴儿具有一种非同寻常的能力：从统计规律中学习。他所讲的统计规律，即一种更大的可能性，其实就是可供性。“如果幼儿认为有人在指导自己，就会改变统计的方法，可能导致创造力下降……当研究人员让孩子自己操作玩具时，很多孩子都能根据他们观察到的统计规律，排除多余的动作，提炼出准确而简短的操作步骤。”（艾利森·戈普尼克，2010：46）

“研究人员要教他们玩玩具，让他们知道哪些操作能使玩具播放音乐，哪些又不能。当让孩子自己玩玩具时，没人尝试简短有效的操作步骤，而是照搬研究人员的整套动作……他们的行为可用一种贝叶斯模型来准确描述，而这种模型中有这样一条假设：‘老师’教给他们的就是最有效的操作方法。”（艾利森·戈普尼克，2010：46）

在现实的课堂上，老师通常一步步地教学生操作步骤，这难道不是束缚学生的创造力，让贝叶斯模型在起作用吗？按照可供性理论，就是让学生自己去发现可供性，去探索这个世界。现在的教育使贝叶斯模型过早地干扰到儿童的创造力，对于不能熟练运用贝叶斯模型，却有创造性、探索性的儿童评价较低，他们的自信心受到打击，有的人甚至无法进入专业领域学习。儿童的创造力开发应当怎样回应这个发育过程？是对前额叶的脑发育过程加以补救，还是对社会文化和教育观念进行改变？是不是科学和技术的强势，已经让逻辑思维方式的训练，即前额叶发育的强化束缚了天性？发育过程已结束的人是否还可以通过某种方式补救？这大概是成人创造力开发理论需要回答的问题。

（二）开放性人格的培养

第一，要重视宽松的创造氛围的营造。非逻辑的创造性思维很难在规范的、刻板的环境中产生。重视环境-知觉行为的自发作用，是一切认知的基础。“这是因为大脑模式的复杂性能够选择性地匹配来自自然本身的复杂性，我曾经说过，如果神经达尔文主义的假设是正确的，那么，所有的感知行为在某种程度上都是创造行为，所有的记忆行为在某种程度上都是想象行为。”（杰拉尔德·埃德尔曼，2010：64）承认了这一点，才有下一步，“成熟大脑主要同自己交互。梦、想象、幻想和各种意向状态都反映了意识背后的大脑事件巨大的重组和整合力量”（杰拉尔德·埃德尔曼，2010：64）。“当他们呈现给我的精神的东西首先必须被去感性化，把感性事物变成表象的能力叫作想象力。”（汉娜·阿伦特，2006）“只有技巧穿得单薄之处，天才才会显露出来。”（路德维希·维特根斯坦，2012）怎样让天才显露出来呢？靠学习创造技法和发明方法总是技巧的力量，只有把本性开发出来，与技巧结合，才是更自然的创造。

第二，在开发人的创造力的问题上，首先要解决的是要让人敢于表达自己的独特体验和见解，其次才是以创造性的标准来衡量这个人的独特体验是仅具有个人价值还是具有人类价值。但人们往往先以人类价值标准来判断个人的独特体验，认为自己的体验没有任何价值，而不敢表达它，更糟糕的是，人们往往寻求与别人一致，因为这样心里觉得更安全，而压抑自己的独特体验。德国学者格罗普列（Gropley）精辟地概括为：“创造需要打破社会规则，但又要采取社会能够容忍的方式。”所以解除人们对独特性的束缚，从独特性向创造性的转化有时成为一对矛盾，更不用说其中还存在着团体复杂因素的影响。很多人对这些矛盾缺乏认识，在开发创造性的过程中受到阻碍。解决这一矛盾的办法在于提供丰富可供性的环境建设和形成宽容的社会氛围。从个体创造个性的发展来说，一些创造性的生活方式和学习模式起到很好的作用，能够使人产生创造的乐趣，在情感体验和认知发展上同步。让独特性体验可以发声，是创造力开发的重要课题。个体之间的差异，决定了每个人具有独特性的体验是非常自然的事。但是这种独特性体验是否能够以独特的方式表达出来，则是另外一回事。更重要的是，这种表达是否对人类社会具有意义，如是否促进科学认识的深入、推动技术的进步；是否能给世界带来美感；是否能使社会更加文明，这就是创造性与独特性的区别。

在创造力测评方面，要重视 RPC 指标在评价创造性思维品质中的重要作用；在理论研究方面，应设计恰当的实验，了解环境恐惧感与心灵开放性的关系。其中尤其需要关注的是，环境分为物理环境和社会环境，对陌生环境的恐惧要分为两类，分别加以研究。思维开放性的跨文化研究，也需要从细节问题上深入，如信息输入、信息加工和信息输出三个环节，哪个环节的阻塞是造成中国学生好奇心差，以及思维不开放的最重要因素。笔者认为信息输入最为重要，如果在这一关就被阻碍，后面的开放性就无从谈起，因此在创造力开发的过程中，回到最本原的知觉开放，可供性理论恰恰是回答这一难题的关键。

第五节　创造的可能性敏感依赖机制

可供性具有探索性，在某种程度上可以解释好奇心。在创造的过程中，发现这种可能性会引导创造过程的注意力，这就是创造过程的可能性敏感依赖机制。可能性敏感依赖，包括人与环境的契合所内含的行为可能性，解释了创造的初始“注意”机制，可供性内含的关系范畴提供了建立关系倾向的生态依据，消极可供性知觉提供了不可能的有意回避机制。可能性敏感依赖与非线性方法的结合，正好说明创造性思维的特质；重视环境营造和与知觉体验的关系可提高知觉敏感性，促进对创造可能性的探索，有利于培养创造性人才。

一、创造的可能性敏感依赖机制内涵

笔者认为，创造的可能性敏感依赖机制包含三点。

（一）创造的初始注意机制

让我们重现一个经典情形：椅子是如何发明出来的？一位古人看到环境中有一个能支撑自己身体重量、与坐高相当的石块，可供性自然引导他坐下；一根圆木坐着有点矮，木头轻便且容易造型，于是这个人截取粗的一段木头，立着放置，有意识地创造一个永久的“石块”。这截木头可滚动，方便随身携带。发明者创造的“椅子”预先包含了尺寸、材料、结构与坐的行为的契合。这就是从行为可能性到创造可能性的敏感依赖。

人为什么关注这些事物，而忽略那些事物？可能性在其中起到什么作用？吉布森认为，人会在信息搜索中自然提取有价值的行为可能性——可供性。首先，行为的可能性保证生存和安全。人类为了生存，会自动调动这种能力，保证不受天敌的伤害并寻找到足够的食物。搜索是动物的本能，通常是边走边看，还要下意识地躲藏。一旦目标锁定，焦点视就产生专注的注意力，同时还用余光产生的环境视注意周围环境的变化。

知觉可供性是自发注意，却是对行为有价值的信息，因此容易转换成自觉注意。自觉注意是对知觉过程中的某些信息的专注，如看一棵树，有人注意到树叶的形状，有人注意到整棵树的形态，这大概可以解释植物学家与画家的不同。看到一个数学公式，有人只注意到了公式的符号、排列、字体、颜色，但没有注意到公式的物理意义，因为此人没有学过这个物理公式。注意与个人知识、经验、主观需求的联系更密切一些，是知觉在选择信息时，对信息素材的内涵可能意义的探讨。对可供性的知觉是对环境生态价值的提取，构成了知觉的第一层选择，这种生态的倾向性会在某种程度上左右知识背景的注意力。

同样，在创造的前期探索阶段，搜索信息特别重要。那么，注意力会容易被什么吸引呢？可能性的价值。创造者基于环境与人的互动，敏感地觉察到行为的可能性，由此左右了注意力方向，引导创造过程的趋向，为建立新的关系提供了可能性。人与物的可供性，以及人与人的可供性都是有价值的信息资源。“环境中最丰富也最细致入微的可供性是由其他动物提供的，对我们来说，也就是其他人”（Gibson，1979：135）。

（二）不可能性的有意回避机制

可供性同时具有双重作用——可能性无意敏感与不可能性有意回避。吉布森曾警告人类，消极的可供性会把我们带入麻烦和危险，需要加以避免，因此对消极可供性进行知觉是生存的秘方。告知不可能性，有意避开也是创造的目的。

消极可供性知觉让人主动放弃没有可能的行为，这是一个自发的过程。对于有知识和经验的创造者，由于在研究该问题时，几乎穷尽了有关该问题的所有常规通道，所以需要暂时封闭原有通道，为打破思维惯性束缚提供准备。知觉决定注意力“为了在某个现存领域中获得创造性，就必须有多余的注意力”（米哈伊·奇凯岑特米哈伊，2001：8）。事物的属性多种多样，为什么选择出某一个属性，并把它突出出来进行类比呢？阿瑞提认为，这种选择“从心理动力学上讲，则是意识与无意识两种力量的协同或谓全脑意识的协调”（S. 阿瑞提，1987：89）。但是，需求和欲望并不能直接导致成功，实际上人们可能经过十几次、几十次，甚至上百次的尝试和酝酿，都无法产生灵感，这恰恰是因为处于此情境的人不懂得退出常规通道。可供性的价值不仅在于提供可能性，更有价值的是告知提供不可能性。所以，有意回避机制就是像阿基米德一样暂时离开要解决的问题，换到另一个环境中，有可能发现新的可能性。创造者退出常规通道探索是自觉行为，但自觉中有没有自发呢？尽管目前的研究证实还没有彼此的联系。

对可能的事情注意，对不可能的事情不注意是一种自然的反应。至于不感兴趣实际上是心理上的一种懒惰，是一种心理上的厌倦情绪。对不可能的有意回避机制既不同于不注意的自然反应，也不同于不感兴趣的心理上的厌倦，而是对消极可供性的避开，寻求新的可供性。

（三）可能开辟不同常规新通道的敏感性

换了环境，关闭了通常通道，创造者暂时离开了解决问题的环境，不去缠绕问题知识，新环境提供了新的环境-人的关系可能性，对可能性的敏感引导了注意力的指向。进入新的环境后，不可能转变为可能，即通常认为没关系的事物，却蕴藏着有意义的信息，在新的互动中，启发人们知觉到新的可供性。人直接地从环境中提取了有价值的信息，这个提取并不是逻辑思考，而是在运动中的感知，如果不用可供性理论加以描述，这个初级阶段——灵感如何产生的过程，自然让人感到神出鬼没。到了下一步，灵感变成直觉，如阿基米德将灵感与问题结合，调动了相关知识，刹那间，新的联系被建立起来，问题得到了解决。这种直觉的通达，有助于在找到新的答案后，建构新的知识平衡点。

有一种创造技法叫作焦点法。焦点法是以解决的问题为焦点，然后把要解决的问题放在一边，即暂时离开这个问题，把随机选出的一个事物作为刺激物，列举刺激物的所有属性，再运用强制联想，把焦点事物与刺激事物的要素结合在一起，以促进新设想的产生。焦点法就是关闭了通常通道，利用了原来并不关注的不可能通道，转换新的知觉环境的机制去激发非常规创意的产生。

二、可能性敏感依赖机制与非线性方法的结合

20 世纪 80 年代，在混沌学建立之时，有一些学者根据非线性科学的方法研究创造性思维。但是这些观点并未被创造力研究领域的学者所了解，其价值还未被发掘。引入非线性科学和生态知觉等新理论，从新的视角探讨了创造性思维的发生学机制，解释了非逻辑思维的发生过程，具有理论上的开拓性。

（一）解释心理状态和认知过程的调控机制

非线性科学与生态知觉可以更好地解释心理状态和认知（注意力、思

维方向调控、思维形式运用）相呼应的过程调控机制；可供性的可能性敏感机制，触发初始条件的敏感和放大——纽安斯，由此极端的敏感性产生“蝴蝶效应”（the butterfly effect）；引发创造性思维。

蝴蝶效应是指在一个动力系统中，初始条件下微小的变化能带动整个系统长期的巨大的连锁反应。这是一种混沌现象。将蝴蝶效应用于解读创造性思维也是恰如其分的。初始条件的敏感，对未来的不确定性带来了期待和不安定的心理。随着可能性的放大，开始不安或兴奋，直到产生最后效应，心理状态达到极度紧张和震撼。从认知过程来说，初期对可能性的敏感，带动了认知的倾向，但是创造性思维的发展非常复杂，很少存在定数，大多是变数，有可能是一帆风顺，一个微小的变化带来连锁反应，最后迅速扩展，头脑风暴，得出惊天动地的结果；也可能会适得其反，带有极大的破坏力，结果不知所云，把人引向死胡同，摧毁信心。著名非线性科学家布里格斯（J. Briggs）和皮特（F. D. Peat）指出，有创造性的人的一个显著特征，乃是对感觉、知觉和思想等某种纽安斯的极度敏感性。纽安斯是意义的极细差别，是感觉情结，抑或是知觉微妙性。思维因之不可言传或条分缕析。纽安斯产生时，创造者正经历可称作“剧烈非线性反应”的反应（J. 布里格斯和 F. D. 皮特，1998：361）。而且，“当包含纽安斯的胚芽落在对胚芽敏感的精神土壤之上时，创造性思维中的结果是疑惑、不确定和整体的非平衡流”（J. 布里格斯和 F. D. 皮特，1998：364）。但是他们的观点还未得到心理学家的重视。吉布森有关自然生态环境的可供性理论也认为，人类知觉与解决问题的心理机制有一定关系。先有平静、下意识的知觉可能性，才有由于情境变化的刺激，偶然发现新的可能性的基础，由自然的敏感变化到剧烈地放大。

能否综合生态学、心理学和认知科学、非线性科学的研究成果，形成创造过程的综合性理解，还需要更多跨学科的研究者努力。段伟文就提出，科学方法论要从还原论向整体论转变，“必须坚持互补、超越层次与领域、重视过程与关系等方法论原则”（段伟文，2007）。这样的研究大概需要重新解释心理场的概念，从生态环境到社会环境、从物质场到心理场的层次变化；大概需要重新解释创造过程的灵感产生机制——因为人与外界的生态关联、生态系统中物与物之间的横向关联性，都会提供给创造者灵感产生的可供性；需要研究联想能力与自然生态形成的感知-行为能力有什么关联，充分认识到可供性提供的可能性的领悟对灵感形成的价值。

（二）理解非逻辑思维的非线性本质

如若将创造性思维的发生过程看作是非线性的，那么，它就具有以下特点：一是对初始条件的敏感依赖性；二是在一定条件下（临界性条件、阈值条件）发生，这里指非线性事件的发生点；三是分形维，它表明有序和无序的统一。

心理学家也运用混沌学的方法解释创造过程，认为创造思维是非线性的。创造性思维是在思维沸腾的临界点处产生了一个分岔，使思维岔向一个新的参考平面。创造过程是把多个参照平面相耦合，并用“分形”来说明创造的非逻辑性质，认为艺术创作与科技创造都存在一种分形的本质（J. 布里格斯和 F. D. 皮特，1998：360）。

远离平衡态与调动惰性知识——使习惯性思维的极限环失稳而远离“平衡流”，与若干参考系平面的反馈相耦合，产生新解；分形、相似与隐喻——在似与不似之间寻找到问题同构。席琳通过对“小世界现象”图表理论领悟的心理机制的研究，构建了一个理论来解释领悟的发生与经典学习过程的异同点，以及它能够对个体产生影响的原因。她认为认知领悟发生于一个非典型的联合中，通过随意再组合或是定向探究在个体的表现网络中产生一条捷径。这可以促使神经网络路径长度的快速增长，使个体能够对表现内部和外部影响的因素进行理解或适应，而且可以提示其他联结的意识。加伯拉（Gabora）的研究提出，创造性思维的演进是通过一个潜力情境驱动的现实化的过程。创造性思维是从不同的现实或想象的视角，来连续不断地反复对其加以描述；是通过接触不同的情境来实现其潜力的。

非线性方法的引入还可以更好地理解主体与环境的生态引发机制（知觉-行为）和社会引发机制（动机）的协调。因此，需要对认知的社会建构性有所补充，是否有“生态建构性”？在此基础上探讨可供性与动机的互动机制。

三、协调身心与体验方法的环境学习

（一）提高感知敏锐的环境营造和活动通道

首先，要鼓励出于好奇的探索行为。以可供性理论来解读好奇心驱动的探索行为，基本层次即基于行为可能性的敏感依赖，产生对其行动与环境的反应的预测信心，从而好奇这个预测是否可以达到。高级层次即产生对于可供性应用于新的联系中的可能性预测信心，如抓住木头能帮助凫水，对这一联系是否成立的好奇。如果多次检验了这样的成功预测，出于好奇心的探索行为得到正面的心理奖赏，则自信心会大增。所以老师、家长尽量少干涉儿童的自由探索，不要以不安全、不干净、时间太长、太简单、太麻烦等理由抑制儿童的自发行为。家长和老师仅以保护者的身份提供不至于产生危险的后果。产生好奇心和探索行为被认为是创造性人格的重要指标。斯腾伯格也谈到具有创造性的人的特征之一是接受新经验，他们似乎永远把自己的触角伸得远远的，而有些人则把自己关闭起来，失去了创造的机会。托兰斯认为创造动机涉及诸如“好奇心、求知欲、问题敏感性（发现知识的空白处和事物缺陷）和发现能力、适度的批评性、拓宽延伸能力、耐心、自信心，等等”（Torrance，1984）。其中好奇心和问题敏感性是关键，因为它们决定了创造的内在动机，即由任务本身所引发的兴趣，而不是什么外在的压力和刺激引发的动机。

其次，要提供促进知觉敏感的活动通道。贫乏的想象来自贫乏的知觉经验。儿童探索行为的发展构成了成年人的认知基础。没有丰富的可供性的直接体验，不利于将来产生原创性成果。创造的可能性敏感依赖机制加深了我们对于儿童成长感知发展的理解，不仅要让孩子生长在丰富的自然环境中，还要教育孩子不要压抑身体的体验，要全面地开发孩子各方面的感知，不要偏重于视觉。视觉、听觉、触觉的缺乏影响动手能力；嗅觉、味觉、动觉的缺乏会造成视觉的缺陷，影响敏感性，造成动机不足。研究表明，联觉是“应该消失的神经连接没有消失，因为涉及在早期发育过程中不是生成新的神经，而是将已有的修剪成某种特定的连接模式，使各种感觉系统相对独立地开展工作，以便将信息分门别类地进行处理，提高效率。因此可以说每个人都曾是联觉人”（韩彦文，2009：245）。在成长的过程中，过于专门化的训练让联觉消失。“事实上，联觉者往往拥有更高的智商、更好的空间记忆能力、更丰富的创造力。这些天分在文学、艺术领域最有用武之地。”（韩彦文，2009：246）又如，在儿童接触物质世界时，提供给儿童多样的表面，尽早让儿童接触硬质表面、可变形表面、液体表面，从而产生表面经验、表面修正经验（对表面的加工、改变），这对于他们今后产生表面表现经验（艺术创作）至关重要。

（二）转换工作记忆过程需要提供适宜的情境

目前，创造力教育的发展体现在两大领域：一是在基础教育中，特别是学前教育中贯彻感知发展的丰富探索性活动；二是在成人教育中，注意创造方法和技术发明方法的教育。对于后者，常常出现教学效果并不令人满意的情景。也许问题就出在没有遵循创造过程的发生学原理去组织教学。

以 TRIZ 为例，这是一种通过研究专利形成的发明问题解题理论，它的理论是以技术系统发展的客观规律为基础的，结合人的思维方法，形成了一整套的操作程序，按照这个操作程序，会使解题过程更直接地获得一些提示（前人的经验总结的技术措施、发明原理、科学知识、效应），少走弯路，提高解决问题的成功率。但是现实中的发明过程并不是这样逻辑地规定好的。

解决问题的情境如此复杂，必然有非逻辑的知觉-行为作用，必然有情感和动机参与其中。因此，好的教学是让学生在学习创造方法的同时，了解创造过程的生态机制，有意识地将自己放空，放松与紧张的逻辑思考交替进行。

索登（Sowden）等根据一个思维的双过程模型探讨创造性思维如何在两种过程中转换。他们将思维分为自动的过程和基于工作记忆的过程，涉及思维产生过程的细化、评估和选择，建议发展一种基于时间的方法去探讨转换过程（Sowden et al，2015）。的确，思维的自发过程与依赖工作记忆的过程是不同性质的思维，学习言传的创造发明方法，已经将非逻辑与逻辑结合的创造过程简化成了逻辑过程，因此除了要通过营造宽松的氛围，从生态本能下功夫去调动自动的过程之外，还需要强化向工作记忆的模式转换。

因此，回到生活世界，包括工作现场非常重要，创造方法是抽取了真实世界中的创造过程的一部分，屏蔽了环境的可供性，忽略了环境中人的意识水平，去除了主体的人格特征，只剩下问题、思维、抽象成解决问题的方式和技术知识。在运用这一方法解决类似的问题时，如果不能提供在真实的环境里学习，很难引起解题者对于真题的可能敏感性，只能是受到授课者的引导，按授课者的思路去解题，一旦回到真实的工作环境，学习者很难做到学习的迁移，即把课堂中学到的方法运用得当。因为创造不仅仅是解决问题，创造的可能性敏感依赖产生于适宜的环境中。因此，还原和再现的不可逆性，使创新方法只能在各方面条件具备的情况下实现功能。这就需要使用者能将这种方法了然于心，创建适宜的学习环境——真实的工作情境，情境到了，水到渠成，而不是模仿式的假题演绎。

第六节　可供性是否构成创造力研究的“元问题”

本书最后以一个开放性的提问来结束，是因为笔者也未得出一个肯定性的答案。

傅世侠曾就创造力研究领域的“元问题”做过这样深刻的分析：“作为一种涉及人的学科体系，对于有关人的本性这类实属该领域的‘元问题’，不管作出何种内容的具体解释或说明，也都有必要思考乃至作出回答，而不可能不予过问。否则，便只能造成缺乏理论上的统一性或自洽性，以致难以构成为真正具有完整、合理理论体系的独立学科。其结果则难免反过来影响对一些具体问题的深入研究和解决。"（傅世侠和罗玲玲，2000：241）

那么，创造的元问题是什么呢？

一、知觉是否构成全部心理学的支柱

吉布森认为，生态心理学是以动物对地点、事件和物体有用的、危险的特征的意识为基础的，也是以它们对自己的动作进行组织和控制，以达到它们在现实世界里所欲求的结果为基础的。因此，"知觉是全部心理学的支柱"（莫顿·亨特，2006：473）。很多心理学家对他的观点并不赞同，认为他"过于自负，过于固执己见。他的极端性格使其在心理学上所做的贡献无法得到应有的礼遇"（莫顿·亨特，2006：474）。不过，如果没有认真研究他的理论就判断其说法没有价值，也是不够科学的态度。

著名的吉布森学派学者 E. S. 里德进一步阐释了这样的观点：生物进化的机制与文化进化的机制的相同性——人与环境的相互作用机制，都由知觉引出，即"所有的思维都根植于知觉"（Reed，1996）。思维、意识、学习和驱动力这样一些概念，都是建立在知觉基础上的，这一点是否也是创造心理学的基点？身体与物的互动产生的知觉与思维哪个更重要？可以说，知觉体验在创造中的作用更为隐秘，更为基本，思维更为显现，更为高级。

从哲学上讲，知觉是人类认识系统输入信息的第一步，知觉的开放性决定了一个认知系统的开放性。系统的开放性是指一个系统在接纳周围环境的同时与其周围环境也是相互作用、相互影响的，即它既受外部环境的影响，又影响着外部环境，它们相互之间不断交换着物质、能量、信息，人类的认知系统才能保持生命力。

与传统心理学的感知觉理论不同，吉布森强调知觉的直接性、整体性和有机体性。任何感觉都是整个身体系统的感知，而不是单个器官的活动。

可以说，吉布森的观点与中国古代的"心悟说"反映的整体观不谋而合。古代的泛灵论正反映了古代人对自然的知觉智慧，尽管是相当原始的。人类学家莱顿也赞成重新评估古代的智慧"不仅在人类学中泛灵论被重估，现代的生态智慧也开始从新的角度评估动物、自然自身的价值"（罗伯特·莱顿，2005：169）。日本学者认为关于"智慧"的定义，在现代好像变成具备许多知识或资讯就是有智慧，其实在东方文化中，其原本的意思是指洗练的程度或身体上的知性；而彻底认识身体能使一个人看起来很有美感，或是很有智慧（后藤武等，2016）。一般人认为数学家做数学靠的是大脑，但日本数学家冈洁认为，情绪才是关键。他感到处于数学研究的状态中时，"如果交感神经系统活动起主要作用，会思绪不畅，寸步难移；而副交感神经系统活动起主要作用时，反倒文思泉涌，下笔如有神助，只是肠胃蠕动增强，容易出现腹泻症状"（冈洁，2019）。西方也有类似的词汇和文化理解。gut feeling 有两种含义，既指直感，又指本能的自发性动作。知觉与动作是关联的。在这个复合词汇中，gut 作为名词，指内脏、肠子、羊肠线、胆量、勇气；作为形容词，又指本能的、（问题等）根本的。

二、可供性理论可否作为创造的元理论

那么，可供性理论作为创造的元理论是否可以有所作为呢？弗洛伊德说："自我是通过知觉意识的中介而为外部世界的直接影响所改变的本我的一部分。"（西格蒙德·弗洛伊德，1986）生态自我的概念是否可以超越弗洛伊德的自我学说，作为人类创造本性的一种解答呢？另外，人本主义心理学的确对创造的根源或本质的"元问题"做出了它的明确的回答，即认为它是人的本性所使然。这一回答，则是建立在其自我实现需要动机理论基础之上的。人本主义"似本能说"是否也可以从可供性理论中获得一些营养呢？

人类的创造的确不同于动物的本能，是生物性与社会性融合的复杂过程。只不过，对于生物性的解读只停留在生物解剖学的物质层面，以及生理欲望驱动层面，缺少一种生态整体观，那只能用似本能的说辞来回答。

生态的创造心理学，不是否认文化的作用，而是先要从最本原的机制出发，从人与物质环境的关系出发去发现人为什么能创造，然后再去逐层地向外探索：主体维度有身体的、思维的、动机的、人格的；社会环境维度有领域知识的、文化的等。可以说，可供性理论提供了人与环境互动的生态整体观，对于解读创造这样的高级活动也不无意义。可供性理论又可称为生态知觉理论，一句话，生态知觉理论作为创造的元理论大概会有所作为。

把可供性作为创造的元理论，联结了创造的物质性根源与创造的具身机制，但是仍然受到创造的社会文化理论质疑。创造离不开文化的滋养，文化是“人的第二自然”。文化中最主要的形态就是语言文化。在通常的区分中，对信号的知觉是一种认知的过程，而非直接知觉的过程。如若从这一逻辑论述，可供性并不能扩展到符号认知。笔者的理解是，学习语言和语言交流都是非直接知觉过程，只有当某些文化已经物化为物，如一只鼎，人与这类文化的互动，才可能是直接知觉。因此在文化生态环境中，即物与人的互动，甚至在人与人的互动中，人的非符号化的一切属性对于另一个人来说，可供性机制就会发挥作用。特别是，人工自然与天然自然无法分开，后天发展的文化可以强化特定的可供性，却不能替代天然的可供性。

希望后来者能对此做出回答。

参考文献

艾利森·戈普尼克. 2010. 婴儿天生都是科学家. 罗跃嘉译. 环球科学，(8)：42-47.

安藤忠雄，石山修武，木下直之，等. 2009.“建筑学”的教科书. 包慕萍译. 北京：中国建筑工业出版社.

陈建翔. 2013. 儿童眼睛里隐藏的教育秘密——镜像神经元理论对儿童教育的启示. 教师博览，(4)：6-9.

陈昭仪. 1991. 二十位杰出发明家的生涯路. 台北：心理出版社.

段伟文. 2007. 科学方法的整体论嬗变. 中国人民大学学报，(3)：17-23.

恩格斯. 1971. 自然辩证法. 中共中央马克思恩格斯列宁斯大林著作编译局译. 北京：人民出版社.

傅世侠. 1999. 关于视觉思维问题. 北京大学学报（哲学社会科学版），(2)：62-67.

傅世侠，罗玲玲. 2000. 科学创造方法论. 北京：中国经济出版社.
冈洁. 2019. 春夜十话：数学与情绪. 林明月译. 北京：人民邮电出版社.
韩彦文. 2009. 当彩色的声音尝起来是甜的//科学松鼠会. 当彩色的声音尝起来是甜的. 上海：上海三联书店.
汉娜·阿伦特. 2006. 精神生活·思维. 姜志辉译. 南京：江苏教育出版社.
后藤武，佐佐木正人，深泽直人. 2016. 设计的生态学——新设计教科书. 黄友玫译. 桂林：广西师范大学出版社.
杰拉尔德·埃德尔曼. 2010. 第二自然——意识之谜. 唐璐译. 长沙：湖南科学技术出版社.
克里斯·亚伯. 2003. 建筑与个性——对文化和技术变化的回应. 张磊，司玲，侯正华，等译. 北京：中国建筑工业出版社.
李创同. 2004. 挑战“创造性”——读费耶阿本《创造性》一文札记//中国现代外国哲学学会年会暨西方技术文化与后现代哲学学术研讨会会议手册·部分论文：131-140.
里查德·E. 迈耶. 2005. 创造力研究 50 年//罗伯特·J. 斯腾伯格. 创造力手册. 施建农，等译. 北京：北京理工大学出版社.
鲁道夫·阿恩海姆. 1984. 艺术与视知觉. 滕守尧，朱疆源译. 北京：中国社会科学出版社.
路德维希·维特根斯坦. 2012. 文化与价值. 涂纪亮译. 北京：北京大学出版社.
罗伯特·J. 斯腾伯格. 2005. 创造力手册. 施建农，等译. 北京：北京理工大学出版社.
罗伯特·莱顿. 2005. 他者的眼光：人类学理论入门. 蒙养山人译. 北京：华夏出版社.
迈克尔·斯坦森. 2009. 动物能识数. 蒋青译. 环球科学，10：12-13.
米哈伊·奇凯岑特米哈伊. 2001. 创造性——发明和发现的心理学. 夏镇平译. 上海：上海译文出版社.
莫顿·亨特. 2006. 心理学的故事. 李斯，王月瑞译. 海口：海南出版社.
秦晓利. 2006. 生态心理学. 上海：上海教育出版社.
让-弗朗索瓦·利奥塔. 2000. 非人——时间漫谈. 罗国祥译. 北京：商务印书馆.
托马斯·R. 布莱克斯利. 1992. 右脑与创造. 傅世侠，夏佩玉译. 北京：北京大学出版社.
万维钢. 2016-03-19. 别指望灵感，还是要靠汗水——“创造性思维”的三个迷信. 南方周末：E29 版.
汪民安. 2011. 感官技术. 北京：北京大学出版社.
西格蒙德·弗洛伊德. 1986. “自我与本我”//弗洛伊德. 弗洛伊德后期著作选. 林尘，张唤民，陈伟奇译. 上海：上海译文出版社.
雅克·阿达玛. 1989. 数学领域中的发明心理学. 陈植荫，肖奚安译. 南京：江苏教育出版社：66-67.

赵惠田，谢燮正. 1987. 发明创造学教程. 沈阳：东北工学院出版社.

中国网络电视台. 2012.《小动物大智慧》: 动物比我们想象的聪明. https://baike. baidu. com/reference/6538659/fbdc6lQsX5jarXYJMHGmCJaw6IEmqaALJXrCKwTpAnnfvraNJ-EwVp57bxofn0C4EA94KpniKeoiRJKQRHy-6f3tsfNERjOE.

A. H. 马斯洛. 1987. 动机与人格. 许金声，程朝翔译. 北京：华夏出版社.

F. 达尔文. 1983. 达尔文生平. 叶笃庄，叶晓峰译. 北京：科学出版社.

J. P. 吉尔福特. 1990. 创造性才能——它们的性质、用途与培养. 施良方，沈剑平，唐晓杰译. 北京：人民教育出版社.

J. 布里格斯，F. D. 皮特. 1998. 湍鉴——混沌理论与整体性科学导引. 刘华杰，潘涛译. 北京：商务印书馆.

S. 阿瑞提. 1987. 创造的秘密. 钱岗南译. 沈阳：辽宁人民出版社.

Amabile T M. 1983. The Social Psychology of Creativity. New York：Springer-Verlag，Inc.

Clapham M M. 1998. Structure of figural forms A and B of the torrance tests of creative thinking. Educational and Psychological Measurement，58（2）：275-283.

Cotterall S，Murray G. 2009. Enhancing metacognitive knowledge：structure，affordances and self. System，37（1）：34-45.

Cummins F. 2009. Deep affordance：seeing the self in the world//Proceedings of the 35th Annual Meeting of the Society for Philosophy and Psychology.

Duncker K. 1945. On Problem Solving，Psychological Monographs No. 270. Washington：American Psychological Association：58.

Gabbard C，Rodrigues L P . 2008. A new inventory for assessing affordance in the home environment for motor development. Early Childhood Education Journal，36（1）：5-9.

German T P，Defeyter M A. 2000. Immunity to functional fixedness in young children. Psychonomic Bulletin and Review，7（4）：707-712.

Gibson J J. 1979. The Ecological Approach to Visual Perception. Boston：Houghton Mifflin.

Gibson E J. 1988. Exploratory behavior in the development of perceiving，acting and acquiring knowledge. Annual Review of Psychology，（39）：1-41.

Glăveanu V P. 2013. Rewriting the language of creativity：the five A's framework. Review of General Psychology，17（1）：69-81.

Humphreys G W，Riddoch M J. 2001. Detection by action：neuropsychological evidence for action-defined templates in search. Nature Neuroscience，（4）：84-88.

Jackson S G，Messick S. 1965. The person，the product，and the response：conceptual problem in the assessment of creativity. Journal of Personality，33（3）：309-329.

Luo L L，Hu Y Q. 2001. An experiment of developing creativity and research about open-mindedness. Talented，19（3）：17-26.

Maier N R F. 1993. An aspect of human reasoning. British Journal of Psychology，24：114-155.

Masow A H 1993. The Farther Reaches of Human Nature. London：Penguin Books.

Neisser U. 1976. Cognition and reality：principles and implications of cognitive psychology// Ye L，Cardwell W，Mark L S. Perceiving Multiple Affordances for Objects. Ecological Psychology，21（3）：185-217.

Polanyi M. 1996. The Tacit Dimension. Doubleday Personal Knowledge. Chicago：The University of Chicago Press.

Reed E S. 1996. Encountering the World：Toward an Ecological Psychology. Oxford，New York：Oxford University Press.

Smitsman A W，Loosbroek E V，Pick A D. 1987. The primacy of affordances in categorization by children. British Journal of Developmental Psychology，5（3）：265-273.

Sowden P T，Pringle A，Gabora L. 2015. The shifting sands of creative thinking：connections to dual-process theory. Thinking and Reasoning，21（1）：40-60.

Sternberg R J. 1985. Beyond IQ：A Triarchic Theory of Human Intelligence. New York：Cambridge University Press：125.

Torrance E P. 1984. Creative Motivation Scale：Norms Technical Manual. Minnesota：Barely Limited.

Torrance E P，Ball O E. 1984. Torrance Tests of Creative Thinking Streamlined（Revised）Manual Figural A and B. Minnesota：Scholastic Testing Service，Inc.

Vatakis A，Pastra K，Dimitrakis P. 2012. Acquiring object affordances through touch，vision，and language//Seeing and Perceiving 25 Supplement the 13rd International Multisensory Research Forum，University of Oxford：64.

附　录

affordance 译法一览表

序号	译名	出处
1	可供性	海峡两岸心理学名词工作委员会. 2016. 海南两岸心理学名词. 北京：科学出版社. iD 公社. 2012. Affordance（可供性）和设计. http://www.hi-id.com/?tag=affordance. 唐红丽，冯艳霞. 2010-12-23. 现象学与分析哲学已呈交融之势. 中国社会科学报：第 3 版. 秦晓利. 2006. 生态心理学. 上海：上海教育出版社. 宋红，余隋怀，陈登凯. 2015. 基于深度图像技术的可供性物体获取方法. 机械设计与制造，（3）：28-31. 曲琛，韩西丽. 2015. 城市邻里环境在儿童户外体力活动方面的可供性研究——以北京市燕东园社区为例. 北京大学学报（自然科学版），51（3）：531-538.
2	功能承受性	费多益. 2007. 认知研究的现象学的趋向. 哲学动态，（6）：55-62.
3	赋使	蔡育忠. 2008. 知觉系统的环境赋使：以跳越障碍之视觉判断为例. 高雄：台湾中山大学.
4	动允性	词都. 2010. 动允性. http://www.dictall.com/indu/329/3289329E8A4.htm. 王晓燕，鲁忠义. 2010. 基于动允性的朝向效应——具身认知的一个证据. 华东师范大学学报（教育科学版），28（2）：52-58. 鲁忠义，陈笕桥，邵一杰. 2009. 语篇理解中动允性信息的提取. 心理学报，41（9）：793-801. 李永秋，郭时海. 2015. 动允性对英语中动结构的诠释. 重庆理工大学学报（社会科学），29（7）：123-127.
5	动允直接知觉	冯竹青，葛岩，黄培森. 2016. 动允直接知觉的共鸣原理. 心理科学，39（2）：336-342.
6	提供量	禤宇明，傅小兰. 2002. 直接知觉理论及其发展//第二届虚拟现实与地理学学术研讨会论文集（北京），Ⅱ：12-19.
7	预设用途	唐纳德·A. 诺曼. 2010. 设计心理学. 梅琼译. 北京：中信出版社：11.
8	符担性	曹家荣. 2008. MSN Messenger 的媒介讯息：从符担性看 MSN 人际关系展演. 资讯社会研究，14：133-166. 王静怡. 2008. 女性 BBS 社群的冲突处理——从符担性概念谈 PTT“站岗的女人”集体合作沟通行为. 台湾：台湾政治大学. 吴文. 2011. 社会文化理论与生态语言教学观. 天津外国语大学学报，18（3）：54-61.
9	承担	费多益. 2010. 寓身认知心理学. 上海：上海教育出版社：38.

续表

序号	译名	出处
10	承担性	游晓贞，邱上嘉，陈国祥. 2006. 承担性的设计应用之探讨. 科技学刊，15（3）：241-251.
11	承担特质	茅仲宇. 2004. 以椅子为例探讨承担特质于产品设计之应用. 台北：台湾科技大学.
12	可利用性	李玉云，赵乐静. 2006. Affordance 之于设计的意蕴. 家具与室内装饰，（5）：78-79.
13	可用性	Geoffrey Miller. 2007. 进化心理学与生态心理学的整合：理解适宜可用性（英文）. 心理学报，39（3）：546-555. 赵乐静. 2009. 技术解释学. 北京：科学出版社.
14	示能性	朱锷. 2008. 将设计意识化. http://www.douban.com/group/topic/3732681/.
15	可用特性	Jerry. 2006. On Affordance. http://jerry_cheng.blogs.com/view_points/2006/ 06/on_affordance.html. 文章中还提到可译为功能可见性、机缘、可用性
16	自解释性	游戏界面设计和操作设计. 2009. http://ivan-gx.blog.sohu.com/90762721. html.
17	功能可见性	台湾设计波酷网. 2004. Affordances 与互动设计. http://www.boco.com. tw/NewsDetail.aspx?bid=B20070117002901.
18	提示性	台湾设计波酷网. 2004. Affordances 与互动设计. http://www.boco.com. tw/NewsDetail.aspx?bid=B20070117002901.
19	指示特性	台湾设计波酷网. 2004. Affordances 与互动设计. http://www.boco.com. tw/NewsDetail.aspx?bid=B20070117002901.
20	操作可见性	杜昆翰. 2010. 探讨用户之操作情绪与产品操作可见性及魅力之关系——以水龙头为例. 台南：成功大学.
21	可获得性	易芳. 2004. 生态心理学的理论审视. 南京：南京师范大学：30.
22	行为可供性	王忻. 2010. “行为可供性”原理视阈下的汉日方位词隐现规则——从中国日语学习者“の中”等多余使用偏误说起. 日语学习与研究，（5）：28-34.
23	能供性	百科名片. 2010. http://baike.baidu.com/view/2131845.htm. 也提到可另译为“承担特质”
24	给予性	李恒威，黄华新. 2006. “第二代认知科学”的认知观. 哲学研究，（6）：92-99.
25	功能承担性	李三虎. 2016. 在物性与意向之间看技术人工物，哲学分析，7（4）：89-105，198.

关键词索引

K

后　　记

坐在阳台的躺椅上，沐浴着阳光，静静地读切莫罗的书，专心钻研我感兴趣的问题，这是多么惬意的事情！可是突然的变故改变了我的生活习惯和工作方式。2012 年初夏，当医生告诉我右眼视网膜脱落时，我还没有完全意识到这有多么严重。经过近九个月的治疗和修复，我的右眼终于可以达到基本工作状态了。眼疾极大地影响了我的工作方式，我不能正常看书，也不能看电脑屏幕，因为两眼没有协调的聚焦功能。我只好每天拉着窗帘，盯着墙上的投影幕布放大的文档坚持工作。

暂时放下可供性这个研究主题的更重要的原因是培养学生的工作迫在眉睫。学生们的毕业论文一拨又一拨，本书的撰写几次拣起，又几次放下，越往后拖，工作的难度越大，因为国内外的新文献越来越多。

吉布森的书很难懂，本书更多的是依靠《视知觉的生态学进路》译文草稿的出现。尽管我组织和参与了早期《视知觉的生态学进路》译稿的校对，但后来因眼疾，这个工作主要是由我的学生王晓航完成的。所以，我要在这里特别感谢我的几位学生——任巧华、王晓航、王义、郭嘉等。任巧华提供了最初的《视知觉的生态学进路》的关键章节译稿和一些重要文献翻译。王晓航承担了该书的主要翻译工作，在关键词的翻译和主要疑点的澄清中起到重要作用。郭嘉不仅承担了其中几章的翻译工作，还为我处理各种琐事，让我有更多的时间去思考问题。王义于 2013～2014 年获得国家公派联合培养博士研究生计划推荐资格，在美国明尼苏达大学可供性知觉实验室学习，师从著名的吉布森学派学者施托夫雷根，王义给我带来了最前沿的研究信息，我在与王义、王晓航的讨论中经常获得灵感。同时为这本译作做出贡献的还有曹东溟、张慧、黄学奇。邓雪梅、吴俊杰等也对该书的翻译提出很好的建议。

本书的成果已经形成多篇小论文在许多期刊上发表，主要是为了让国内学术界能关注可供性理论。最值得纪念的是，台湾的吴静吉教授邀请我去台湾交流创造力研究的成果，让我以更通俗的方式写了一篇《基于可供性的创造过程解读》发表，让更多的人可以借此交流。

终于，本书在不完善中完稿，就像任何艺术都是遗憾的艺术一样，本书也是遗憾的学术。就此，我的学术研究基本结束，人生新的生命阶段展开。好在我还有学生会沿着这个主题继续研究下去。本书引用了许多学者的专著、论文作为参考文献，在此，向贡献这些观点的学者表示深深的敬意和感谢。

30 年前，傅世侠教授带领我走进创造力的研究领域，我作为她的助手，于 2000 年与其共同完成了《科学创造方法论》，如今本书的出版是《科学创造方法论》的延续，在此由衷地感谢傅世侠教授对我的学术引导和心灵深处的关怀。同时，还要感谢我的硕士、博士研究生导师陈昌曙教授的开放态度，在学术上、在社会角色上对我人生的改变，延长了我的学术生命，让我在这个领域自由探索。感谢远德玉教授的豁达睿智，鼓励我一路前行。感谢中国环境行为学会诸位学者和东北大学科学技术哲学研究中心同事们的友谊，让我跨越两个领域获得学术滋养。感谢陈红兵教授和王健教授接手我的一些博士研究生培养工作，让我能在心理上有所解放，做好本书的收尾工作。

最后我要感谢我的先生高北阳和儿子高帆，是他们长期容忍了我对家庭生活的许多乐趣的疏忽，专心于教学科研。在写作过程中，有许多先生和儿子工作、生活中的关键时间点，我对他们照顾很少，特别是心理上的，这些亏欠可能一生也还不完了。

罗玲玲

2019 年 10 月 25 日